高超声速出版工程

高超声速光学头罩气动光学

易仕和　丁浩林　著

科学出版社

北京

内 容 简 介

高超声速气动光学效应会导致飞行器在高超声速条件下难以对前方目标红外成像进行探测,已成为红外成像制导武器打击速度得以进一步提高的障碍,也是限制高超声速武器作战效能的瓶颈。本书是作者在高超声速光学头罩气动光学效应方面二十余年研究的凝练总结,梳理和总结了高超声速气动光学效应的原理、技术与工程应用,希望能够体现气动光学本身丰富的科学内涵。

本书主要面向本科生、研究生,以及希望了解高超声速气动光学效应的研究人员,旨在为从事气动光学效应研究的科研工作者提供参考。

图书在版编目(CIP)数据

高超声速光学头罩气动光学/易仕和,丁浩林著. —
北京:科学出版社,2023.4
高超声速出版工程
ISBN 978-7-03-073569-0

Ⅰ.①高… Ⅱ.①易… ②丁… Ⅲ.①高超音速空气
动力学—光学 Ⅳ.①V211

中国版本图书馆 CIP 数据核字(2022)第 200642 号

责任编辑:徐杨峰 / 责任校对:谭宏宇
责任印制:黄晓鸣 / 封面设计:殷 靓

科学出版社 出版
北京东黄城根北街 16 号
邮政编码:100717
http://www.sciencep.com

南京展望文化发展有限公司排版
苏州市越洋印刷有限公司印刷
科学出版社发行 各地新华书店经销
*

2023 年 4 月第 一 版 开本:B5(720×1000)
2023 年 4 月第一次印刷 印张:23 1/2
字数:408 000
定价:200.00 元
(如有印装质量问题,我社负责调换)

高超声速出版工程·高超声速总体设计系列

编写委员会

主 编

包为民

副主编

朱广生

编 委

（按姓名汉语拼音排序）

包为民　才满瑞　蔡巧言　陈　萱

陈　政　陈伟芳　陈小前　侯中喜

黄　伟　柳　森　罗世彬　闵昌万

唐　硕　童轶男　王长青　王友利

朱广生

丛书序

飞得更快一直是人类飞行发展的主旋律。

1903 年 12 月 17 日,莱特兄弟发明的飞机腾空而起,虽然飞得摇摇晃晃,犹如蹒跚学步的婴儿,但拉开了人类翱翔天空的华丽大幕;1949 年 2 月 24 日,Bumper-WAC 从美国新墨西哥州白沙发射场发射升空,上面级飞行马赫数超过5,实现人类历史上第一次高超声速飞行。从学会飞行,到跨入高超声速,人类用了不到五十年,蹒跚学步的婴儿似乎长成了大人,但实际上,迄今人类还没有实现真正意义的商业高超声速飞行,我们还不得不忍受洲际旅行需要十多个小时甚至更长飞行时间的煎熬。试想一下,如果我们将来可以在两小时内抵达全球任意城市,这个世界将会变成什么样? 这并不是遥不可及的梦!

今天,人类进入高超声速领域已经快 70 年了,无数科研人员为之奋斗了终生。从空气动力学、控制、材料、防隔热到动力、测控、系统集成等,在众多与高超声速飞行相关的学术和工程领域内,一代又一代科研和工程技术人员传承创新,为人类的进步努力奋斗,共同致力于达成人类飞得更快这一目标。量变导致质变,仿佛是天亮前的那一瞬,又好像是蝶即将破茧而出,几代人的奋斗把高超声速推到了嬗变前的临界点上,相信高超声速飞行的商业应用已为期不远!

高超声速飞行的应用和普及必将颠覆人类现在的生活方式,极大地拓展人类文明,并有力地促进人类社会、经济、科技和文化的发展。这一伟大的事业,需要更多的同行者和参与者!

书是人类进步的阶梯。

实现可靠的长时间高超声速飞行堪称人类在求知探索的路上最为艰苦卓绝的一次前行,将披荆斩棘走过的路夯实、巩固成阶梯,以便于后来者跟进、攀登,意义深远。

　　以一套丛书,将高超声速基础研究和工程技术方面取得的阶段性成果和宝贵经验固化下来,建立基础研究与高超声速技术应用之间的桥梁,为广大研究人员和工程技术人员提供一套科学、系统、全面的高超声速技术参考书,可以起到为人类文明探索、前进构建阶梯的作用。

　　2016 年,科学出版社就精心策划并着手启动了"高超声速出版工程"这一非常符合时宜的事业。我们围绕"高超声速"这一主题,邀请国内优势高校和主要科研院所,组织国内各领域知名专家,结合基础研究的学术成果和工程研究实践,系统梳理和总结,共同编写了"高超声速出版工程"丛书,丛书突出高超声速特色,体现学科交叉融合,确保丛书具有系统性、前瞻性、原创性、专业性、学术性、实用性和创新性。

　　这套丛书记载和传承了我国半个多世纪尤其是近十几年高超声速技术发展的科技成果,凝结了航天航空领域众多专家学者的智慧,既可供相关专业人员学习和参考,又可作为案头工具书。期望本套丛书能够为高超声速领域的人才培养、工程研制和基础研究提供有益的指导和帮助,更期望本套丛书能够吸引更多的新生力量关注高超声速技术的发展,并投身于这一领域,为我国高超声速事业的蓬勃发展做出力所能及的贡献。

　　是为序!

2017 年 10 月

本书序

当前,高超声速飞行器已经成为世界军事强国竞争的新领域和新方向。气动光学效应严重影响高超声速状态下的光学成像探测,已经成为限制高超声速飞行器作战效能充分发挥的关键技术瓶颈。

博观约取,厚积薄发。易仕和教授二十余年来致力于高超声速光学头罩气动光学效应基础理论和关键技术研究,他在"国防科技前沿论坛 2022"所作的《高超声速气动光学研究》大会报告令人印象深刻,充分显示其在高超声速气动光学研究领域的深厚积累。在完成国家重大工程项目的过程中,从高超声速光学头罩总体设计与优化,到气动光学畸变测量与分析,再到高超声速光学成像装备应用,易仕和教授在工程研究中凝练科学问题,使得本书既有理论深度,又有工程应用价值。

砥砺深耕,履践致远。当前,高超声速飞行器蓬勃发展,其飞行速度、高度范围不断延拓,气动热、光、力深度耦合作用,给高超声速严酷飞行环境下的光学成像带来更为严峻的挑战,也预示着高超声速气动光学这一新兴研究领域必将在未来得到更大发展。该书作者通过对多年研究成果的梳理和总结,开辟了高超声速气动光学这一热、光、力多学科交叉的前沿学科,填补了国内高超声速光学头罩气动光学著作的空白,可为新一代高超声速光学成像装备提供重要理论参考。

中国科学院院士 于起峰

2023 年 3 月于长沙国防科技大学空天科学学院

前　言

　　高超声速气动光学效应,是指飞行器光学成像窗口在高超声速条件下,热、光、力相互作用产生的影响对目标光学成像的复杂物理过程,包括气动加热导致的光学窗口及流场的高温辐射造成红外成像饱和、光线在高超声速高温流场中传输产生光学畸变、气动力/热作用下成像窗口变形产生光学畸变。高超声速气动光学效应会导致飞行器在高超声速条件下难以对前方目标红外成像,已成为红外成像制导武器打击速度进一步提高的障碍,也是限制高超声速武器作战效能的瓶颈。

　　2000 年左右,针对高能激光武器自由旋涡气动窗口的研制需求,作者所在课题组开始从事气动光学效应的研究工作,相关研究成果为导引头光学头罩气动光学效应研究打下了坚实的基础。之后,围绕新一代高超声速光学成像武器的研制需求,作者所在课题组开始从事高超声速光学头罩研究,解决了多个核心关键问题,其中气动光学效应的研究与抑制是重中之重。本书立足于课题组多年来在气动光学效应方面的研究积累,其中夏梓豪进行了细致的整理与总结工作,对于本书第 3 章的完成起到非常重要的作用;田立丰、朱杨柱和付佳等的研究工作分别支撑了本书第 4 章、第 5 章和第 6 章的主要内容;赵玉新、王小虎等完成了相关气动光学技术的开创性研究工作,对于本书的研究成果起到了重要推动作用;胡玉发、陈泊宏和张博等对全书进行了细致的检查和修改,在此一并致谢。

　　本书从工程实际出发,围绕高超声速光学头罩气动光学效应开展试验研究工作。在前人探索的基础上,针对气动光学内在机理、测试技术及工程应用三方面展开具体论述,吸收、总结了气动光学效应近年来的最新研究进展,填补了国内高超声速光学头罩气动光学试验研究著作的空白。希望本书能给从事相关研究的科研人员提供一些帮助,以便更好地推动国内气动光学效应研究的发展和进步。

总体而言,气动光学技术方兴未艾,由于作者水平有限,书中难免存在不足之处,敬请广大读者批评指正。

易仕和　丁浩林
2022 年 8 月

高超声速出版工程

目　录

第 2 章   气动光学效应基础理论

第 3 章   高超声速流场及其气动光学效应测试技术

第 6 章 喷流致冷高超声速光学头罩气动光学效应

第 7 章 气动光学效应抑制原理与技术

第1章

绪　　论

高超声速飞行器的发展将给世界军事变革带来重大影响,进而形成全球军事强国的空天对抗焦点。在此背景下,高超声速武器与集光、机、电于一体的红外成像制导技术进行结合,将形成各种远程高超声速红外成像制导的精确打击武器,实现飞得快且打得准的目标,更能充分展现高超声速武器的威力。但是,稠密大气中高超声速导引头光学头罩面临严重的气动光学效应,严重制约红外成像制导技术在高超声速武器中的应用。为突破这一技术瓶颈,亟须开展高超声速气动光学效应研究,为实现高超声速条件下光学成像提供支撑。

1.1　研究背景与意义

高超声速武器具有飞行速度快、毁伤能力大和突防能力强等特点,将在一定程度上改变敌我力量对比态势。可以预见,该技术在战场中的大量使用势必会极大地提高进攻方的突防和打击能力[1]。与此同时,从国内外高超声速武器发展现状来看,目前,如何实现高超声速武器对于多种高价值目标的精确打击仍旧是困扰高超声速武器作战效能充分发挥的关键因素之一! 高超声速武器的出现,给空天防御带来了严峻的挑战,以超高速、高精度反导对付空中高超声速来袭目标,也是主要发展方向之一。

对于红外成像制导技术,其主要利用红外探测器实现对被打击目标自身辐射能量的捕获和追踪。相比其他制导体制而言,红外成像制导技术具有制导精度高、抗无线电干扰能力强及可昼夜作战的特点。对于较低马赫数的红外成像制导导弹,基于红外成像制导技术为主的复合末制导已成为21世纪精确打击武器装备发展的重要趋势[2]。带有红外成像探测的飞行器在大气层内高速飞行时,气流与光学头罩相互作用,使当地气体密度变化,当目标光线穿过气流时产生畸变,引起目标图像的偏折、模糊、抖动,这就是气动光学效应[3-5],如图 1.1 所示。高超声速气动光学效应是指,飞行器光学成像窗口在高超声速条件下,热、光、力相互作用产生的影响对目标光学成像的复杂物理过程,包括气动加热导致的光学窗口及流场的高温辐射造成红外成像饱和、光线在高超声速高温流场中传输产生光学畸变、气动力/热作用下成像窗口变形产生光学畸变。高超声速气动光学效应会导致飞行器在高超声速条件下难以对前方目标红外成像,已成为红外成像制导武器打击速度进一步提高的障碍,也是限制高超声速武器作战效能的瓶颈。

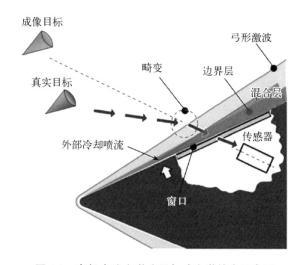

图 1.1 高超声速光学头罩气动光学效应示意图

本书从稠密大气中高超声速导引头红外成像面临的机遇出发,对红外成像制导技术在高超声速导引头的应用中面临的相关问题进行分析,提出以构建完善的高超声速气动光学效应模拟测试方法及气动光学相似律理论体系为基础,通过对高超声速红外成像导引头进行多参数优化设计,并积极探索气动光学效应的相关抑制方法,寻求解决稠密大气中高超声速导引头红外成像问题的途径。

1.1.1 高超声速红外成像制导的意义

未来,高技术条件下的战争是集快速反应、高精确打击和陆、海、空、天、电于一体的新型综合作战模式。作为 21 世纪世界军事强国空天对抗的焦点之一,虽然在高超声速武器技术发展成熟的过程中遇到过诸多挫折,但是凭借这一技术的突破性优势,其仍将成为主导未来战场胜负的关键性武器装备之一。在此背景下,集光、机、电于一体的红外成像制导技术,为各种高超声速武器打击精度的提升提供了有力保障。既要飞得快,还要打得准,通过将高超声速武器的高速打击优势与红外成像制导的高精度打击优势结合,可在很大程度上扩大自身军事的控制范围并提高控制能力。高超声速精确打击武器的开发与运用,将会对维护国家主权、安全和发展利益产生重要意义。

1. 高超声速武器成为未来战争制胜的撒手锏

高超声速飞行器是指飞行速度超过马赫数 5(速度约 6 000 km/h)的飞行器,是 21 世纪航空航天领域的高新技术。高超声速武器的出现,改变了传统军事斗争态势,给战场环境带来了深刻影响。目前,各航空航天技术强国正在不断检验和评估高超声速武器作战效能,高超声速武器的未来作战应用设想如图 1.2 所示。

(a) 对地/海精确打击　　　　　　　　　　　　　(b) 对空精确打击

图 1.2　高超声速武器的未来作战应用设想

飞行速度快是高超声速武器最显著的技术特征,从发射到命中目标的时间短,在一定程度上可以实现"发现即摧毁"。高速打击将极大地提高防守一方对于反应时间的要求,在一定程度上扰乱防守一方的作战节奏,传统战争中的准备、部署及战争升级等时间概念得到根本性改变。与此同时,高超声速武器普遍具有较远的射程,可以从防区外对多种目标实施快速打击,形成覆盖全球、高度立体的作战空间。高超声速武器具有高速度、远射程的特点,在很大程度上消除了空/天之间的界限,等效减小了战场的实际物理空间距离,进而使得传统战争中的部署前沿、配置纵深等空间概念模糊化。

第二次世界大战中,因飞机的大量使用,平面防线基本被淘汰,而隐身飞机的不断发展与运用,又使得传统雷达防空体系面临极大的风险与挑战。对于高超声速武器而言,通过将弹道导弹和飞机的技术优势充分融合,使得其既具有传统弹道导弹的高飞行速度和远射程的技术特点,同时又具有传统作战飞机的高机动性和轨迹不可预测的技术特点,实质上消除了传统作战飞机远程奔袭的过程,实现对指定远程作战区域的快速和高可信度到达,这使得现有斗争双方的攻防体系态势平衡可能被再次颠覆[6]。假如斗争一方率先拥有成熟的高超声速武器,那么意味着这一方将具有非对称攻击的绝对优势,进而使得现有的传统防空反导防御体系彻底失效,最终,攻防体系态势将迅速向拥有高超声速武器的一方倾斜[7]。

巨大的作战优势和战争潜力使得高超声速武器引起世界各军事强国的极大关注,结合本国技术基础和研发能力,各国纷纷制定出台了各自的高超声速武器发展计划,以期在未来高超声速战争中占据有利态势。

2. 高超声速武器蓬勃发展并逐渐走向成熟

伴随着各国对于高超声速武器的大量研发,目前,高超声速武器已经从最初的概念和原理探索研究阶段进入了以高超声速巡航弹、高超声速滑翔弹和高超声速空天飞机为代表的具体应用技术开发甚至型号开发阶段[8,9]。2018 年 3 月 1 日,俄罗斯首次正式公布了"匕首"空射型高超声速导弹作战系统和"先锋"井射型高超声速洲际导弹作战系统,如图 1.3 所示。前者主要采用米格-31K 作为专用载机,最大飞行速度约马赫数 10,最大射程可达 2 000 km,已经列装部队,并于 2017 年底开始正式进入战斗值班。据悉,后者的最大飞行速度有望超过马赫数 20,最大射程推测可达 10 000 km 以上,并于 2019 年正式进入战斗值班。与此同时,俄军目前正在推进"锆石"舰射型高超声速反舰导弹的研制工作,该型导弹于 2018 年底完成的最新一次飞行试验结果显示,试验中导弹的最大飞行速度可达马赫数 8,于 2022 年 8 月完成正式列装[10]。

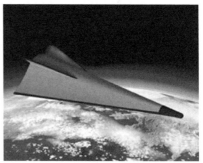

(a) 米格-31K 挂载"匕首"高超声速导弹   (b) "先锋"高超声速洲际导弹

图 1.3   俄罗斯装配的高超声速武器

面对俄罗斯在高超声速武器领域取得的重大进展,为避免在这场高超声速竞赛中屈居"下风",美国持续加大在高超声速武器研制方面的投入。目前,美国在研的多型高超声速武器尚未进入实战部署阶段。不过,根据美国空军科学顾问委员会于 2014 年 8 月公布的《高超声速飞行器技术成熟度研究》,在 2025

年前后,美军便可以装备具有战术射程的空射型高超声速武器。2016 年,在给美国国会质询听证的书面答复中,美国国防部部长阿什顿·卡特明确指出:美国国防部将在 2018~2022 年率先为美军欧洲司令部和印度洋-太平洋司令部提供高超声速快速全球打击武器装备系统,其他战区则在 2022 年以后陆续装备[8]。如图 1.4 所示,为美国洛克希德·马丁空间系统公司研制的 AGM - 183A 高超声速导弹整流罩抛开后的情景。

与此同时,日本防卫省于 2018 年首次正式启动高超声速助推滑翔导弹的研究项目,并宣称将研发飞行速度在马赫数 5 以上的高超声速巡航导弹。作为核武库现代化的重要组成部分,法国也将高超声速武器研发工作作为重中之重。目前,法国国家航空航天研

图 1.4 AGM - 183A 高超声速导弹

究院已经启动了多项高超声速武器相关技术研究的研发课题。印度试图通过与俄罗斯合作研制"布拉莫斯-2"型高超声速巡航导弹来掌握高超声速武器核心技术,目前该型导弹预计飞行速度可达马赫数 7。通过与美国合作,澳大利亚也提出了高超声速飞行器研发构想,预计飞行速度可以超过马赫数 10[11]。

总体而言,目前高超声武器研制如火如荼,在高超声速武器逐渐成熟并列装部队的背景下,人们迫切希望可以实现高超声速飞行状态下的高精度打击,以便充分发挥高超声速武器在打击敌方高价值目标方面的巨大优势。

3. 高超声速武器精确打击对红外成像制导技术的迫切需求

对于高超声速精确打击武器,可以利用其高空、高速、精确的特点,实现对于高价值时敏目标、加固目标和地下目标的有效打击。并且,一旦高超声速精确打击武器真正形成战斗力,"战略纵深"这一传统战争中的重要概念将不复存在,这意味着所有国家的重要政治、经济、军事目标都将受到极大的威胁。在目前尚无有效的高超声速武器防御体系的情况下,通过积极研发高超声速精确打击武器,尽快形成对敌方的战略威慑便成为唯一的手段[12]。

目前,以红外成像制导技术为核心的复合制导技术已经成为 21 世纪高精度制导技术的重要发展方向之一。凭借红外成像制导技术高灵敏度、高分辨率及

强抗干扰能力的特点,将其与高超声速飞行器相结合,势必将极大地提升高超声速武器的打击精度,进而实现高超声速武器的精确打击化。

围绕实现这一目标,2014 年 8 月,美国空军科学顾问委员会在公布的《高超声速飞行器技术成熟度研究》中明确提出:导引头和导引头集成技术在高超声速武器研发中具有最高优先级。这充分说明了美国空军已经将可以用于高超声速武器的导引头作为高超声速武器研发的重中之重。2015 年 1 月 15 日,美国空军在发表的《高超声速飞行环境对光电和红外传感器的影响》一文中征询了多型高超声速武器飞行传感器的设计方案,针对高超声速飞行环境对于光电/红外传感器的影响进行了探讨并寻求减少该不利影响的相关对策[13]。2019 年 11 月 18 日,日本防卫省在于东京举办的"防务与安全设备国际博览会"上发布了名为《科学研究与试验发展构想:致力但不限于实现多域防务力量》的中长期国防科技发展规划报告。报告中指出,日本计划在 2030 年前研发速度达到马赫数 5 或更高的巡航导弹,关键技术之一便是研发红外成像技术,以识别低反差目标,同时研发抗热红外头罩,以搭载传感器,研发计划路线如图 1.5 所示。

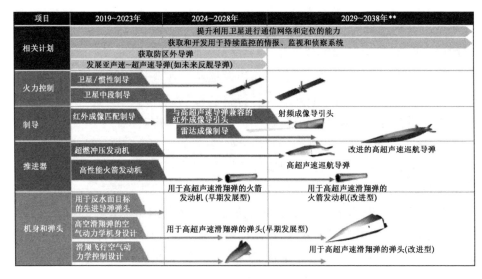

图 1.5　日本高超声速武器关键技术研发计划路线

＊＊将在发展阶段考虑家族化

总体而言,高超声速打击武器作为 21 世纪空天对抗的焦点,在结合红外成像制导技术实现高精度打击的过程中虽然会有不少曲折,但是其一旦成功,势必将成为主宰未来战场的关键力量之一。

1.1.2　限制高超声速红外成像制导技术应用的瓶颈

对于带有红外成像探测系统的飞行器,其在大气层内以高超声速飞行时,受到光学头罩与其外部绕流之间相互作用的剧烈影响,会产生气动光学效应。严重的气动光学效应将会使探测器成像出现偏移、模糊和抖动,进而导致成像探测系统对目标的实际探测能力降低、探测精度下降[14]。具体而言,气动光学效应中又包含热效应、热辐射效应和传输效应。其中,热效应主要是指因高超声速飞行产生的高温导致红外成像窗口透波率降低、成像窗口产生热变形甚至损坏,从而失去工作能力。热辐射效应主要是指激波后高温流场中的气体分子和电离离子自身的红外辐射及成像窗口受到气动加热后,自身的热辐射以成像噪声的形式降低红外探测器的信噪比,严重时甚至可将整个目标的红外信号淹没。传输效应主要是指成像窗口附近的绕流密度分布具有随机高频变化的特征,使得目标红外辐射产生的光线穿过该区域后出现偏折,探测器无法对目标进行有效定位和跟踪[2]。

在实际工程实现中,气动光学效应对于红外成像制导精度的影响非常复杂,涉及力、热、光三大要素[15],相关研究呈现多学科交叉的特点,给这一问题的解决带来了很大的困难和挑战。

1.1.3　完善的气动光学效应的测试能力和相似准则

构建完善的气动光学效应测试能力是获取高质量气动光学效应数据的基础,而高质量的气动光学效应测试数据是验证工程设计、仿真结果、耦合控制模型、材料及组件性能,并在最后进行杀伤力效果评估的基础。只是,很多时候,测试状态并不一定能够完全复现实际的飞行状态,尤其是对于稠密大气中的高超声速飞行器而言。因此,气动光学效应相似准则的构建又变得至关重要。尽可能完善的气动光学效应测试能力耦合完备的气动光学相似准则,理论上可以较好地预测实际飞行状态下气动光学效应的具体影响,进而为谋求气动光学效应的解决提供基础。

1. 迫切需求构建完善的气动光学效应模拟测试能力

受到相关项目的牵引,美国在气动光学效应试验模拟研究方面起步最早,研究范围最广,研究深度最深,并且已经部分突破了气动光学效应对于工程应用的限制。20 世纪 80~90 年代,美国对于高超声速流动的气动光学效应研究进行了大量的研究。美国空军的阿诺德工程发展中心(Arnold Engineering Development Center, AEDC)在这方面的研究中发挥了重要作用[16],AEDC 依托其强大的地

图 1.6   AEDC 9 号风洞高超声速导引头气动光学效应测试[17]

面风洞试验系统及气动光学效应测试设备,具备了相对比较完善的地面气动光学效应模拟试验能力[17]。图 1.6 所示为 AEDC 的工程师们进行高超声速导引头气动光学效应测试准备时的场景。美国在短时间内针对高超声速导引头气动光学效应的研究投入巨大,最终收获颇丰。公开资料显示,目前相对成熟的多型高超声速红外成像制导拦截弹:"萨德"(THAAD*)、箭 2、箭 3,以及标准系列导弹,部分归功于美国多年来在高超声速气动光学效应研究中获得的技术积累。

需要注意的是,这些导弹的飞行高度相对较高,对应的大气比较稀薄,气动光学效应相对较弱,对成像制导的影响相对较小。对于稠密大气中的高超声速武器,受到地面风洞试验模拟能力的限制,目前,其气动光学效应研究仍旧有限。不过,得益于近年来国内外风洞试验能力的不断增强,依托具有强大试验能力的风洞来构建气动光学效应模拟测试平台,着重研究稠密大气中高超声速气动光学效应对导引头成像质量的影响,对于高超声速气动光学效应研究意义重大。目前,国内气动光学效应研究在相关单位持续的支持下已经取得了诸多成果,包括初步建立了具有一定能力的气动光学效应地面测试平台,搭建了多套气动光学效应测试平台,形成了一定的气动光学效应理论体系。但是,总体而言,气动光学效应专用试验测试平台还相对匮乏,而且模拟测试能力相对较弱,从而限制了高超声速气动光学效应的进一步研究。

2. 构建完备的气动光学相似准则

依托气动光学效应地面模拟测试装置实现对于全飞行状态下高超声速飞行器的气动光学效应的研究是不现实的:一方面,这类试验设备数量较少,很难满足大频次试验的需求;另一方面,即使是试验能力如此强的设备,也很难完全模拟所有的飞行状态。高超声速气动光学效应研究最重要的范围覆盖如下:速度为 1.8~4.6 km/s,高度为 15~46 km,这对地面试验设备提出了比较高的要求,例

---

* THAAD 表示末段高空区域防御(Terminal High Altitude Area Defense)。

如,为了在等效高度 23 km 处实现 4.3 km/s 的速度,试验总温和总压分别需要达到 8 000 K 和 280 MPa[18],这就使得构建气动光学效应相似准则和理论延伸试验包络变得至关重要。

对于高超声速飞行器而言,其飞行状态参数一般包括飞行马赫数、高度及姿态角等。飞行状态的改变,会使成像窗口外部的相关流动参数发生变化,进而导致气动光学效应发生改变。通过研究不同飞行状态参数对于气动光学效应的具体作用规律,构建完备的气动光学天地一致性准则,有助于合理规划高超声速飞行器红外成像制导的飞行路径和姿态,具有十分重要的工程意义[19]。

1.1.4 高超声速红外成像导引头综合优化设计

1. 高超声速红外成像导引头综合降温结构设计

考虑到红外成像制导器件对于温度非常敏感,而高超声速飞行时又伴随严重的气动加热作用。为克服严重气动加热对红外成像探测的影响,必须运用一定的导引头环境控制措施来抑制气动加热导致的高温窗口热辐射和导引头内部温升带来的影响。具体而言,可采用多种致冷技术,如外部喷流冷却、内部通道致冷及采用高导热硬质膜等,以减小气动加热对红外成像探测系统应用的影响[16]。常见的基础热防护机制如图 1.7 所示,可供参考。

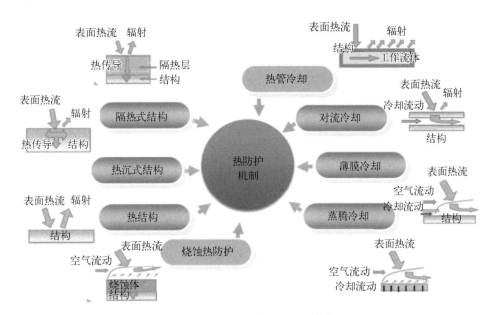

图 1.7 基础热防护机制分析[20]

　　具体而言,高速红外成像导引头受到的气动加热作用比较强烈,导致其成像窗口需要承受比低速红外成像导引头更高的气动加热量。为了减小气动加热对于窗口的影响,降低冷却系统设计难度,更多地使用侧面成像窗口而非头部共形窗口。20 世纪 90 年代,美国针对带侧窗光学头罩进行了大量的探索,提出了内流道窗口冷却、制冷马赛克式窗口、外部离散缝喷流冷却、斜向喷流冷却、切向喷流冷却等多种窗口冷却方式,以实现对高温主流的隔离[21]。利用基于纳米示踪粒子的平面激光散射(nano-tracer-based planar laser scattering, NPLS)技术获取的压力匹配(喷流出口静压与局部主流静压相等)状态下带切向超声速气膜冷却的高速红外成像窗口绕流流动显示结果如图 1.8 所示[22]。

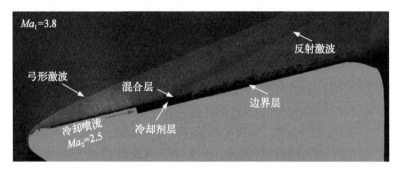

图 1.8　带切向超声速气膜冷却的高速红外成像窗口绕流流动显示结果[22]

　　2. 多目标优化高超声速红外成像导引头气动外形设计

　　在进行高超声速红外成像导引头设计时,需要耦合考虑多种设计要素的影响,包括成像制导系统、气动光学效应、头部防热、红外窗口及气动阻力等问题。结合这些设计需求,建立了如图 1.9 所示的带切向喷流的平面侧窗几何参数及成像光束参数示意图[23]。

　　总体而言,高速光学头罩设计是弹头热流指标、成像系统指标、冷却性能指标、气动力学性能指标、容积率指标及气动光学效应强弱指标的综合。运用目前比较成熟的多目标优化方法,理论上可以对高超声速导引头气动外形进行优化设计,以实现上述参数的最优化。就目前而言,除了气动光学效应强弱指标外,其他指标都已经具有相对比较成熟的理论来进行指导设计,这也再次体现了构建气动光学相似准则的重要意义。

　　3. 基于主/被动流场控制的光传输效应抑制方法

　　从本质上讲,气动光学效应中的传输效应是由流场密度脉动引起的。理论上,通过抑制流场中的密度脉动,可以起到抑制气动光学效应的作用。Childs

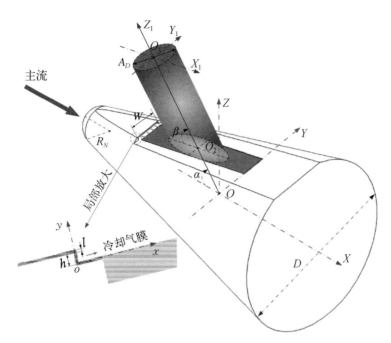

图1.9 典型带切向喷流的平面侧窗几何参数及成像光束参数示意图[23]

等[24]提出利用窗口横向汇聚(lateral convergence，LC)和流向曲率(streamline curvature，SC)变化来抑制湍流强度，进而降低密度脉动，达到抑制气动光学效应的目的，并利用大涡模拟(large-eddy simulation，LES)方法初步验证了上述两种方法在气动光学效应抑制方面的有效性。Smith 等提出了两种抑制湍流边界层气动光学效应的方法：方法一，采用全部或部分壁面冷却的方法，实现边界层总温降低，降低边界层内密度脉动的强度，以此实现气动光学效应抑制；方法二，使用大涡破碎(large-eddy break-up，LEBU)装置来抑制大尺寸、外层湍流结构，通常认为这些结构是气动光学效应主要的来源[25-27]。

总体而言，气动光学效应抑制方法最基本的原理便是通过各种主/被动流动控制方法实现对于密度脉动的抑制，具体体现在对于大尺度湍流结构的抑制，进而减小成像窗口绕流对于红外成像探测的影响。

作为21世纪世界航空航天事业发展的重要方向之一，高超声速飞行器的发展与应用将给世界军事带来重大影响，进而形成未来空天对抗的新焦点。在此背景下，高超声速武器与集光、机、电于一体的红外成像制导技术的结合，将形成各种远程高超声速红外成像制导的精确打击武器，实现飞得快且打得准的目标，更能充分体现高超声速武器的威力。稠密大气中高超声速导引头红外成像面临着较为严重的气动光学效应,严重制约了红外成像制导技术在高超声速武器中的应用。本节分析了红外成像制导技术在高超声速武器红外成像精确打击中的应用,指出了该技术发展可能遇到的技术难点,提出了一些可供参考的解决方法。

1.2   国内外研究进展

合理的高速光学头罩设计需要一套复杂的迭代优化流程,其中耦合了气动光学效应、气动力、气动热、气候/侵蚀及杀伤力的优化设计要求[23],并且需要高质量的地面测试数据来验证工程设计、仿真结果、耦合控制模型、材料及组件性能,最后进行杀伤力效果评估[28]。

1.2.1   国外研究进展

对亚声速及跨声速领域的气动光学研究可以追溯到 20 世纪 60~70 年代,当时是由美国空军发起的,对于高超声速领域的气动光学研究则是从 90 年代开始,一系列的相关研究成果已经在装备研发中得到了运用。"箭"式导弹作为一款美国与以色列合作研发的新式武器装备,其在高超声速飞行范围内的气动光学效应与校正问题已得到了一定程度的突破,并对其开展了飞行试验。相关研究人员对 THAAD 系统的拦截弹开展了目标拦截的高空试验[29,30],大气层拦截器技术(atmospheric interceptor technology, AIT)也已在气动光学效应校正技术上取得了很大进展。早在 1997 年,美国就完成了机载激光(airborne laser, ABL)武器对战区弹道导弹(theatre ballistic missile, TBM)主动段的拦截试验[31],这些例子都说明美国在气动光学研究领域走在世界前列,我国与其尚有很大差距。

超声速光学头罩流场的气动光学性能受到流场折射、辐射和窗口受热变形的影响,流场的非均匀性、湍流折射效应和窗口的变形降低了成像系统的性能。另外,高温气体和冷却剂产生的辐射会降低红外焦平面上的信噪比,直接测量流场中折射和辐射的影响,才能得到光学传感器确定的光学性能。20 世纪 80 年代,高能国家激波风洞(Large Energy National Shock Tunnel, LENS)的建设开启了美国高超声速研究领域的进程,这个激波风洞主要有 LENS Ⅰ 和 LENS Ⅱ 两套,如图 1.10 所示[32]。LENS Ⅰ 号风洞能够模拟高度为 25~50 km、马赫数为

7~15 的流场；LENS Ⅱ号风洞则模拟的流场马赫数范围较低，为 2.5~6，飞行高度低于 25 km。1992 年，利用改造之后的风洞可以实施开展气动光学相关的试验研究。开始阶段，应用全息干涉（holographic interferometry，HI）技术对流场的气动光学效应进行测试，高温气体与冷却剂的辐射效应则采用辐射计来测量。由于 LENS 的运行时间过短（20 ms 以下），无法模拟窗口的受热变形效应，仅仅可以测试流场引起的气动光学畸变。

图 1.10　LENS 系统

图 1.11 所示为位于美国空军基地的 AEDC 地面试验设备集群。自 1987 年起，AEDC 工作人员就开始了气动光学研究。AEDC 工作人员对高超声速风洞 C 进行了设计和建造，并且针对该风洞搭建了一套行之有效的气动光学测试系统，这些工作在 1988 年得以完成[33]。1992 年，工作人员对系统的气动光学测试能力进行了评估总结，在该风洞中开展了气动光学试验研究[16]。1999 年，工作人员在 AEDC 的 9 号高超声速风洞中开展了试验，对其气动光学测试能力作了论证评估，该风洞的运行时间具有较大优势，为 4~6 s，可以同时测量流场及窗口结构变形引起的光学畸变。2000 年，William 等[34]在马赫数 7 的高超声速条件下，对平板流场气动光学效应进行了近场和远场测量，给出了该条件下的气动光学波前相位畸变分布、视线误差、点扩散函数等，开展了测量的误差及不确定性分析。Plemmons 等[17]于 2004 年论述了机载激光武器或传输系统对气动光学质量退化的自适应性或气动解决手段的研究需求，指出拓展风洞测试的必要性。

AEDC 具备开展大尺度机载激光武器系统气动光学测试的风洞试验能力,工作人员于 2006 年开始对机载激光武器系统进行气动光学试验,AEDC 在这方面的研究中发挥了重要作用。AEDC 依托其强大的地面风洞试验系统及气动光学效应测试设备,具备相对完善的地面气动光学效应模拟试验能力[18,28]。

图 1.11　位于美国空军基地的 AEDC 地面试验设备集群[18]

2004 年,美国佛罗里达大学的 Carroll 等[35]发展了一种研究可压缩凹腔流动气动光学效应的试验装置,指出结构振动是气动光学测量的一个重要误差来源并研究了结构振动对测量结果的定量化影响,给出了消除气动光学测量中结构振动影响的方法。

超声速/高超声速流场导致的气动光学畸变的脉动频率相当高,自适应光学在该领域已难以使用,无法实现气动光学畸变的实时修正[3]。可以采用对外形进行优化设计的办法来调整窗口平面的流场结构,或者往流场中喷射一定的气体,对流场折射率分布的不均匀性进行调节,从而达到降低流场扰动引起的气动光学效应的目的。2005 年,Wyckham 等[36]在跨声速和高超声速条件下,采用哈特曼波前传感器,分别实时测试了引入氦气射流的湍流边界层气动光学效应,获得的试验数据有助于气动光学波前校正的研究。2009 年,Wyckham 等[37]继续对跨声速、高超声速流场中喷射氦气射流的湍流边界层气动光学畸变进行了对比试验,研究发现边界层中大尺度结构是影响气动光学畸变的主要因素,并验证了大孔径近似的合理性。2013 年,Smith 等[26]采用马利探针(Malley probe,MP)技术对不同冷却长度及位置、不同壁面温度范围的亚声速可压缩湍流边界层进行了高空间分辨率及高时间相关分辨率的光学测量,研究了壁面冷却对气动光学畸变的影响,对气动光学畸变的平均值和时间谱进行了统计分析,结果表明,近光学孔径的壁面冷却方式比远上游壁面冷却方式更有利于降低气动光学畸变,另外对预测气动光学畸变程度的理论模型进行了一定修正。2014 年,Burns 等[38]针对跨声速条件下激光发射炮塔流场中激波诱导的气动光学效应,采用两种自适应校正方法,即基于线性随机估算(linear stochastic estimation,LSE)和基于人工神经网络(artificial neural network,ANN)的方法,根据 MP 及同步压力测量信号对畸变波前的本征正交分解(proper orthogonal decomposition,POD)模态系数进行预测并实现有效自适应校正,结果显示,该方法能够使气动光学畸变降低 48%,而 ANN 方法可使其降低 46%。

除了美国之外,法国和韩国也对高超声速光学头罩气动光学效应开展了一些研究。法国航空航天实验室研究了马赫数为 3.7 的低海拔(14~20 km)飞行环境下光学头罩的气动光学效应[39]。如图 1.12 所示,其设计的试验装置可以同时完成头部共形窗口及双侧窗的气动光学效应测试。韩国首尔大学对气动光学效应开展了初步研究[40],并且有意开发波前测试技术[41],目前其进一步的研究动向尚不明确。

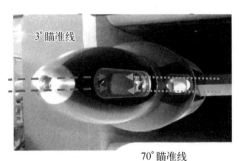
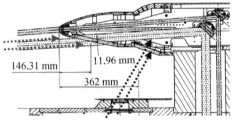

(a) 实物图　　　　　　　　　(b) 相对模型/风洞轴线3°或70°的瞄准线示例

图 1.12　双侧窗试验模型实物图和示例[39]

1.2.2　国内研究进展

殷兴良研究员是国内气动光学研究的首推者,其主编的于 2003 年出版的《气动光学原理》一书是国内第一部气动光学专著,该书系统总结了中国航天科工集团第二研究院气动光学研究团队的多年研究成果,在超声速成像制导研究背景下,介绍了气动光学效应的基本理论、数值模拟、校正方法和试验验证[42]。王大珩先生作如下评价:《气动光学原理》既是基础理论之作,也是在大量研究基础上形成的该领域专著,它奠定了国内该领域研究的基础,开辟了光学、流体力学和信息信号处理等学科领域研究的新途径,标志着我国气动光学这门现代光学新分支学科的形成。该书的出版对现代光学文库做出了新的贡献,并有利于气动光学及相关学科的持续发展。

2006 年,李桂春编著的《气动光学》出版[21],该书系统地论述了高超声速空气动力流场中光束传输的原理和特性,构成了一门快速发展的气动光学新学科。全书共分两篇,第一篇论述了气动光学原理,第二篇介绍了风洞模拟试验中各种气动光学效应的测量方法。该书既阐明了气动光学基本理论,又提供了实用的试验研究方法。庄逢甘先生给出如下评价:气动光学是一门新的交叉学科,气动光学的研究具有重要的基础研究意义,有助于高超声速武器系统发展中有关空气动力学基础问题的探索。《气动光学》较全面系统地论述了气动光学原理和试验研究方法,是空气动力学的一个组成部分,将带动相关学科的跨越式发展,拓展学科的研究领域,对于国民经济建设及国防现代化建设具有实际的工程应用价值。以上两部著作为国内气动光学研究人员提供了理论支持和试验指导。

2014 年,中国科学技术大学的张天序教授及其研究团队总结了多年来在图像处理及气动光学图像校正方面的研究成果,出版了专著《气动光学效应校正——原理、方法与应用》[43],以高速飞行器导航、制导和遥感探测中面临的气动光学效应问题为应用背景,聚焦交叉学科的核心问题,在全面介绍气动光学效应基本原理的基础上,深入分析和研究了成像谱段优选、热辐射校正、单帧图像和序列图像校正恢复、相位校正恢复、模型和知识约束的智能校正恢复及数字/光电混合校正等方面的新方法、新技术。

在高超声速光学头罩流场气动光学的试验研究和工程应用方面,国内学者也做了大量的工作,并取得了显著成果。2003 年,易仕和[44]研究了超声速自由旋涡气动窗口的原理及设计方法,分析了其光学质量,给出了气动窗口超声速剪切层的光程差(optical path difference, OPD)分布,并提出了剪切层折射率匹配和压力匹配的设计理念。同年,韩志平[45]则采用大涡模拟方法对流动参数及飞行攻角等因素对气动光学性能的影响进行了数值模拟研究;2004 年,郭隆德[46]采用全息测量技术对高速拦截弹导引头的二维流场折射率进行了测量,采用光栅干涉法测量了其三维密度场,并利用哈特曼传感器测量了气动光学效应,提出了波长相关性原则。2005 年,李文煜[47]研究了非接触气动光学测量方法,给出了高速线阵夏克-哈特曼(Shack - Hartmann, S - H)波前传感器的设计方法,对高能激光加热光路开展了研究。2006 年,陈勇[48]对气动光学效应的数值模拟方法开展了研究。2007 年,谢文科[49]针对低速热射流的剪切层相干结构演化进行了数值模拟研究,运用小波分析方法获得了精度相对较高的气动光学波前分布,并指出该方法的应用范围,采用哈特曼波前传感器对低速热射流的气动光学畸变波前进行了试验测量并对试验结果进行了本征正交分解和低阶近似分析。2008 年,赵玉新[50]则基于背景导向纹影(background oriented schlieren, BOS)技术对超声速混合层的流场结构特征及其气动光学畸变进行了试验测量。2011年,田立丰[51]分别采用 NPLS 及 BOS 方法对三维超声速光学头罩流场及其气动光学畸变进行了试验研究。2011 年和 2015 年,朱杨柱[52,53]对带喷流超声速光学头罩的气动光学效应进行了试验测量和分析。2011 年,李波等[54]提出了适用于高速流场气动光学数值模拟的雷诺平均纳维-斯托克斯(Reynold-averaged Navier-Stokes, RANS)/直接蒙特卡罗模拟(direct simulation of Monte Carlo, DSMC)混合算法,采用 RANS 对全局时均流场进行数值模拟,再对其中局部流场的脉动量采用 DSMC 算法进行数值模拟,并采用超声速环境下的尖劈模型比试验结果论证了该混合算法的合理性,在计算效率上,其运行时间为 DSMC 算法的1/10。研究表明:所提出的 RANS/DSMC 混合算法适用于高速流场气动光学效应研究,能快速准确地捕获流场的脉动信息,具有工程实用价值。李波等[55]还从高速流场的角度,提出了气动光学效应评价方法,并进行实际应用。丁浩林[56]综合利用先进的流动显示技术和波前测试技术,对高超声速光学头罩气动光学效应进行了详细研究,系统研究了曝光时间、流动控制、喷流压比等因素对气动光学效应的影响规律。

　　研究高超声速光学头罩流场气动光学效应机理,是为了找到合理的气动光学控制方法来降低气动光学效应,提高光学系统的性能。在此方面,国内的气动光学研究人员也做了很多卓有成效的工作。费锦东[57]从高速导弹采用红外成像末制导技术所面临的新问题出发,研究了气动光学效应规律,指出对气动光学效应进行校正对高速导弹光学头罩设计,以及提高导引头对目标探测的信噪比、提高末制导精度和抗干扰能力具有重要作用。2004 年,张丽琴等[58]针对高超声速飞行的精确制导飞行器所遇到的气动光学问题,介绍了气动光学效应的光电校正方法,包括基于波前检测、基于像清晰化校正和高频微型光电子校正等自适应光学校正、图像帧频与帧积分时间自适应变化校正,以及光学与图像处理综合校正等方法,并对各种方法进行了比较分析,指出采用图像帧频与帧积分时间自适应变化校正技术能增大作用距离和提高图像清晰度,并可有效地改善图像的模糊与高频抖动。相位差异合成法原理简单、易于实现,比较适用于弹载环境,在气动光学效应校正中具有良好的应用前景。2005 年,李艳芳等[59]介绍了针对平板湍流边界层控制的三种方法:壁面冷却、吸气和壁面形状的优化,研究结果表明,这三种方法可有效控制平板湍流边界层、降低气动光学扰动能发挥。此外,殷兴良在《气动光学原理》中指出,减小热效应的基本方法是进行光学头罩的合理设计和侧窗口致冷;减小气动热辐射效应影响的基本方法是进行激波辐射的光谱滤波、合理地选择成像探测系统工作波段和侧窗口致冷;光学传输效应校正技术包括像偏移、像抖动和像模糊的校正,可减小其对探测制导系统性能的影响;另外,书中还介绍了气动光学效应校正的各种方法,如图 1.13 所示[42]。2017 年,熊晓月等[14]总结了气动光学效应对红外成像探测系统的影响主要是使其探测精度降低、探测威力下降,其机理如图 1.14 所示。

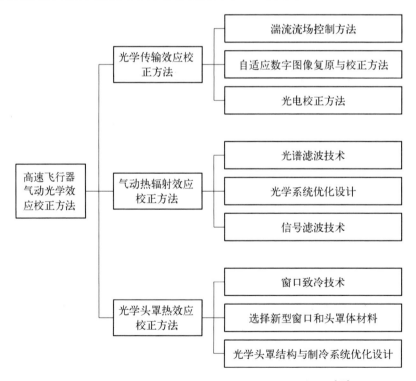

图 1.13 气动光学效应校正的各类方法及其相互关系[42]

气动光学效应降低了光学探测制导系统对目标探测的信噪比,从而减小了

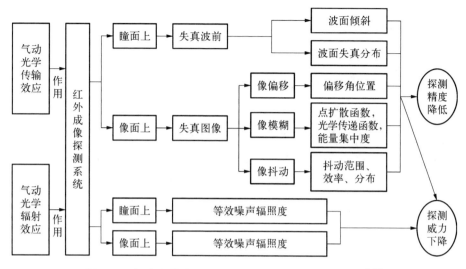

图 1.14 气动光学效应对红外成像探测系统的影响机理[14]

对目标的探测距离,严重时甚至形成"热障",从而淹没需探测的目标信号;对目标的检测识别概率减小,严重时甚至无法检测识别目标;对目标的视线角位置测量发生偏折,视线角速率发生抖动,而引起探测制导精度的急剧下降;产生的气动热环境影响光学头罩工作性能,严重时甚至对光学头罩产生热破坏作用[14]。

1.3 高超声速光学头罩的实现形式

高超声速光学头罩受到的气动加热作用比较强烈,其光学窗口承受的气动加热量高于低速飞行光学头罩。为了减小气动加热对于窗口的影响、降低冷却系统设计难度,一般不在高超声速光学头罩上使用共形窗口,而在低速光学头罩使用,如图 1.15(a)所示。对于高超声速光学头罩而言,一般使用侧面光学窗口以减小气动加热作用的影响,如图 1.15(b)所示。20 世纪 90 年代,美国针对带侧窗光学头罩进行了大量的探索,提出了内流道窗口冷却、制冷马赛克式窗口、外部离散缝喷流冷却、斜向喷流冷却、切向喷流冷却等多种窗口冷却方式,以实现对于高温主流的隔离[21]。

马赫数为流体力学中表征流动可压缩程度的一个重要无量纲参数,Gordeyev 等[4]的研究揭示了气动光学畸变与马赫数之间的二次方关系。在低马赫数情况下,这一关系在后期大量的研究中得到了确认,这充分证明了马赫数对

(a) 美国AIM-9头部共形窗口

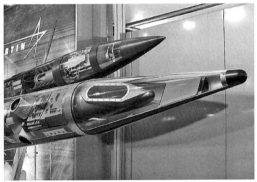
(b) 美国THAAD导引头侧面光学窗口

图 1.15　低速和高超声速光学头罩对比

于气动光学效应的重要影响,也暗示着在高马赫数下,气动光学效应会比较严重[60]。战俊彤[61]将马赫数对于气动光学效应的影响进行了分类细化,汇总情况见表 1.1。从表中不难看出,在超声速,甚至是高超声速时,马赫数对于气动光学效应的作用机理更为复杂,对于光程差的均方根值 OPD_{rms} 的影响是否还是二次方关系,还值得商榷,需要进一步进行确认和验证。

表 1.1　不同马赫数下不同流场结构的气动光学效应特征[61]

气动光学效应	$Ma < 0.3$	$0.3 < Ma < 8$	$Ma > 8$
边界层/剪切混合层	① 不可压缩流动状态; ② 常态气动光学效应,可忽略(热能的进入可能产生强烈的光学像差); ③ 借助于经典流体力学计算特征	① 可压缩流动状态; ② 理想气体定律有效; ③ 随机流体相位方程: $OPD_{rms}^2 = \alpha K_{GD}^2 \int_0^L \langle \rho'^2 \rangle l_z \mathrm{d}z$; ④ 弱像差($OPD_{rms}/\lambda < 1/\pi$): $SR \propto \exp(-2\pi OPD_{rms}^2/\lambda)$; ⑤ 分辨率损失: $\theta_\beta \propto \theta_D/SR^{1/2}$, $\theta_D = \lambda/D$; ⑥ 正常像差补偿带宽要求 > 10 kHz; ⑦ 窗口的热控制可以缺少	① 理想气体定律无效; ② 需考虑空气化学反应; ③ 电离/等离子体引起光束反射/折射/吸收和辐射效应,波长越长,损失越大;辐射声强度随速度的增大呈大幅度提高趋势,很可能产生湍流场; ④ 光学窗口的热控制必不可少; ⑤ 气流的再辐射效应对探测器背景噪声产生强烈影响

续　表

气动光学效应	$Ma < 0.3$	$0.3 < Ma < 8$	$Ma > 8$
非黏性流动/激波	可忽略影响	① 瞄视误差,像散; ② 可借助低次自适应光学调节,除非迎角迅速变化; ③ 波前误差按 $OPD \propto K_{GD} \int_0^L \rho' dz$ 的规律增大; ④ 激波强度是绝热指数、马赫数和冲击角的函数; ⑤ 流体再辐射能量会造成探测器热噪声	① 非黏性场,波前误差按 $OPD \propto \rho' R$ 的规律增大; ② 激波产生的电离/等离子体结构分解波前

注:α-常系数;K_{GD}-格拉德斯通-戴尔(Gladstone-Dale)常数;L-流场中的光线传播距离;ρ-流场密度;l_z-流动特征尺度;λ-光线波长;SR-斯特列尔比;θ_β-高斯光束弥散角;R-流场曲率半径;ρ'-流场密度脉动。

如图 1.16(a)所示,在气动加热量较小的情况下,可以采用侧面凹窗的方法减小气动加热。虽然其窗口温度可能会比图 1.16(b)有所降低,但是其流场结

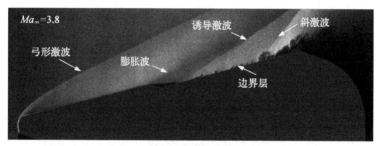

(a) 无冷却喷流凹窗

(b) 无冷却喷流平窗

图 1.16　超声速光学成像侧窗

构明显复杂得多。在实际使用时,在无窗口冷却的情况下,仅适应于相对较低的飞行马赫数或者相对较高的飞行高度,此时对应的窗口受到的主流加热作用相对较弱。随着飞行速度越来越快、飞行高度越来越低,主流对于窗口的加热作用更加显著,不仅会将目标的红外信息淹没,严重时甚至导致光学窗口损坏,这就使得侧窗冷却成为必须采取的措施。

气动光学效应不仅给头罩和侧窗结构材料的强度与刚度带来了不利影响,更为严重的影响是红外导引头的探测精度,因此,侧窗需要致冷,罩体需要防热[62]。光学侧窗头罩包括头罩壳体、侧窗口和制冷系统三部分。其中,头罩壳体采用非烧蚀性合金材料(如钨钼锆合金等),主要是为了防止烧蚀物和燃烧室烟雾污染光学窗口,从而使红外成像制导系统无法工作。对制冷系统的要求是制冷效率高、结构紧凑、重量轻、体积小,侧窗头罩中窗口致冷部件的研制是光学加工的主要任务[63]。

窗口致冷方式有两种,一是外冷致冷方式,一种是内冷致冷方式。其中,外冷致冷方式主要是采用外部喷射冷却方式,从窗口前或四周喷射出一种低温气流,在窗口外形成一层薄膜,将光学窗口和外面灼热的气流隔开,从而达到使窗口隔热致冷的目的。外冷方法是将冷却气体喷射到边界层,冷却气体与原来的边界层气体混合层形成剪切/混合层,该混合层具有湍流特征。湍流是流体的一种流动状态,又称为乱流、绕流或紊流。湍流将产生严重的气动光学效应,从而影响采用红外成像末制导技术研制的高速拦截器的成像质量,并影响制导精度。

1.3.1　内冷型高超声速光学头罩

侧窗内部制冷是将冷却剂通入侧窗内部的通道,一种方法为主动两相冷却,即通道分布在侧窗上下表面之间,而且上下通道互相连通,冷却剂在高压下被传送到下表面的通道,再均匀地分配到所有的通道里,使冷却剂和通道壁、侧窗之间进行充分的热传导,侧窗上表面还有一个多孔盖,蒸发和多余的冷却剂可通过多孔盖排出,利用冷却剂的两相对流传热和蒸发汽化吸热达到冷却侧窗的目的,如图 1.17 所示。

另一种方法是一般主动冷却,即侧窗材料内部只开一组冷却剂通道,使高压的冷却剂流经通道,高温部分通过侧窗内部向冷却剂通道四周壁进行热传导,冷却剂通道壁与冷却剂对流换热,最终通过冷却剂的温升及汽化,将气动加热传给侧窗的热量带走,从而达到冷却侧窗的目的。内部蒸发冷却方法是将冷却剂通过窗口内部的沟槽输入窗口内部,冷却槽分布在窗口上下表面,中间确保有足够

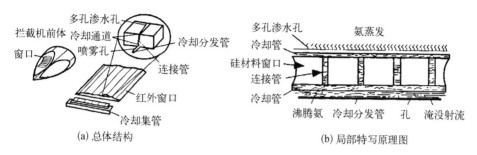

图 1.17　内冷型高超声速光学头罩结构示意图[62]

(a) 总体结构　　　　　　　　　(b) 局部特写原理图

的散热[63]。内部冷却的优点是不扰动窗口外部线流场特性,因而不会因致冷方式产生新的气动光学效应。但是沟槽内冷却剂的流动将对穿过其中的光线产生严重的扰动,这部分光线会给图像带来模糊区域,因此通常将冷却沟槽设计成光线不可透性,这样就解决了光线扰动问题,但是产生了新的问题,即减小了通光孔径。因此,在研究如何制作内部冷却窗口时,研究人员决定采用图 1.18 所示的致冷光学窗口,这样,会聚光束可以穿过致冷通道的间隙,从而解决了冷却槽中的制冷剂对光线的扰动问题,较大限度地提高了光通量。

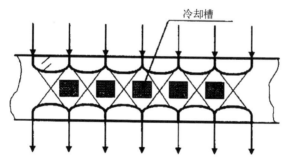

图 1.18　致冷光学窗口示意图[63]

1.3.2　外冷型高超声速光学头罩

侧窗外部制冷有两种方法:一种是从侧窗前缘和侧面喷出一种低温气流,冷却液在附面层中形成液膜,蒸发后在侧窗外形成一个阻挡气膜层,从而保护侧窗的外表面,达到冷却侧窗的目的;另一种方法是从侧窗的前缘或侧面喷射出一种产生化学反应的气体或液体,利用化学分解反应吸热来冷却侧窗。但无论采用哪种冷却方法都不能污染侧窗,影响红外光线的透过。采用外部薄膜冷却侧窗是有效的,制冷效果比较好,侧窗材料的温度梯度小,应力和应变小,工艺上容易实现。但是,由于喷流射入侧窗表面的边界层,冷却气流与原边界层内的气流混合,形成剪切/混合层,诱发了湍流扰动,从而影响目标图像的传输。另外,冷却剂流量较大,增大了冷却系统的结构质量。

通过大量的试验和计算结果证明了基于切向喷流冷却技术不仅可以实现侧窗的可靠冷却,而且结构上相比内冷式更为简单,通光效率也不受影响[63]。与此同时,在侧窗外部冷却方案中,切向喷流冷却效率相对较高[64,65],而且对光线传输的干扰也比较小[66,67]。这里,主要的分析模型便是带切向喷流的高速光学头罩模型。采用 NPLS 技术获取的压力匹配(喷流出口静压 P_2 与局部主流静压 P_1 相等)状态下带切向喷流的高速光学头罩绕流流动显示结果如图 1.8 所示,相比图 1.16,喷流的引入的确使得流场的结构变得更为复杂。冷却喷流及其与主流相互作用形成的剪切混合层等结构客观上增加了气动光学效应中光学传输效应增强的可能性。我们追寻的也正是在实现窗口冷却的基础之上,尽可能减小冷却喷流的引入对于气动光学效应的影响。

在进行带切向喷流高速光学头罩设计时,需要考虑多种设计要素耦合的影响,包括成像制导系统、气动光学效应、头部防热、窗口及气动阻力等问题。结合这些设计需求,建立了带切向喷流高速光学头罩基本模型,并对其中的基本设计参数进行了标注和说明。以高速光学头罩中心轴作为头罩坐标系的 X 轴,与成像制导视线(line of sight, LOS)交于点 O,穿过点 O 且平行于喷口展向为 Y 轴,并采用右手定则确定 Z 轴方向,至此建立如图 1.9 所示的光学头罩物理坐标系 $O\text{-}XYZ$。在成像制导目标距离较远时,探测系统接收到的光线可以看作平行的,定义直径为 A_D 的入射光束,垂直此光束的截面可以看作物平面。考虑到截面为圆形,以圆心为物方坐标系原点 O_1,视线方向为 Z_1 轴,穿过点 O_1 且平行于喷口展向为 Y_1 轴,并利用右手定则确定 X_1 轴方向,至此建立如图 1.9 所示的物方成像坐标系 $O_1\text{-}X_1Y_1Z_1$。LOS 与成像侧窗相交于点 O_2,假设 LOS 始终在 OZ 平面内变化,即忽略方位角的影响,同时,视线角度(line of sight angle, LOSA)定义为 LOS 与光学头罩中心轴的夹角,即 α,LOSA 与成像侧窗的夹角为 β,那么对应的成像侧窗与光学头罩中心轴的夹角 $\varepsilon = \alpha - \beta$。真实的成像制导系统非常复杂,对其进行简化,在仅考虑成像光学孔径 A_D 和 LOS 角度两个因素的情况下,实际上可以初步确定矩形成像侧窗的几何尺寸,即长度 $a > A_D/\sin(\alpha - \varepsilon)$,宽度 $b > A_D$,成像侧窗的宽度又限制了喷流出口的宽度 W 至少要大于它。实际应用中,圆弧形头部具有较高的容积利用率,在飞行器尤其是导弹头部设计中应用广泛,这里假设其驻点曲率半径为 R_N,切向喷流出口高度为 h,唇厚为 l。在使用二维矩形喷口的条件下,以喷流流向为 x 轴,垂直 x 轴方向为 y 轴,以两轴相交于喷口位置 o 为原点,构建坐标系 xoy。

对于高速飞行器而言,其头部钝度对于驻点热流峰值影响显著[68]。驻点热流峰值过高,不仅会增加头部防热设计的难度,而且头罩外部温度增加引起的辐射和电离也会对红外成像制导产生不良影响。目前,针对圆弧形头部驻点热流估算应用比较多的是 Kemp-Riddell 修正公式:

$$q_{ws} = \frac{110\,311.7}{\sqrt{R_N}} \left(\frac{\rho_1}{\rho_{sl}} \right)^{\frac{1}{2}} \left(\frac{u_1}{u_e} \right)^{3.15} \left(\frac{h_s - h_w}{h_s - h_{300K}} \right) \tag{1.1}$$

式中,ρ_{sl} 为海平面标准大气密度,$\rho_{sl} = 1.225\,\text{kg/m}^3$;$\rho_1$ 和 u_1 分别表示主流密度和来流速度;u_e 为第一宇宙速度,$u_e = 7\,900\,\text{m/s}$;R_N 为驻点曲率半径,单位为 m;q_{ws} 为驻点热流密度,单位为 kW/m^2;h_s 为滞止焓值;h_w 为壁面焓值;h_{300K} 为温度为 300 K 时空气的焓值。

在进行带切向喷流高速光学头罩设计时,重要的工作之一便是超声速气膜冷却性能设计。而冷却气膜设计最主要的目的便是要实现对于光学窗口的有效冷却,同时可以兼顾光学性能,并尽可能减少冷却工质的用量。通过对大量试验数据的整理和分析,Majeski 等[69]对带切向喷流的钝头体气膜冷却效率 η 相似准则进行了总结,构建了一个已经得到大量试验和数值研究验证的无量纲关系式,即

$$\eta = cS^{*d} \tag{1.2}$$

式中,c 和 d 为拟合系数,且 c 为正数,d 为负数;冷却效率 $\eta = (T_{aw,e} - T_1) / (T_2 - T_1)$,其中 $T_{aw,e}$ 为绝热壁温;无量纲流向坐标 $S^* = \left(\frac{x}{h\lambda} \right) \left(\frac{Re_2\mu_2}{\mu_1} \right)^{-0.25} \left(\frac{\rho_2}{\rho_1} \right)^{0.4} \left(\frac{\mu_1}{\mu_2} \right)^{0.75} \left(1 + \frac{\gamma - 1}{2} Ma_c^2 \right)^{-0.5}$,其中 x 为喷流流向坐标,h 为喷流出口高度,ρ、u、μ、a 分别表示密度、速度、黏性系数、声速,下标 1 表示主流,下标 2 表示喷流,吹风比 $\lambda = \frac{\rho_2 u_2}{\rho_1 u_1}$,对流马赫数 $Ma_c = (u_1 - u_2) / (a_1 + a_2)$,冷却喷流雷诺数 $Re_2 = \rho_2 u_2 h / \mu_2$。

如图 1.9 所示,光学头罩最大直径 D 对头罩的阻力影响显著。可以利用式(1.3)进行光学头罩气动阻力 F_z 的计算:

$$F_z = \frac{1}{2} C_D \rho_1 u_1^2 S \approx \frac{1}{8} C_D \rho_1 u_1^2 D^2 \qquad (1.3)$$

式中,S 为光学头罩垂直流向最大截面积;C_D 为光学头罩阻力系数。

从式(1.1)~式(1.3)不难看出,光学头罩的驻点热流、冷却性能及气动阻力是相互耦合的。例如,增大头部钝度,可以有效降低驻点热流,改善冷却性能,但是在窗口参数固定的情况下,势必会增加光学头罩的最大直径 D,进而增加气动阻力。除此之外,在进行高速光学头罩设计时,也需要对内部的容积率、升力与阻力构成的升阻比等因素进行考量。

总体而言,高速光学头罩设计是弹头热流指标、成像系统指标、冷却性能指标、气动力学性能指标、容积率指标及气动光学效应强弱指标的综合。就目前而言,除了气动光学效应强弱指标外,其他指标都已经具有相对比较成熟的理论来进行指导设计。而本书的主要目的之一就是对影响气动光学效应的相关指标进行总结和梳理,厘清各参数指标对于光学头罩气动光学效应的影响,即气动光学效应准则问题。与此同时,考虑到光学头罩光学窗口外绕流结构非常复杂,本书对其中最为典型和困难的激波、混合层及边界层的气动光学效应进行总结,以便加深对于高速光学头罩气动光学效应产生机理的认识。

1.3.3 综合致冷型高超声速光学头罩

自导弹问世以来,各军事大国之间关于导弹攻防对抗的关键技术研究和武器系统的部署从未停止,其中关于弹道导弹防御的技术研究贯穿始终。第二次世界大战后,美国和苏联双方都各自大力发展了弹道导弹突防技术,同时开展了弹道导弹防御研究和武器研制活动,分别建成早期的弹道导弹防御系统,如美国的"奈克-宙斯"(Nike-Zeus, 1958~1961 年)、"奈克"(Nike, 1961~1967 年)、"哨兵"(Sentinel, 1967~1969 年)和"卫兵"(Safeguard, 1969~1976 年),以及苏联的 A35 反导系统,但当时进攻性弹道导弹的突防技术远远超过了当时弹道导弹防御的反突防水平,无法保证拦截的时效性。

随着弹道导弹数量的增加及攻击能力的增强,为夺取战略优势,一方面,全面发展己方进攻性武器;另一方面,提高发展战略防御能力,美国于 1983 年提出"战略防御倡议"(Strategic Defense Initiative, SDI),即公众所熟知的"星球大战"计划。"战略防御倡议"的导弹防御方案是在弹道导弹的助推段、后助推段、中段和末段对来袭洲际弹道导弹进行多层拦截,以确保美国安全,计划在末段使用地基、空基和天基红外雷达等观测来袭导弹,使用地基、海基和空基定向能武器和动能武器在大气层上层及层内拦截[70]。1984~1992年,在"战略防御倡议"的总体框架下,美国陆军空间和导弹防御司令部委托麦克唐纳-道格拉斯公司开展了大气层内高空防御拦截器(High Endoatmospheric Defense Interceptor,HEDI)研究,其中包括高超声速红外导引头侧窗气膜冷却及相应的气动光学问题,可认为该项目中奠定了弹道导弹大气层内高超声速拦截器红外致冷导引头技术研究的基础。

"战略防御倡议"设想使用多层非核武器,以免受弹道导弹攻击。在具体操作层面,希望具备大气层内拦截能力,具备更为可靠的防御能力。在大气层内实现拦截,拦截弹的识别和自主导引阶段导致了严重的气动力、气动热。大气层内轻质外太空导弹(Endoatmospheric Lightweight Exo-atmospheric Projectile,ENDO LEAP)是一个发展在这种严酷环境中工作的拦截器进程中的项目,自1995年起,将其称为大气层拦截器技术(atmospheric interceptor technology,AIT),如图1.19为AIT发展的关键部件[71]。ENDO LEAP项目的目标是设计、发展、集成和测试能够在高/低大气层内防御弹道导弹的轻质拦截器,这些技术将在最先进的测试设施中得以发展和测试,如LENS创新发展的模拟、地面测试将用于帮助验证设计[72]。HEDI研究中对红外窗口采用气膜冷却方式,ENDO LEAP研究了内冷方式对红外窗口材料的致冷效果[71,72]。

(a) 窗口/前体

(b) 捷联导引头

(c) 刚体转向和姿态控制

(d) 轻型杀伤拦截器

图1.19 AIT发展的关键部件[71]

作为HEDI项目的延伸,大气层内/外拦截器(Endoatmospheric/ Exoatmospheric Interceptor,E^2I)项目于1992年启动,E^2I项目以支持美国提出的建立国家导弹防御(national missile defense，NMD)系统的战略防御倡议，以大气层内拦截任务为核心目标，重点开展大气层内拦截器的研制工作，包括开发可部署拦截器所需的硬件和软件，使拦截器具备目标识别、选择、跟踪、拦截和撞击杀伤的能力，通过数个飞行试验确保目标实现。E²I 项目将使用 HEDI 动能杀伤器集成技术试验的数据库和国防部项目提供的最新技术，如智能卵石(brilliant pebbles，BP)和轻量外太空导弹(Lightweight Exo-atmospheric Projectile，LEAP)技术，其中 E²I 项目包括拦截器硬件和软件设计、制造、集成、检验和飞行测试[73]。

THAAD 概念于 1987 年提出，其基本结构如图 1.20 所示，美国于 1992 年启动该项目[74]。THAAD 系统作战高度为 40～150 km，主要用于拦截在大气层内或即将进入大气层内的目标。拦截弹导引头采用侧窗探测、蓝宝石窗口(之后为降低成本，改为 ZnS)，以减少导弹高超声速飞行所带来的气动光学效应影响[74]。以色列和美国联合研制了"箭-II"防空导弹，作战高度为 10～50 km，最大飞行速度可达马赫数 10。"箭-II"防空导弹在高空捕获、跟踪、拦截战术弹道导弹时主要采用红外成像制导模式，红外导引头光学窗口采用致冷侧窗体制，以减少气动光学效应对红外导引头探测能力的影响[75]。

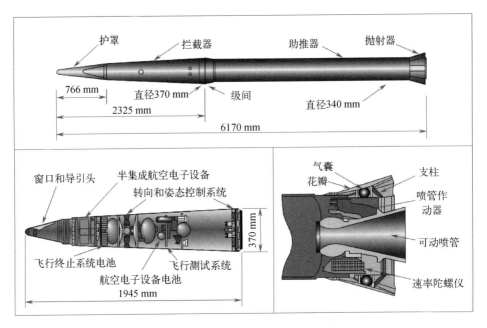

图 1.20　THAAD 系统的基本结构示意图

1.4　小结

对于高超声速光学头罩技术而言,最初研究的重点主要是解决气动热问题对于成像窗口的破坏或者是红外探测器信号的饱和问题。伴随着多种窗口冷却技术的成熟和应用,人们将关注点更多地集中在窗口外部流动密度变化引起的光线传输问题。目前,部分学者甚至将流场的光线传输效应与气动光学效应等价,足以显见当下对此问题的重视程度,而本章的总结和分析工作也主要集中于此。通过总结和梳理,不难发现,高超声速光学头罩气动光学效应的研究工作始终是与军事需求密切相关的,当前多个军事强国发展的高空高速拦截导弹都把红外成像制导体制作为重要选项。与此同时,伴随着超燃冲压发动机技术的逐渐成熟,在可以预见的未来,人们可以拥有多种成熟的高速运载平台,针对气动光学效应的研究工作将更加重要和紧迫。

参考文献

[1] 杨光,万华翔.高超声速飞行器对战场环境的影响[J].飞航导弹,2020,3：28-32.

[2] 葛炜,曹东杰,郝宏旭.红外制导技术在精确打击武器中的应用[J].兵工学报,2010,31(z2)：117-121.

[3] Jumper E J, Fitzgerald E J. Recent advances in aero-optics [J]. Progress in Aerospace Sciences, 2001, 37(3)：299-339.

[4] Gordeyev S, Jumper E. Fluid dynamics and aero-optics of turrets [J]. Progress in Aerospace Sciences, 2010, 46(8)：388-400.

[5] Ding H L, Yi S H, Xu Y, et al. Recent developments in the aero-optical effects of high-speed optical apertures：from transonic to high-supersonic flows [J]. Progress in Aerospace Sciences, 2021, 127：100763.

[6] 牛玉俊.高超声速武器如何影响战争[N].解放军报,2019-02-14(7).

[7] 李准.高超声速武器让战争进入"读秒"时代[N].解放军报,2017-05-05(11).

[8] 易小远.未来战场的"倚天剑"：高超声速飞行器[J].百科知识,2017,17：28-30.

[9] 刘薇,龚海华.国外高超声速飞行器发展历程综述[J].飞航导弹,2020,3：20-27.

[10] 廖孟豪.2018年度国外高超声速飞行器发展动向[J].飞航导弹,2018,3：1-4.

[11] 罗曦.高超声速武器上演极限竞速[N].解放军报,2019-01-25(9).

[12] 柴琨琦,王健,杨令飞.高超声速快速精确打击技术发展分析[J].战术导弹技术,2015,5：13-17.

[13] 宋怡然,林旭斌,武坤琳,等.大国竞争战略下美国精确打击武器发展分析[J].战术导弹技术,2020,2：105-109.

［14］ 熊晓月,费锦东,陈澄,等.气动光学效应内涵及其对成像探测的影响机理［J］.现代防御技术,2017,45(3)：139－146.

［15］ 柳青,朱坤,赵欣.高超声速精确打击武器制导控制关键技术［J］.战术导弹技术,2018,6：63－69.

［16］ Havener G, Stepanek C. Aero-optics testing capabilities at AEDC ［C］. Reno：30th Aerospace Sciences Meeting and Exhibit, 1992.

［17］ Plemmons D, Baxter L, Jumper E, et al. Aero-optics effects testing in AEDC wind tunnels ［C］. Portland ：24th AIAA Aerodynamic Measurement Technology and Ground Testing Conference, 2004.

［18］ Lee J, Taulbee D B, Holden M S. Study of turbulence on supersonic compression surfaces using Reynolds stress model ［J］. AIAA Journal, 1992, 30(7)：1738－1746.

［19］ 丁浩林,易仕和,赵鑫海,等.带超声速气膜高超声速光学头罩气动光学效应抑制试验［J］.气体物理,2018,3(6)：26－34.

［20］ 周印佳,张志贤.航天器可重复使用热防护技术研究进展与应用［J］.航天返回与遥感,2019,40(5)：27－40.

［21］ 李桂春.气动光学［M］.北京：国防工业出版社,2006.

［22］ Yi S H, Tian L F, Zhao Y, et al. Aero-optical aberration measuring method based on NPLS and its application ［J］. Chinese Science Bulletin, 2010, 55(31)：3545－3549.

［23］ 丁浩林,易仕和.高速光学头罩气动光学效应研究进展［J］.气体物理,2020,5(3)：1－29.

［24］ Childs A, Robert E. Methods for reducing turbulent flow aero-optical distortion ［R］. Mountain View：Nielsen Engineering and Research Inc, 1993.

［25］ Smith A E, Gordeyev S. Aero-optical mitigation of turbulent boundary layers using large-eddy break-up devices ［C］. Washington：52nd Aerospace Sciences Meeting, 2014.

［26］ Smith A E, Gordeyev S. The effects of wall cooling on aero-optical aberrations caused by subsonic turbulent boundary layers ［C］. San Diego：44th AIAA Plasmadynamics and Lasers Conference, 2013.

［27］ Smith A E, Gordeyev S. Evaluation of passive boundary layer flow control methods for aero-optic mitigation grapevine［C］. Grapevine：51st AIAA Aerospace Sciences Meeting including the New Horizons Forum and Aerospace Exposition, 2013.

［28］ Amundson M, Smith D. Ground test and evaluation methodologies and techniques for the development of endoatmospheric interceptors ［C］. Albuquerque：Annual Interceptor Technology Conference, 1993.

［29］ Strickland B, Lianos D, Strickland B, et al. A midcourse multiple kill vehicle defence against submunitions ［C］. Huntsville：Defense and Space Programs Conference and Exhibit-Critical Defense and Space Programs for the Future,1997.

［30］ Foxwell D. Naval TBM defense matures ［J］. Jane's International Defense Review, 1998：27－30.

［31］ Wirsig G W, Fischer D. The airborne laser-a revolution in military affairs ［J］. Air Force Phillips Laboratory：Airborne Laser Program Newsletter, 1997, 3(3)：8－12.

[32] Calspan-UB Research Center. Large Energy National Shock Tunnel(LENS)[R]. New York：Calspan -UB Research Center, 1990.

[33] Crossway F L, Havener A G. Aero-optics measurement system for the AEDC aero-optics test facility [R]. Manchester：Arnold Engineering Development Center,1991.

[34] William Y, Charles S, John L, et al. Near-and farfield measurements of aero-optical effects due to propagation through hypersonic flows [C]. Denver：31st Plasmadynamics and Lasers Conference, 2000.

[35] Carroll B, Boulos E, Systma M, et al. Aero-optic measurement facility characterization [C]. Reno：42nd AIAA Aerospace Sciences Meeting and Exhibit, 2004.

[36] Wyckham C, Zaidi S H, Miles R B, et al. Measurement of aero-optic distortion in transonic and hypersonic, turbulent boundary layers with gas injection [C]. Toronto：36th AIAA Plasmadynamics and lasers conference, 2005.

[37] Wyckham C M, Smits A J. Aero-optic distortion in transonic and hypersonic turbulent boundary layers [J]. AIAA Journal, 2009, 47(9)：2158－2168.

[38] Burns R, Gordeyev S, Jumper E J, et al. Estimation of aero-optical wavefronts using optical and non-optical measurements [C]. Washington：52nd Aerospace Sciences Meeting,2014.

[39] Deron R, Mendez F, Montri J. Wavefront sensing of supersonic aero-optical effects on side-mounted windows [C]. Cardiff：Proceedings of SPIE the International Society for Optical Engineering, 2008.

[40] Lee S, Yoon H, Jeung I S, et al. Super-/hypersonic aero-optical effects induced by external jet cooling [C]. Tel Aviv：30th International Symposium on Shock Waves, 2017.

[41] Lee S, Kim S H, Lee H J, et al. Density acquisition and aero-optics measurement from BOS images for a hot jet [J]. International Journal of Aeronautical and Space Sciences, 2018, 19 (3)：563－574.

[42] 殷兴良.气动光学原理[M].北京：中国宇航出版社,2003.

[43] 张天序,洪汉玉,张新宇.气动光学效应校正：原理、方法与应用[M].合肥：中国科学技术大学出版社,2014.

[44] 易仕和.超声速自由漩涡气动窗口及其光学质量的研究[D].长沙：国防科学技术大学,2003.

[45] 韩志平.高超音速飞行器红外成像制导光学传输效应数值仿真研究 [D].北京：中国航天科工集团第二研究院,2003.

[46] 郭隆德.高速拦截弹气动光学效应地面模拟测试研究[D].成都：四川大学,2004.

[47] 李文煜.非接触气动光学测量方法及试验研究[D].长沙：国防科学技术大学,2005.

[48] 陈勇.气动光学效应的数值模拟方法研究[D].绵阳：中国空气动力研究与发展中心,2006.

[49] 谢文科.气动光学畸变波前测量及控制方法[D].长沙：国防科学技术大学,2007.

[50] 赵玉新.超声速混合层时空结构的试验研究[D].长沙：国防科学技术大学,2008.

[51] 田立丰.超声速光学头罩流场精细结构及其气动光学效应的机理研究[D].长沙：国防科学技术大学,2011.

[52] 朱杨柱.喷流致冷的超声速光学头罩流动及气动光学机理试验研究[D].长沙：国防科

学技术大学,2011.

[53] 朱杨柱.带后台阶超声速光学头罩流动机理及其气动光学效应试验研究[D].长沙:国防科学技术大学,2015.

[54] 李波,刘洪.高速流场气动光学RANS/DSMC混合数值模拟算法研究[J].力学季刊,2011,32(1):74-80.

[55] 李波,刘洪.高速流场气动光学效应评价方法研究[J].光电工程,2011,38(5):21-29.

[56] 丁浩林.(高)超声速光学头罩气动光学效应试验研究[D].长沙:国防科技大学,2020.

[57] 费锦东.高速导弹红外成像末制导对气动光学效应技术研究的需求[J].红外与激光工程,1998,27(1):42-43.

[58] 张丽琴,费锦东.气动光学效应光电校正方法研究[J].红外与激光工程,2004,33(6):580-583.

[59] 李艳芳,韩志平,殷兴良.气动光学效应校正中湍流流场控制方法[J].现代防御技术,2005,33(1):32-35.

[60] Sutton G. On optical imaging through aircraft turbulent boundary layers [C]. Snowmass:13th Fluid and Plasma Dynamics Conference,1980.

[61] 战俊彤.光学系统在气动光学条件下波长的优化选择研究[D].长春:长春理工大学,2013.

[62] 黄伟.气动光学及其在高超声速飞行器中的效应研究[J].飞航导弹,2008,3:20-26.

[63] 孙云霞,杨玉虹.光学侧窗头罩致冷系统的研制工艺[J].光学技术,2012,38(1):93-97.

[64] Fu J, Yi S H, Wang H, et al. Experimental study on supersonic film cooling on the surface of a blunt body in hypersonic flow [J]. Chinese Physics B, 2014, 23(10):315-322.

[65] Majeski J, Morris H. An experimental and computational investigation of film cooling effects on an interceptor forebody at Mach 10 [C]. Reno:28th Aerospace Sciences Meeting, 1990.

[66] Street T A. Aero-optical subsystem design considerations for endoatmospheric interceptors [C]. Berlin:Lens and Optical Systems Design, 1993.

[67] Hedlund E, Collier A, Murdaugh W. Aero-optical testing in the NSWC hypervelocity wind tunnel No. 9 [C]. Huntsville:Annual Interceptor Technology Conference, 1992.

[68] 康宏琳,阎超,李亭鹤.高超声速再入钝头体表面热流计算[J].北京航空航天大学学报,2006,32(12):1395-1398.

[69] Majeski J, Weatherford R. Development of an empirical correlation for film-cooling effectiveness [C]. San Antonio:23rd Thermophysics, Plasmadynamics and Lasers Conference, 1988.

[70] 刘兴,梁维泰,赵敏.一体化空天防御系统[M].北京:国防工业出版社,2011.

[71] Cantrell M, Ennis D, Muras A. Atmospheric interceptor technology(AIT)status and test results [R]. Huntsville:US Army Space and Strategic Defense Command, 1997.

[72] Cantrell M, VanHorn T, Muras A. Endoatmospheric LEAP [C]. Irvine:Aerospace Design Conference, 1992.

[73] Sherer A, Reeves W. Endoatmospheric/exoatmospheric interceptor(E^2I) program [C]. Huntsville:Annual Interceptor Technology Conference, 1992.

［74］ 胡冬冬,尚绍华.美国末段高空区域防御系统 THAAD 的进展［J］.飞航导弹,2010(1)：
　　　 14－16.
［75］ 梁海燕.反临近空间高超声速飞行器导引头及关键技术分析［J］.飞航导弹,2013(3)：
　　　 61－63.

第 2 章

气动光学效应基础理论

气动光学效应,尤其是光线传输问题,最根本的来源是流场的密度变化,尤其是高速可压缩湍流导致的密度脉动问题。本章主要围绕气动光学研究的基本方程、基本对象和基本方法进行介绍,相关内容可以看作帮助理解本书后面章节的知识储备,也可以加深读者对于气动光学多学科交叉特征的理解。

2.1 气动光学的基本方程

通常,光波在高速流场中的传播是由麦克斯韦方程和可压缩 Navier-Stokes 方程控制的。基于各种物理参数、长度尺度和时间尺度,可对方程进行各种简化。对于气动光学问题,相对于流动,光传播的时间尺度小到可以忽略,因此可以在光传播过程中作流场冻结假设。如果光的波长小于最小的湍流尺度,即科尔莫戈罗夫尺度(Kolmogorov's scale),而这恰是一般情况,则去极化效应可以忽略,此时麦克斯韦方程简化为一个向量波动方程,即亥姆霍兹(Helmholtz)方程,其中电磁场的三个分量都解耦,该方程可写为

$$(\nabla^2 + k^2) U(r) = 0 \tag{2.1}$$

式中,∇ 为三维空间 $r = (x, z) = 0$ 中的哈密顿算子,其中 x 是横向位置坐标,$x = (x, y)$;k 为波数,$k = 2\pi/\lambda$;$U(r)$ 表示光波的复振幅。

2.1.1 气动光学畸变光束传输理论

亥姆霍兹方程是波的复振幅必须满足的方程,平面波和球面波都是亥姆霍兹方程的基本解。在气动光学研究中,折射率脉动量级较小($\approx 10^{-4}$),但又远大

于光波波长,因此光线在流场中传播时可认为沿光轴传播(满足傍轴条件)。考虑一沿 z 轴传播的傍轴单色相干光波场,其可以表示为

$$U(x, y, z) \approx A(x, y, z)\exp(ikz) \tag{2.2}$$

式中, $A(x, y, z)$ 为该傍轴光波场的标量复振幅,其是关于 z 的缓变函数,式(2.2)中关于时间的快速波动部分 $\exp(-jωt)$ 已经被略去,其中 $ω$ 为光波的角频率。

将式(2.2)代入式(2.1)并经过化简可得傍轴波动方程:

$$\nabla^2 A(x, y, z) + 2ik\frac{\partial A(x, y, z)}{\partial z} = 0 \tag{2.3}$$

式中, ∇ 为 (x, y) 平面内的哈密顿算子。

式(2.3)描述了单色相干光波在傍轴下复振幅传播必须遵循的规律。接下来将标量复振幅表达式 $A(x, y, z) = \sqrt{I(x, y, z)}\exp[i\phi(x, y, z)]$ 代入傍轴波动方程式,并取实部便可得到光强传输方程[1]:

$$-k\frac{\partial I}{\partial z} = \nabla \cdot (I\nabla\phi) \tag{2.4}$$

式中, $I(x, y, z)$ 为位于 z 平面的光强分布; $\phi(x, y, z)$ 为位于 z 平面的波像差分布。

对于气动光学问题而言,光线在流场中的传输距离比较有限,通常认为流场本身导致的光波能量耗散或能量吸收可以忽略[2]。因此,求解式(2.3)的关键便集中到波像差 ϕ 的研究上来。

光线在变折射率介质中传播时,介质折射率 n 及其密度 $ρ$ 可以利用格拉德斯通-戴尔(Gladstone-Dale, GD)定律构建联系[3],即

$$n = 1 + ρK_{GD}(λ) \tag{2.5}$$

式中, $K_{GD}(λ)$ 为 GD 常数,其值与光线波长 $λ$ 有关[3]:

$$K_{GD}(λ) = 2.22 \times 10^{-4} \times [1 + (6.71 \times 10^{-8}/λ)^2] \tag{2.6}$$

当光线波长位于红外波段时,修正为

$$K_{GD}(λ) = 2.23 \times 10^{-4} \times (1 + 7.52 \times 10^{-15}/λ^2) \tag{2.7}$$

通常,光线穿过折射率场的光学路径长度,即光程(optical path length,

OPL),用于表征光学波前的畸变程度。具体而言,OPL 可以定义为光在介质中的传播路径长度与其折射率的乘积,或者可以解释为相同时间内光线在真空中的传播距离,具体表示为

$$OPL(x, y) = \int_0^L n(x, y, z)\, dz \tag{2.8}$$

式中,$n(x, y, z)$ 表示位于 z 平面的折射率;L 表示光线传播路径。

在实际应用时,采用 OPL 的相对值,即光程差(optical path difference, OPD)来衡量气动光学效应的强弱程度更加重要,其定义为

$$OPD(x, y) = OPL(x, y) - \overline{OPL(x, y)} \tag{2.9}$$

式中,上横线表示光程差在光学孔径上的空间平均值。

2.1.2　气动光学效应评估分析理论

1. 点扩散函数

点扩散函数(point spread function, PSF)定义为一个光学系统对理想点光源的反映。同时,利用 PSF 可以构建图像畸变程度与气动光学效应之间的直观关系,并且反过来指导进行畸变校正研究[4]。

光瞳平面上描述的复振幅分布可以表示为

$$A(x, y) = \begin{cases} A(x, y)\exp[\,ik\phi(x, y)\,], & \sqrt{x^2 + y^2} \leqslant A_D/2 \\ 0, & \sqrt{x^2 + y^2} > A_D/2 \end{cases} \tag{2.10}$$

式中,$\phi(x, y) = 2\pi \times OPD/\lambda$,是该点的波面像差函数;$(x, y)$ 定义为光瞳面上的坐标点;A_D 为光瞳直径。

点振幅扩散函数(amplitude spread function, ASF)可以表示为

$$h(x', y') = \frac{1}{\lambda z_i}\int_{-\infty}^{\infty}\int_{-\infty}^{\infty} A(x, y)\, e^{-i\frac{2\pi}{\lambda z_i}(x'x + y'y)}\, dx dy \tag{2.11}$$

式中,(x', y') 为像平面坐标。

有畸变成像系统对应的光强 I 分布可表示为

$$\begin{aligned} I(x', y') &= h(x', y')\, h^*(x', y') \\ &= |\, h(x', y')\, |^2 \end{aligned} \tag{2.12}$$

式中,"*"表示共轭复数。

理想无畸变成像系统对应的光强 I_0 分布可以表示为

$$I_0(x', y') = \frac{1}{\lambda^2 z_i^2} \left| \int_{-\infty}^{\infty} \int_{-\infty}^{\infty} A(x, y) \, \mathrm{d}x\mathrm{d}y \right|^2 \tag{2.13}$$

根据式(2.11)~式(2.13),可得 PSF = I/I_0,从 PSF 结果中可以提取瞄视误差(bore-sight error, BSE)及图像强度衰减信息。与此同时,PSF 可以与图像质量构建直接联系,以实现对于远场成像效果的预测和评价[5]。前面已经提到,气动光学效应会导致目标图像出现偏移、抖动、模糊和能量衰减。其中,偏移主要是指像点在焦平面上相对理想位置的偏差,本质上属于偏心(轴)光效应的一种。模糊多是由大尺度湍流诱发的,当湍流尺度大于光线波长、小于系统孔径时,会使点扩散函数主峰范围扩大。抖动主要是指像点在焦平面上的运动,实质上属于湍流脉动导致的能量损失,这里主要是小尺度涡的散射作用,导致光线能量无法集中在焦平面,进而导致成像的能量衰减和模糊。

2. 光束倾斜/抖动

基于获取的位置 z 处的光强分布 $I(x, y, z)$,$x-y$ 平面的强度分布的中心 $(\bar{x}, \bar{y})$ 可以表示为

$$\begin{cases} \bar{x}(z) \equiv \dfrac{\iint x I(x, y, z) \, \mathrm{d}x\mathrm{d}y}{|I(0, 0)|} \\[4mm] \bar{y}(z) \equiv \dfrac{\iint y I(x, y, z) \, \mathrm{d}x\mathrm{d}y}{|I(0, 0)|} \end{cases} \tag{2.14}$$

式中,$(\overline{\cdot})$ 表示 I 沿 x 或 y 方向的加权平均结果。

在旁轴光路条件下,根据 Mani[6]的推导,光束抖动可以近似表示为

$$\begin{cases} \bar{x} = \overline{\mathrm{OPL}_x}\big|_{z_1}(z - z_1) + \bar{x}\big|_{z_1} \\[3mm] \bar{y} = \overline{\mathrm{OPL}_y}\big|_{z_1}(z - z_1) + \bar{y}\big|_{z_1} \end{cases} \tag{2.15}$$

根据上面的方程,在感兴趣的范围内,L 并不依赖于 λ(λ 对于折射率的影响非常微弱),因此光束中心位置与波长无关。因此,在气动光学效应应用中,并不能通过改变波长来减少倾斜误差。

3. 光束扩散

基于获取的位置 z 处的光强分布 $I(x, y, z)$，表征光束扩散的参数 $\overline{x^2}$、$\overline{y^2}$、$\overline{xy}$ 分别定义为

$$\begin{cases} \overline{x^2}(z) \equiv \dfrac{\displaystyle\iint x^2 I(x, y, z)\,\mathrm{d}x\mathrm{d}y}{|I(0, 0)|^2} \\[3mm] \overline{y^2}(z) \equiv \dfrac{\displaystyle\iint y^2 I(x, y, z)\,\mathrm{d}x\mathrm{d}y}{|I(0, 0)|^2} \\[3mm] \overline{xy}(z) \equiv \dfrac{\displaystyle\iint xy I(x, y, z)\,\mathrm{d}x\mathrm{d}y}{|I(0, 0)|^2} \end{cases} \tag{2.16}$$

那么，光束关于其中心沿 x 和 y 方向的扩散，可以分别表示为

$$\begin{cases} \overline{x'^2}(z) = \overline{x^2}(z) - \bar{x}^2(z) \\[2mm] \overline{y'^2}(z) = \overline{y^2}(z) - \bar{y}^2(z) \\[2mm] \overline{x'y'}(z) = \overline{xy}(z) - \bar{x}(z) \times \bar{y}(z) \end{cases} \tag{2.17}$$

进一步，光束在位置 z 处的特征半径可以定义为

$$\overline{r'^2} = \overline{x'^2} + \overline{y'^2} = \left[\overline{|(\nabla \mathrm{OPL})'|^2} + \frac{1}{k^2} \overline{\left(\frac{|\nabla A|}{A}\right)^2} \right]_{z_1} (z - z_1)^2$$
$$+ 2 \overline{\boldsymbol{X}' \cdot (\nabla \mathrm{OPL})'}|_{z_1}(z - z_1) + \overline{r'^2}|_{z_1} \tag{2.18}$$

式中，∇ 表示 x-y 平面上的梯度符号；$\boldsymbol{X}$ 为位置 (x, y) 处的矢量算子。

而且，可以将特征面积定义为

$$S \equiv (\overline{x'^2}\,\overline{y'^2} - \overline{x'y'^2})^{1/2} \tag{2.19}$$

S 非常重要，因为其倒数正比于光束的特征强度，$\overline{r'^2}$ 和 S 都是关于 z 轴旋转不变的。

4. 斯特列尔比

在有像差的情况下，光学系统衍射图形艾里斑（Airy disk）处的光强与无像差理想成像时对应光强的比值，定义为斯特列尔比（Strehl ratio，SR），此值可以

表征图像强度衰减、能量损失的程度。SR 作为衡量气动光学效应强弱的重要指标,应用十分广泛。明显地,一个成像系统的性能主要是由幅值/点扩散函数决定的。使用一个数字指标来描述成像性能是方便的,最常用的指标便是 SR,其实质上是光轴上真实点扩散函数的值与光轴上理想点扩散函数值之比。

在广义光瞳函数 $A(x, y)$ 中,对非零位相的唯一贡献是由像差引起的,那么,SR 可以表示为

$$SR = \frac{I_{max}}{I_{0, \, max}} \tag{2.20}$$

为了使得波像差 $\phi(x, y)$ 更为清晰,可以将式(2.20)改写为

$$SR = \frac{\left| \int_{-\infty}^{\infty} \int_{-\infty}^{\infty} A(x, \, y) \, e^{i\phi(x, y)} \, dxdy \right|_{max}^{2}}{\left| \int_{-\infty}^{\infty} \int_{-\infty}^{\infty} A(x, \, y) \, e^{0} dxdy \right|_{max}^{2}} \tag{2.21}$$

对于一个完美无像差的系统,SR = 1 为最大值。光瞳(如环形光圈)中光线的像差和幅值变化总是会使 SR 降低[7],因此较低的 SR 表示图像质量较差,即分辨率较低和对比度较低。

对于较小的像差,图像的 SR 主要由光瞳内相位的方差决定。为了说明这一点,可以将式(2.21)简写为

$$SR = \left| \left\langle e^{i\phi} \right\rangle \right|^{2} \tag{2.22}$$

式中,尖括号 $<\cdots>$ 表示幅值加权光瞳上的空间平均值。

例如,幅度加权平均相位由式(2.23)给出[7]:

$$\langle \phi \rangle = \frac{\int_{-\infty}^{\infty} \int_{-\infty}^{\infty} A(x, \, y) \, \phi(x, y) dxdy}{\int_{-\infty}^{\infty} \int_{-\infty}^{\infty} A(x, \, y) \, dxdy} \tag{2.23}$$

式(2.22)乘以 $\left| e^{-i\langle \phi \rangle} \right|^{2} = 1$ 可得

$$SR = \left| \left\langle e^{i(\phi - \langle \phi \rangle)} \right\rangle \right|^{2} \tag{2.24}$$

$$= \left\langle \cos(\phi - \langle \phi \rangle) \right\rangle^{2} + \left\langle \sin(\phi - \langle \phi \rangle) \right\rangle^{2} \tag{2.25}$$

将泰勒级数展开式的第一项提升到二阶,可得

$$SR \simeq \left\langle 1 - \frac{(\phi - \langle \phi \rangle)^2}{2} \right\rangle^2 + \langle \phi - \langle \phi \rangle \rangle^2 \qquad (2.26)$$

$$\simeq \left(1 - \frac{\sigma_\phi^2}{2} \right)^2 \qquad (2.27)$$

进行乘法并只保留前两项,可得

$$SR \simeq 1 - \sigma_\phi^2 \qquad (2.28)$$

式中,$\sigma_\phi^2 = 4\pi^2\sigma^2$,为相位方差,其中 $\sigma = OPD_{rms}/\lambda$(下角标 rms 表示均方根),单位为 rad^2。

这一结果也可以写为

$$SR \simeq e^{-\sigma_\phi^2} \qquad (2.29)$$

在泰勒级数展开式中只保留前两项,式(2.27)~式(2.29)都可以用于 SR 的近似计算。式(2.27)为 Maréchal 方程,虽然式(2.29)在这里作为式(2.28)的近似值出现,但实际上它是一个与各种像差的数值结果最吻合的经验公式[7]。

考虑到气动光学效应导致的光线偏折角度通常比较小,多在微弧度量级,一般不会超过毫弧度,基于 Maréchal 方程(2.27)预测的 SR 精度一般也可以满足要求。基于此原理,可以直接利用 OPD_{rms} 来预测 SR,这也正是人们在气动光学效应研究中经常利用 OPD_{rms} 来表征气动光学效应强弱的主要原因。

2.2　光在非均匀流场中的传输理论

2.2.1　典型流动结构气动光学效应

在气动热不显著,无须进行喷流冷却的情况下,流动结构相对比较简单。只是,伴随着飞行马赫数不断增加,飞行高度不断降低,气动热对成像窗口的影响越来越强,必须对窗口进行气膜冷却,而切向喷流的引入导致成像窗口周围流动结构变得更为复杂。光学头罩绕流包含多种复杂结构:弓形激波、边界层、混合层、激波及冷却射流等,这些流场结构相互作用,对光线传输产生影响。Spencer 等[8]总结了带切向喷流高速光学头罩绕流中各种流动结构对气动光学效应的作

用和贡献,如表 2.1 所示。

表 2.1　成像窗口周围流场中不同结构产生的气动光学效应所占比例[7]

气动光学效应来源	气动光学效应			
	瞄视误差	抖动	模糊	能量衰减
弓形激波	50%	<1%	0.5%	0.5%
边界层	<1%	10%	5%	10%
冷却剂层	20%	<1%	<1%	<1%
混合层	15%	90%	90%	90%
窗口	10%	<1%	5%	<1%

表 2.1 中所列举的不同流动结构对于气动光学效应的贡献是不同的。其中,弓形激波是引起瞄视误差的主要原因;边界层对瞄视误差的影响比较小,但对于抖动、模糊和能量衰减的影响较大。冷却剂层对于瞄视误差的影响显著,但对其他效应的贡献很小;切向气膜与主流相互作用形成的混合层,不仅会引起瞄视误差,而且对于抖动、模糊和能量衰减有重要影响。各种不同流动结构可以看作光学头罩整体结构的分解研究或者简化研究,而光学头罩气动光学效应的整体研究结果往往又需要利用不同的流动结构特征进行解释。与此同时,对于不同流动结构,不同的相似准则数对于其诱发的气动光学效应的影响也存在比较大的差异。这里,希望通过对各个部分的气动光学效应进行分析,以加深对于高速光学头罩气动光学效应的理解,并为探索气动光学效应的抑制方法提供思路。

1. 混合层

在针对高速光学头罩气动光学效应研究的过程中,在一定程度上,密度脉动是引起气动光学效应的根本性因素。基于图 2.1 所示的光学头罩侧窗外沿视线方向的密度脉动均方根分布结果,Lawson 等[9]发现密度脉动主要集中在混合层区域,通过比较积分权重可知,近 90% 的气动光学效应是由混合层引起的,这一结论在一定意义上与 Spencer 等[8]的结论是一致的。具体来说,成像侧窗上方,冷却喷流与高温激波层主流之间相互作用形成的混合层具有很大的速度和温度梯度,客观上决定了其在很多情况下都具有比较大的密度梯度。与此同时,强速度梯度导致混合层快速湍流化,其可以表征为具有比较大的气体速度和密度脉动,以及较高的湿度。

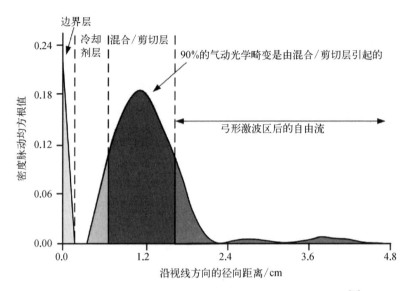

图 2.1　光学头罩侧窗外沿视线方向的密度脉动均方根分布[9]

考虑到混合层对于高速光学头罩气动光学效应的影响比较大,特利丹·布朗工程(Teledyne Brown Engineering, TBE)公司构建了一套双喷管气动光学效应模拟装置(dual nozzle aero-optic simulator, DNAOS),用来研究混合层对气动光学效应的影响规律。相关研究结果再次确认,对于带喷流的冷却光学头罩而言,近90%的图像退化是由于飞行器外部的混合层或者剪切层引起的[10,11]。Couch等[12]提出了用 9 个参数来表征高速混合层,即对流马赫数、混合层发展速率、对流速度、混合层厚度、速度比、湍流涡相关尺度、密度比、穿过混合层的折射率变化、高速侧流动速度,并采用 DNAOS 研究了这 9 个参数对于混合层气动光学效应的具体影响。

对于可压缩剪切/混合层,对流马赫数 Ma_c 是描述混合层可压缩性影响最重要的无量纲量。对流马赫数 Ma_c 的定义最初是由 Bogdanoff[13] 提出的,Papamoschou等[14]在大量试验数据的基础上给出了更为精确的定义。通过假设大尺度结构相对于局部流动的对流速度为 u_c,在当地参考系中,如果由大尺度结构夹带的流体满足等熵条件假设,那么根据压力匹配条件,对流马赫数为

$$Ma_{c_1} = \frac{u_1 - u_c}{a_1} \tag{2.30}$$

$$Ma_{c_2} = \frac{u_c - u_2}{a_2} \tag{2.31}$$

$\gamma_1 = \gamma_2$ 时,则有

$$u_c = \frac{a_2 u_1 + a_1 u_2}{a_1 + a_2} \qquad (2.32)$$

$$Ma_c = Ma_{c_1} = Ma_{c_2} = \frac{u_1 - u_2}{a_1 + a_2} \qquad (2.33)$$

式中,u、a 分别表示气体速度、声速;γ 表示比热比;下标 1 表示高速一侧;下标 2 表示低速一侧。

需要注意的是,在冷却气体并非空气,而是氦气、二氧化碳或者其他组合气体时,两侧气体比热比相等的条件并不一定满足,此时式(2.32)和式(2.33)并不成立。

赵玉新[15]利用 NPLS 技术获取了不同对流马赫数下超声速混合层发展变化的流动显示结果。如图 2.2 所示,灰度较高的区域为高速一侧,灰度较低的区域为低速一侧。随着对流马赫数的增加,大尺度的 K－H 不稳定涡得到了比较明显的抑制,伴随着湍流涡的破碎程度明显增加,小尺度涡结构明显增多。从湍流涡相关尺度出发,这实际上意味着在高对流马赫数下,大尺度涡结构可以得到一定的抑制,是有助于气动光学效应改善的,但也不能说对流马赫数越大越好。Kourta 等[16]研究发现,在对流马赫数达到 1 左右时,超声速混合层中可能会出

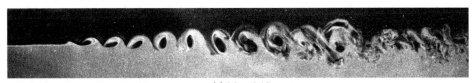

(a) $Ma_c = 0.12$

(b) $Ma_c = 0.24$

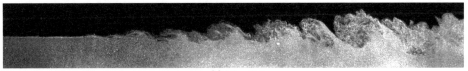

(c) $Ma_c = 0.5$

图 2.2　不同对流马赫数下的超声速混合层 NPLS 图像[15]

现小激波结构,进而可能导致流动结构变得更为复杂,存在加重气动光学效应的可能性。赵玉新等[17]利用 NPLS 技术获取的对流马赫数为 1.24 时的超声速混合层如图 2.3 所示,出现了比较明显的小激波结构。

图 2.3 Ma_c = 1.24 时的超声速混合层[17]

混合层中的大尺度涡结构在一定程度上主导了混合层的发展速率,目前混合层发展速率可以利用带可压缩修正的不可压缩混合层发展速率半经验公式确定。纹影技术获取的可压缩剪切层平均厚度为 δ_{viz},确定其半经验公式为

$$\left(\frac{\delta_{viz}}{x}\right) = C_\delta \frac{(1 - r_u)\,(1 + \sqrt{r_\rho})}{1 + r_u \sqrt{r_\rho}} \tag{2.34}$$

式中,$r_u = u_2/u_1$,为速度比;$r_\rho = \rho_2/\rho_1$,为密度比;C_δ 为常数,但是会受到对流马赫数变化的影响。

需要注意的是,这里讨论的相似律参数仅对于混合层中的自相似区域是有用的。对于大多数高速光学头罩,窗口上方的流动并不一定是自相似的,有可能要到窗口末端才会出现一定的自相似性。在混合层非自相似区域,发展速率主要依赖于初始条件,即唇口上方和冷却喷口边界层的湍流状态。实际上,利用强迫初始条件,也可以实现对于初始发展速率的控制。光学头罩实际飞行时,冷却喷流出口静压并不一定与当地主流静压严格一致。当超声速气膜在欠膨胀或者过膨胀状态下工作时,可能又会引起一些附加的流动结构。这里,利用喷流压比(pressure ratio of jet, PRJ)来衡量冷却喷流静压和主流静压之间的偏离程度。Sutton 等[18]的研究结果表明,PRJ 的确会对气动光学效应产生比较大的影响,随着 PRJ 的增大,气动光学效应逐渐增强。

2. 湍流边界层

相比混合层,湍流边界层对于光学头罩气动光学效应的贡献较小。但是,作为最基本的流动结构之一及无喷流光学侧窗外主要的流动结构,湍流边界层的气动光学效应得到了广泛关注。对于湍流边界层而言,大量的试验和数值计算结果表明,湍流边界层内时间平均的压力脉动远小于温度脉动[19]。在忽略压力脉动的前提下,强雷诺比拟(strong Reynolds analogy, SRA)在边界层研究中得到了比较广泛的应用。更准确地讲,通过绝热冷却/加热,SRA 实际上论述了温度(或者说密度)只与当地的速度脉动有关:

$$\frac{\rho'_{rms}}{\bar{\rho}(y)} = \frac{T'_{rms}}{\bar{T}(y)} = p(y)\,(\gamma - 1)\,\frac{\bar{u}(y)\,u'_{rms}(y)}{a^2(y)} \tag{2.35}$$

式中,a 表示当地声速;上划线表示当地时间平均量;$p(y)$ 为边界层应力积分分布,并且在边界层内近似是一致的[20-23]。

在早期的研究中,受到测量精度的限制,针对边界层参数对 OPD_{rms} 的影响,有许多互相矛盾的结论。Rose[24]认为,$OPD_{rms} \propto q\delta$,其中 q 为动压,δ 为边界层厚度,而 Gilbert 等[25]认为 $OPD_{rms} \propto q^{1/2}$。之后,Masson 等[26]提出 $OPD_{rms} \sim (\rho Ma_\infty^2)^{1.16}$。而这一关系式与 Gordeyev 等[27]基于 Π 定理推导的相似律是不一致的,后者认为 $OPD_{rms} \sim \rho\delta f(Ma_\infty, Re)$。考虑到飞行器机载光学系统设计严重依赖于计算流体力学、风洞试验及实际飞行测试,而缺乏通用的可压缩湍流气动光学效应相似律,就很难对新的流动状态下的气动光学波前畸变进行校验和预测。Wyckham 等[28]基于 SRA 和零压力梯度边界层假设,从 Sutton 联系方程出发,获取了如下的可压缩湍流边界层气动光学效应相似准则:

$$OPD_{rms} = C_w K_{GD} \rho \delta r_T^{-3/2} Ma_\infty^2 \sqrt{C_f} \tag{2.36}$$

式中,$C_w = (\gamma - 1)\dfrac{r_u}{r\sqrt{2}}\left(\sqrt{\dfrac{\rho_\infty \overline{u'^2}}{\tau_w}}\right)_{y/\delta = 0.5}$,其中 r 为恢复系数,$r_u = u_i/u$;在绝热壁条件下,$r_T = T_i/T$,在加热壁或者冷壁情况下,$r_T = 0.5(T_w/T + 1)$;C_f 为表面摩擦系数。

Wyckham 等[28]推导的结果是建立在边界层内总焓不变的条件下的,因此是不允许边界层内总温改变的。Gordeyev 等[29, 30]基于扩展强雷诺比拟(extended strong Reynolds analogy, ESRA)及平均速度自相似假设,将密度脉动与温度脉动构建联系,并将密度剖面与速度剖面构建联系,将式(2.36)修正为

$$OPD_{rms} = B K_{GD} \rho Ma_\infty^2 \delta \sqrt{C_f} G(Ma) \tag{2.37}$$

$$C(Ma) = (\gamma - 1)\, r \left[1 + \frac{(\gamma - 1)}{2} Ma_\infty^2 \right]^{-1/2}$$

$$\times \left[\int_0^\infty \left(\frac{f(y/\delta)\, g(y/\delta)}{\left\{ 1 + \dfrac{(\gamma - 1)}{2} Ma_\infty^2 \left[1 - f^2(y/\delta) \right] \right\}^{3/2}} \right)^2 \frac{\Lambda_y}{\delta}(y/\delta)\, \mathrm{d}(y/\delta) \right]^{1/2}$$

式中，$B = C(0)$；$G(Ma) = C(Ma)/C(0)$；Λ_y 为湍流特征长度；r 为恢复系数。

当利用上面的模型进行适度冷却壁面气动光学效应预测时，又需要对壁面温度效应进行修正，Gordeyev 等[31]提出了以下改进形式：

$$\mathrm{OPD_{rms}} = B K_{\mathrm{GD}} \rho \delta \sqrt{C_f} \left[Ma_\infty^4 + C_1 \frac{\Delta T}{T} Ma_\infty^2 + C_2 \left(\frac{\Delta T}{T} \right)^2 \right]^{1/2} \tag{2.38}$$

总体而言，这些预测模型推导过程中引入了比较多的假设条件。实际上，对于高速光学头罩而言，其气动光学效应的成因比较复杂，上述模型的直接应用效果并不理想。但是，在湍流边界层气动光学效应预测和相似律研究中，上述模型得到了很好的应用，厘清了引起气动光学效应的主要因素。充分利用 NPLS 技术的高时空分辨率特征，可以实现对高速流动精细结构和时间演化过程的有效捕捉，这种技术特点给气动光学效应研究提供了很大的便利。下面利用 NPLS 技术对超声速/高超声速湍流边界层的气动光学效应进行研究，具体涉及湍流边界层中不同区域内气动光学效应的贡献特点，以及不同特征尺度湍流结构和光线入射角度对气动光学效应的影响。

3. 激波

激波是存在于超声速气流中的基本物理现象之一。激波是以一定强度使气流发生突然压缩的波，是气流主要参数有突跃变化的区域，是由同一位置无数压缩的马赫波相互叠加形成的。在高速流场中存在的激波存在较大的密度梯度，使其成为一个光线折射面，对光线传输产生较大的影响，引起气动光学效应[32,33]。如图 2.4(a) 所示，平面斜激波对于光线传输的影响比较简单，其作用类似一个二维的光学尖劈，对光线产生整体偏折影响。而对于三维激波，包括钝头体引起的弓形激波[图 2.4(b)]、尖锥引起的圆锥形激波及其他形状引起的三维不规则激波。这类激波引起的折射率在空间上具有比较显著的不均匀特点，会导致光束聚焦和光强分布出现各向异性畸变[34,35]。但不可忽略的是，激波大概有很多个光学波长那样的宽度，其内部的流场复杂，经过激波的光既会发生折射现象也会发生散射，还会伴随着能量的吸收。

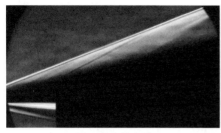 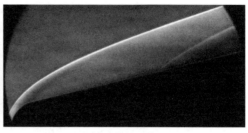

(a) 二维光学尖劈　　　　　　　　　　(b) 三维钝头体

图 2.4　不同头部形状高超声速光学头罩绕流纹影结果

对于斜激波而言,未经过激波的气流密度 ρ 和经过激波的气流密度 ρ_0 之比为

$$\frac{\rho}{\rho_0} = \frac{(\gamma + 1)\, Ma_\infty^2\, \sin^2\theta}{(\gamma - 1)\, Ma_\infty^2\, \sin^2\theta + 2} \tag{2.39}$$

式中,θ 为激波角,一般情况下,θ 与飞行器的形状、飞行速度和攻角等因素相关。

式(2.39)表明,密度比(激波强度)会随着激波角和自由来流马赫数的增大而增大,当 Ma_∞ 趋于无穷大时,密度比趋向于最大值 6[33]。总体而言,激波主要会导致以下三个问题:折射产生的偏差、焦距的变化及激波阵面的光学反射。

针对激波引起的光线折射导致的偏差。考虑到在固体表面形成的激波是基本稳定的,由于激波前后密度的变化,激波成为一个光学折射界面。同时,考虑到平面激波并不一定垂直于光轴或平行于光学窗口平面,因此即使在最简单的情况下,也必须考虑激波对于光线传输折射的影响。基于光线折射定律可以建立入射角 β 与折射角 β_0 的关系(β 与 β_0 的差值为目标位置的角位移),这两个角都以垂直激波平面的法线为基准,有

$$\sin\beta = \sin\beta_0 \left(\frac{1 + K_{GD}\rho_0}{1 + K_{GD}\rho} \right) \tag{2.40}$$

式中,ρ / ρ_0 为波前/波后密度比。

更准确地讲,激波引起的焦距变化问题主要是由曲面激波产生的。曲面激波可以产生类似透镜一样的作用,将平行入射光折射聚焦。对于尖锥产生的激波,其造成的聚焦焦距 f 可以用式(2.41)进行表示,即

$$\frac{f}{x} = \frac{n\tan\theta}{n - n_0} \tag{2.41}$$

式中,x 为离激波锥面最顶点的轴向距离;θ 为激波角;n 可以利用 K_{GD} 由密度计算得到,将其代入式(2.41)可以得到(空气介质比热比 $\gamma = 1.4$,$n_0 = 1$):

$$\frac{f}{x} = \left[\frac{Ma_\infty^2 \sin^2\theta(1 + 6K_{GD}\rho_0) + 5}{6K_{GD}\rho_0 Ma_\infty^2 \sin^2\theta}\right]\tan\theta \tag{2.42}$$

激波阵面的光学反射需要计算两个分量,分别为平行入射到激波面的分量(p 分量)与垂直入射到激波波阵面的分量(s 分量)。R_p 为平行分量能流反射率,R_s 为垂直分量能流反射率,表达式分别如下:

$$R_p = \left[\frac{(n/\cos\beta) - (n_0/\cos\beta_0)}{(n/\cos\beta) + (n_0/\cos\beta_0)}\right]^2 \tag{2.43}$$

$$R_s = \left(\frac{n\cos\beta - n_0\cos\beta_0}{n\cos\beta + n_0\cos\beta_0}\right)^2 \tag{2.44}$$

自然(非偏振)光正入射($\beta_0 = \beta = 0°$)时,其能流反射率 R_n 可以表示为

$$R_n \equiv \frac{R_p + R_s}{2} = \left(\frac{n - n_0}{n + n_0}\right)^2 \tag{2.45}$$

式(2.45)中的 n 用 K_{GD} 转换公式计算得出,当自由来流折射率 $n_0 = 1$ 时,可以将式(2.45)改写为

$$R_n = \left(\frac{K_{GD}\rho}{K_{GD}\rho + 2}\right)^2 \tag{2.46}$$

海拔为 0 处(即海平面标准大气密度 $\rho_{sl} \approx 1.23 \text{ kg/m}^3$),在上极限情况($\rho/\rho_{sl} = 6$)下,对应的激波能流反射率最大值 $R_{n,\max} \approx 0.64 \times 10^{-6}$,虽然这种反射强度的数值很小,但是如果激波的反射值与探测系统接收回来的信号近似,那么激波也可能会成为一个重要干扰源。不过,总体来看,平面激波对于气动光学效应的影响相对有限。目前,应该将气动光学效应的研究重点放在曲面激波上,

尤其在这方面的研究成果相当有限的情况下。

2.2.2　光线追迹方法

Jones 等[36] 和 Jonathan 等[37] 指出,如果光线的波长小于湍流的最小尺度,那么光线追迹(ray-tracing)方法完全能够满足近场气动光学畸变的研究要求。采用光线追迹方法,通过求解光线在折射率场中传播的轨迹,定量研究变折射率场(流场)对光线传输的影响。而光线在每一时刻的位置可用光线矢径 r 和光线方向的矢量 T 表示,将光线任意时刻的位置连接起来即为光线的传播轨迹。光线在变折射率场中传输时,可以通过求解光线传播方程得到其传播轨迹,光线传播方程一般表示为

$$\frac{\mathrm{d}}{\mathrm{d}s}\left(n\frac{\mathrm{d}r}{\mathrm{d}s}\right) = \nabla n \tag{2.47}$$

式中,s 为光线传播路径上的弧长;r 为光线矢径;n 为折射率;∇n 为折射率梯度。

但是,大多数情况下,变折射率场中光线传输方程是没有解析解的,只能通过其他方法对光线传输方程进行数值求解,通过将光线传输方程[式(2.48)]写成一阶微分方程组:

$$\begin{cases} \dfrac{\mathrm{d}T}{\mathrm{d}s} = g(t_N,\ T_N) = \nabla n \\[3mm] \dfrac{\mathrm{d}r}{\mathrm{d}s} = f(t_N,\ r_N) = \dfrac{1}{n}T \end{cases} \tag{2.48}$$

式中,$T = n\dfrac{\mathrm{d}r}{\mathrm{d}s}$,为光线矢量;$t_N$、$T_N$、$r_N$ 分别表示 N 处的光线、光线方向矢量、光线矢径。

式(2.48)中,两个偏微分方程是相互耦合的,需要进行联立求解。与此同时,式(2.48)在大多数情况下没有解析解,只能采用数值方法进行求解,而不同的数值求解方法将直接影响光线追迹的精度和效率。本节利用三种不同的数值处理方法,研究其对于基于光线传输方程的光线追迹计算精度和效率的影响。

1. 常用数值求解方法

1)四阶龙格-库塔法

首先采用四阶龙格-库塔法求解微分方程组(2.48):

$$
\begin{cases}
\boldsymbol{r}_{i+1} = \boldsymbol{r}_i + \dfrac{1}{6}j \left\{ \boldsymbol{T}_i + 2 \left[\begin{matrix} \boldsymbol{T}_i + \\ \dfrac{j}{2}D(\boldsymbol{r}_i) \end{matrix} \right] + 2 \left[\begin{matrix} \boldsymbol{T}_i + \dfrac{j}{2} \\ D\left(\boldsymbol{r}_i + \dfrac{j}{2}\boldsymbol{T}_i\right) \end{matrix} \right] + \boldsymbol{T}_i + jD \left[\begin{matrix} \boldsymbol{r}_i + \dfrac{j}{2}\boldsymbol{T}_i + \\ \dfrac{j^2}{4}D(\boldsymbol{r}_i) \end{matrix} \right] \right\} \\[4em]
\boldsymbol{T}_{i+1} = \boldsymbol{T}_i + \dfrac{1}{6}j \left\{ D(\boldsymbol{r}_i) + 2D\left(\boldsymbol{r}_i + \dfrac{j}{2}\boldsymbol{T}_i\right) + 2D \left[\begin{matrix} \boldsymbol{r}_i + \dfrac{j}{2}\boldsymbol{T}_i + \\ \dfrac{j^2}{4}D(\boldsymbol{r}_i) \end{matrix} \right] + D \left[\begin{matrix} \boldsymbol{r}_i + j\boldsymbol{T}_i + \\ \dfrac{j^2}{2}D(\boldsymbol{r}_i) \end{matrix} \right] \right\}
\end{cases}
\tag{2.49}
$$

已知光线的初始点坐标 $\boldsymbol{r}_i$、$\boldsymbol{T}_i$，可以求得式（2.49）中的所需的函数 $D(x)$、光线矢径 $\boldsymbol{r}$ 和光线矢量 $\boldsymbol{T}$，然后代入式（2.49），可以得到下一点的坐标 $\boldsymbol{r}_{i+1}$、$\boldsymbol{T}_{i+1}$，重复上述过程，就可以得到光线在任意折射率分布下介质中的轨迹。

2）Richardson 外推法

首先利用二阶龙格-库塔法推导出光线方程的数值解，然后利用理查德森（Richardson）外推法，加快计算速度，同时使数值精度达到四阶。采用二阶龙格-库塔法求解微分方程组（2.48）：

$$
\begin{cases}
\boldsymbol{r}_{i+1,j} = \boldsymbol{r}_{i,j} + jf\left[t_i + \dfrac{j}{2},\ \boldsymbol{r}_i + \dfrac{j}{2}f(t_i,\boldsymbol{r}_i) \right] \\[1.2em]
\boldsymbol{T}_{i+1,j} = \boldsymbol{T}_{i,j} + jg\left[t_i + \dfrac{j}{2},\ \boldsymbol{T}_i + \dfrac{j}{2}g(t_i,\boldsymbol{T}_i) \right]
\end{cases}
\tag{2.50}
$$

以步长 j 进行追踪，由步长 $j/2$ 进行光线追踪，求得 t_i 处的数值解：

$$
\begin{cases}
\boldsymbol{r}_{i+1,\frac{j}{2}} = \boldsymbol{r}_{i,\frac{j}{2}} + \dfrac{j}{2}f\left[t_i + \dfrac{j}{4},\ \boldsymbol{r}_i + \dfrac{j}{4}f(t_i,\boldsymbol{r}_i) \right] \\[1.2em]
\boldsymbol{T}_{i+1,\frac{j}{2}} = \boldsymbol{T}_{i,\frac{j}{2}} + \dfrac{j}{2}g\left[t_i + \dfrac{j}{4},\ \boldsymbol{T}_i + \dfrac{j}{4}g(t_i,\boldsymbol{T}_i) \right]
\end{cases}
\tag{2.51}
$$

由步长为 j 时的二阶龙格-库塔算法计算的 t_i 处的数值解与步长为 $j/2$ 时的二阶龙格-库塔算法计算的 t_i 处的数值解进行外推，得到二阶龙格-库塔法的外推加速公式为

$$
\boldsymbol{r}_{i+1} = \left(4\boldsymbol{r}_{i+1,\frac{j}{2}} - \boldsymbol{r}_{i+1,j} \right) /3
\tag{2.52}
$$

3）Adams 方法

本小节采用四阶精度的 Adams 方法对光线方程进行数值求解，表达式如下：

$$
\begin{cases}
\boldsymbol{r}_{i+4}^0 = \boldsymbol{r}_{i+3} + \dfrac{j}{24}(55f_{i+3} - 59f_{i+2} + 37f_{i+1} - 9f_i) \\[2mm]
\boldsymbol{T}_{i+4}^0 = \boldsymbol{T}_{i+3} + \dfrac{j}{24}(55g_{i+3} - 59g_{i+2} + 37g_{i+1} - 9g_i) \\[2mm]
\boldsymbol{r}_{i+4}^1 = \boldsymbol{r}_{i+3} + \dfrac{j}{24}(9f_{i+4}^0 + 19f_{i+3} - 5f_{i+2} + f_{i+1}) \\[2mm]
\boldsymbol{T}_{i+4}^1 = \boldsymbol{T}_{i+3} + \dfrac{j}{24}(9g_{i+4}^0 + 19g_{i+3} - 5g_{i+2} + g_{i+1})
\end{cases}
\tag{2.53}
$$

式中，f_i、f_{i+1}、f_{i+2}、f_{i+3}、g_i、g_{i+1}、g_{i+2}、g_{i+3} 是式(2.51)中的导数项，上述算法不能自启动，通过四阶龙格-库塔法进行初始计算，当 $i = 1$ 时，f、g 函数通过式(2.71)进行计算，其中 f_1、g_1 是初始时的导数值：

$$
\begin{cases}
f_1 = \dfrac{\boldsymbol{T}_0}{n_0} \\[3mm]
g_1 = \nabla n_0
\end{cases}
\tag{2.54}
$$

式中，$\boldsymbol{T}_0$、n_0 分别为光线追迹的起点位置时的光线的方向矢量和此处的折射率；∇n_0 为初始点处的折射率梯度；f_2、g_2 为第一次采用四阶龙格-库塔法进行光线追迹后光线所在点的导数值。

同理，可计算得到 f_3、g_3、f_4、g_4，通过式(2.53)，则可得到一次光线追迹后的光线所包含的信息，此时追迹步长为 j，此时的结果为 $\boldsymbol{r}^0(j)$、$\boldsymbol{T}^0(j)$，为显式 Adams 方法求解微分方程的结果。为了提高精度，可以通过式(2.53)进行多次内迭代，得到精度更高的解 $\boldsymbol{r}(j)$、$\boldsymbol{T}(j)$，当某一次的迭代结果满足要求时，进行下一次光线追迹，重复以上过程，直至完成整个追迹过程。

2. 光线追迹数值方法分析与验证

为了验证数值方法的准确性，考虑折射率径向梯度分布的三维螺旋线情况。本小节运用前面所述的三种方法进行光线追迹数值求解，并与精确解进行比较，来考察三种方法的精度和计算速度。

折射率径向分布的三维螺旋光线的折射率分布如下：

$$
n(x, y) = n(0)\sqrt{1 - \partial^2(x^2 + y^2)}
\tag{2.55}
$$

设 x_0、y_0、z_0 为初始位置坐标，p_0、q_0、$\boldsymbol{L}_0$ 为对应的光线方向矢量。当 $p_0 = 0$，$x_0 = \dfrac{q_0}{n(0)\,\alpha}$，$y_0 = 0$ 时，精确解如下：

$$\begin{cases} x = x_0\cos\left[\dfrac{n(0)\ \alpha}{L_0}z\right] \\[3mm] y = x_0\sin\left[\dfrac{n(0)\ \alpha}{L_0}z\right] \end{cases} \tag{2.56}$$

定义 $\delta_i = |r_i - r_i'| / |r_i|$ 为相对误差,用于判断数值解法结果的准确性,计算中取 $\alpha = 0.01$, $n(0) = 1.5$,空间追踪步长 Δs 分别取 0.5 mm、1.0 mm、2.0 mm,沿着 z 方向追踪 2 500 mm。

1)折射率空间连续分布情况

已知方程(2.55)所表示的介质折射率分布的解析式,即折射率是空间连续分布。进行光线追踪时,所需的折射率 n 由式(2.55)直接求解,折射率梯度可通过对式(2.55)求导数得到,无须进行插值,对于已知折射率梯度分布情况的仿真计算的相对误差结果如图 2.5 所示。

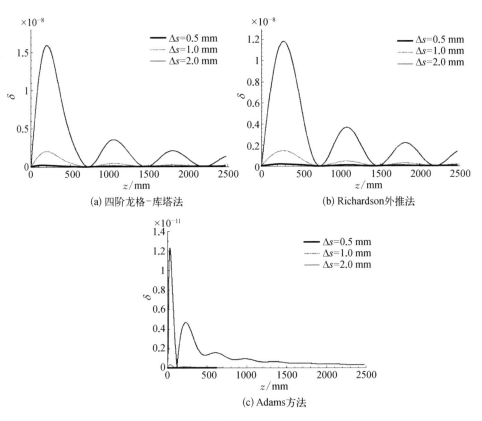

图 2.5　数值仿真误差(折射率空间连续分布)

如图 2.5 所示,对于介质折射率连续分布的情况,上述三种方法理论上都为四阶精度[38,39],但四阶龙格-库塔法的计算精度最低,其次是 Richardson 外推法,而 Adams 方法的计算精度最高。一开始,这三种仿真方法的相对误差都快速增大,达到一个峰值,然后四阶龙格-库塔法和 Richardson 外推法开始产生衰减型振荡;采用 Adams 方法,产生一次振荡后,相对误差逐渐下降,然后保持平稳。这是由于四阶龙格-库塔法和 Richardson 外推法是单步法,在进行第二步之前就丢弃了所有先前信息。而 Adams 方法能通过保留和使用先前步骤的信息而不是尝试丢弃它来提高效率,所以多步法的计算精度更高而计算时间更长。追迹步长改变时,Adams 方法对步长最敏感,步长缩小一半,其精度提高 10 倍左右,而且步长越小,仿真结果精度越高。

在折射率连续分布的情况下,三维平面上螺旋光线的轨迹追踪结果如图 2.6 所示。从图 2.6 中可以看出,这三种方法能很好地追踪出螺旋光线的轨迹,与精确解的螺旋光线轨迹十分相似,这说明理论上的四阶精度方法能很好地追踪光线轨迹,三种方法的计算时间见表 2.2。

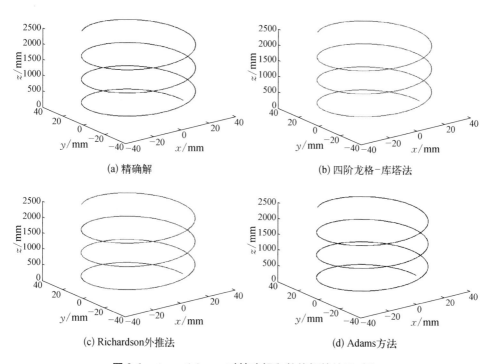

图 2.6 Δs = 1.0 mm 时精确解和数值解的结果对比

表 2.2   三种方法的计算时间

计 算 步 长	四阶龙格-库塔法	Richardson 外推法	Adams 方法
$\Delta s = 0.5$ mm	0.337	0.292	0.245
$\Delta s = 1.0$ mm	0.222	0.149	0.132
$\Delta s = 2.0$ mm	0.186	0.104	0.115

从表 2.3 可知,四阶龙格-库塔法用时最短,Adams 方法次之,Richardson 外推法用时最长,可以看出 Richardson 外推法的用时远大于其他两种方法,这是由于此方法多次使用不同步长的结果进行校正。结合追迹精度来看,Adams 方法是四阶精度算法中的最佳选择(针对折射率连续分布情况)。

2)折射率离散分布情况

实际的折射率场可能是不连续的,无相关函数表达式,为无规则不均匀变化情况。对于光线追迹方法,要考虑,当折射率离散分布时,只知道空间离散点折射率的值,离散点的梯度未知,采用插值法求解追迹路径上所需各点的折射率和折射率梯度。在插值法中,常采用最近邻域法、线性插值法和距离反比法进行插值,其中精度最高的距离反比法也只能达到 10^{-4} 量级,并且需花费更长的计算时间,对网格上的点进行插值也会降低精度。如今,随着神经网络的兴起,相关研究人员提出了运用广义回归神经网络方法来解决折射率插值问题的方法,提高精度便意味着增加训练次数,必然会增加时间,也不是实用的方法。而精度比较高的插值法是多项式拟合法,但此方法本质上只是对一个变量进行拟合,得到的拟合关系只是一个变量的函数。后来发展出了 Zernike 多项式拟合法,得到的拟合关系也只是两个变量的函数,对于三维无规则不均匀介质折射率场,需要拟合的量(折射率)往往与其空间位置有关,因此本小节基于多项式拟合方法进行了三个方向的多项式拟合。

(1)折射率插值及其折射率梯度。

对于非网格上的点,通过多项式拟合算法进行插值,对空间内任意一点 P 进行高精度插值计算,分别从点 P 沿着 x、y、z 三个方向寻找网格面上的映射点。沿着 y 方向进行多项式拟合,便能获得点 P 的折射率,其拟合函数可写作

$$n(y) = a_{0y} + a_{1y}y + a_{2y}y^2 + \cdots + a_{my}y^m \tag{2.57}$$

同理,依照上过程,沿不同方向进行多项式拟合,可获得过点 P 沿 x、z 方向的拟合函数: $n(x)$、$n(z)$。三个方向的多项式拟合会对结果造成误差,认为每个方向进行拟合对点 P 的折射率贡献权重相等,所以点 P 的折射率定义为

$$n(P) = \frac{w_x n(x_P) + w_y n(y_P) + w_z n(z_P)}{w_x + w_y + w_z} \tag{2.58}$$

式中,w 为权重系数,w_x、w_y、$w_z = 1$,这样能减少多次多项式拟合带来的误差。折射率梯度通过在三个方向求导得到。

（2）考虑插值阶数的影响。

对于任一点插值拟合算法中,所取的插值拟合点数目不同,拟合阶数不同,并不是拟合阶数越大,精度越高。阶数越大,多项式拟合所需点数越多,计算所需时间越长,本节选用九阶多项式拟合算法进行计算。

（3）算法精度验证。

为比较上述插值法的精度和耗时,考虑到折射率径向分布,在 x、y、z 三个方向上按照间隔 $\Delta x = \Delta y = 1\,\text{mm}$, $\Delta z = 5\,\text{mm}$ 将空间划分为众多离散网格点,网格点上的折射率和折射率梯度根据任一点多项式拟合插值法求得,在此离散空间内,采用四阶龙格-库塔法、Richardson 外推法及 Adams 方法对光线进行追迹仿真计算,结果如图 2.7 所示。

比较图 2.5 和图 2.7,可以看出,折射率离散分布时的相对误差 δ 与折射率连续分布时基本相同,证明并未因为插值导致计算精度降低。

折射率离散分布时,Adams 方法的计算时间最短,其次是四阶龙格-库塔法,最后是 Richardson 外推法,这是因为 Adams 方法启动后,只需调用前几步的结果迭代计算,而四阶龙格-库塔法和 Richardson 外推法需要重新调用函数,计算下一步中的光线位置和方向,函数复杂,所以耗时更多。在计算量大的情况下,Adams 方法便体现出其耗时少的优点。基于多项式拟合的插值法的相对误差 δ 与距离反比法的相对误差 δ 的对比情况如图 2.8 所示。从图 2.8 可以看出,距离反比法的计算精度明显较低,两种插值法的计算时间如表 2.3 所示。

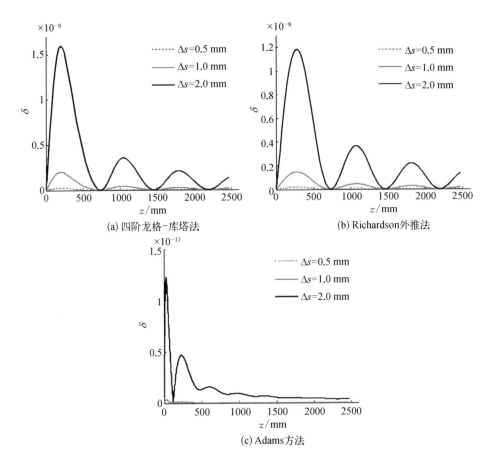

(a) 四阶龙格-库塔法

(b) Richardson外推法

(c) Adams方法

图 2.7 数值仿真结果的相对误差(折射率离散分布)

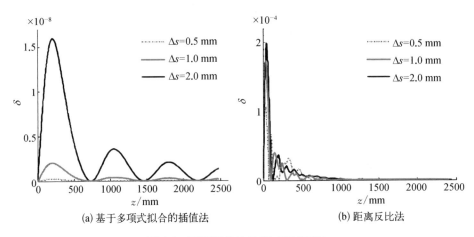

(a) 基于多项式拟合的插值法

(b) 距离反比法

图 2.8 不同插值法的相对误差对比

表 2.3　两种插值法的计算时间

计 算 步 长	基于多项式拟合的插值法	距 离 反 比 法
$\Delta s = 0.5$ mm	1 952.46	383.07
$\Delta s = 1.0$ mm	1 626.36	364.63
$\Delta s = 2.0$ mm	1 542.58	347.27

由表 2.3 可知,两种插值法的计算时间相差不大(基于多项式拟合的插值法可以通过改变拟合阶数和拟合取点数等方式加快计算速度),但是,基于多项式拟合的插值法的精度更高,稳定性更好,而相对误差会随着计算而叠加,最后可能导致发散,因此综合考虑,采用基于多项式拟合的插值法结合 Adams 方法进行光线追迹更好。

2.3　气动光学相似准则及统计分析

本节对空气动力学中的相似理论进行概要回顾,主要对国内气动光学相似准则的相关研究成果进行了调研总结,给出适用于超声速流场的气动光学相似准则初步关系式,对已有的气动光学测量数据进行了简要汇总,并将马赫数 3.0 的边界层气动光学测量结果与理论模型进行比较。

2.3.1　相似理论基础

在气动光学试验研究中,需要关注两个问题:一是试验前和试验中,如何采用模型流场模拟原型流场;另一个问题是在试验之后,如何将模型试验的气动光学数据合理转换为原型流场的气动光学数据。

1. 相似及相似定理

1)相似与相似准则的概念

相似包括几何相似和物理现象的相似。物理现象的相似是以几何相似为前提的,并且是几何相似概念的扩展。属于同一类的两个物理现象,如果在空间、时间对应点上,所有表征现象的对应的物理量都保持各自的固定的比例关系(如果是矢量还包括方向相同),则两个物理现象相似。两个流场的空间、时间对应点上所有表征流场的对应的物理量都保持各自的固定的比例关系(如果是矢量还包括方向相同），则两个流场相似。

物理现象（过程）是有一定规律的，在表征现象的各物理量之间存在着一定的关系，并可用物理方程来描述。若两个现象服从同一规律，即可以用同一物理方程来描述这两个现象，则将这两个现象称为同类现象。

物理方程是对现象的一般描述，只给出了现象内部的规律性，适用于一系列同类现象。对于一个具体的现象，它除了符合物理方程所描述的内部规律外，还与包括现象发生的空间范围、时间范围、现象内部与外界的联系等外部条件有关。可以说，一个现象有其不同于同类的另一现象的特殊性。能够把一个现象从同类现象中区分开来的条件，即为单值条件，涉及单值条件的物理量为单值量，单值条件一般包括以下几种。

（1）几何条件：现象的空间几何特征。

（2）物性条件：描述现象的物理方程中所包含的与物体性质有关的具体物理量的大小，如空气密度、黏性系数、光的波长等。

（3）边界条件：边界的性质和发生在边界上的流动情况，如来流速度大小、方向的分布、非等温固壁上的温度分布、风洞壁面上的速度分布等。

（4）时间条件：非定常现象的初始条件。

要使两个现象相似，除了确保物理方程相同，还要保持单值条件相似。单值条件相似是指对单值条件分布的描述相同，且各对应单值量之间保持固定的比例。单值条件相似是现象相似的另一必要条件，因为物理方程仅决定有关物理量之间的变化规律，若现象外部条件不相似，则两个现象也不相似。

相似准则是指彼此相似的现象所必具有的由数值相同的若干个特征量所组成的同名无量纲量。同名相似准则数值相同，是两个现象相似的特征和标志，有些相似准则还是衡量现象是否相似的判据。

由物理方程导出相似准则，可以利用相似变换法，其步骤如下。

（1）列出物理方程。

（2）列出各物理量成比例的关系式，即相似变换式，并代入物理方程。

（3）得出由相似常数组成的相似指标，令其等于1。

（4）将相似变换式代入相似指标，整理得到相似准则。

2）相似理论

相似第一定理：彼此相似的现象，其同名相似准则的数值相同。这一定理指明了相似现象的一个重要的基本性质，由此定理可知，为了应用模型试验的结果，试验中应衡量相似准则或对相似准则中所包含的物理量进行测量。当模型流场与原型流场相似时,只要求出模型流场的相似准则,即可获得原型流场的相似准则。该定理又可以表述为彼此相似的现象的相似指标等于 1。

相似第二定理:现象的各物理量之间的关系,可以化为各相似准则之间的关系。该定理陈述了 ∏ 定理的重要结论,后面将进行详细讨论。

由以上定理知,应当以相似准则间的关系形式来处理试验结果,便于将试验结果应用到与之相似的现象中。

相似第三定理:若两个现象的单值条件相似,而且由单值量组成的同名相似准则数值相同,则这两个现象相似。

单值条件相似,以及由单值量组成的同名相似准则的数值相同,是现象相似的必要充分条件。单值条件相似,除了本身含义外,还包括几何相似这一前提,并且包括两个现象是同类现象这一条件。在各种相似准则中,由单值量组成的相似准则对于现象相似来说是决定性的相似准则,其他相似准则是非决定性的相似准则。只要决定性的相似准则数值相同,即可判定两个现象相似。

2. 量纲分析理论

1)量纲的概念

当现象能够用物理方程描述时,可以采用相似变换法由物理方程导出相似准则。然而,当现象尚不能用物理方程描述时,则需通过量纲分析导出相似准则。

量纲是物理量的一种表达形式,用来指明物理量的类别,表示各物理量之间的关系,同一类量具有相同的量纲。在一定量制中,量纲又分为基本量纲和导出量纲,与基本单位和导出单位对应,其中基本量纲就是该量制中的基本量。国际单位制采用的量制中,力学的三个基本量纲是长度、质量和时间,相应的量纲符号分别为 l、m 和 t。若涉及热现象,则增加热力学温度这一基本量纲,其符号为 Θ。量纲是用量制中的基本量的幂的乘积表示该物理量的表达式:

$$\dim q = l^{c_1} m^{c_2} t^{c_3} \Theta^{c_4} \tag{2.59}$$

在正确反映客观规律的物理方程中,相加减的各项的量纲应该是一致的,即物理方程的量纲一致性原理。由于物理方程式中各项的量纲相同,只要用其中任一项通除全式各项,即可得到各项均为无量纲的方程。

2)∏ 定理

设一群有量纲量之间存在如下函数关系:

$$q_0 = f(q_1, q_2, \cdots, q_i, q_{i+1}, \cdots, q_N), \quad i \leqslant N \tag{2.60}$$

其中,有一组基本物理量 q_1, q_2, $\cdots$, q_i,则这个函数关系必能化为无量纲形式:

$$\begin{cases} \Pi_0 = f(\Pi_{i+1},\ \Pi_{i+2},\ \cdots,\ \Pi_N) \\ \Pi_j = \dfrac{q_j}{q_1^{\lambda_{1j}} q_2^{\lambda_{2j}} \cdots q_j^{\lambda_{ij}}}, \quad j = 0,\ i+1,\ i+2,\ \cdots,\ N \end{cases} \tag{2.61}$$

由以上内容可知,一个现象的各个有量纲量之间的关系可以化为若干个相似准则之间的关系。对于一种包含 $(N+1)$ 个有量纲量的物理现象,如果这些有量纲量具有 i 个基本量纲(同时有 i 个基本物理量),那么 $(N+1)$ 个有量纲量之间的关系可化为由该 $(N+1)$ 个有量纲量组合而成的 $(N+1-i)$ 个无量纲量 Π_j 之间的关系。而 $(N+1-i)$ 个无量纲量具有相似准则的属性,一般都称为相似准则,这个结论也就是相似第二定理。

2.3.2 气动光学试验相似准则

1. 国外相关研究小结

1) 马赫数恒定条件下的相似关系

Fitzgerald 等[40] 在 AEDC 提供的试验条件下对弱压缩模型进行了试验,得出可以预测改变高度、马赫数等飞行条件时的比例关系式。

二维非定常欧拉方程:

$$\begin{cases} \dfrac{\partial \rho}{\partial x} = -\rho\left(\dfrac{\partial u}{\partial t} + u\dfrac{\partial u}{\partial x} + v\dfrac{\partial u}{\partial y} \right) \\ \dfrac{\partial \rho}{\partial y} = -\rho\left(\dfrac{\partial v}{\partial t} + u\dfrac{\partial v}{\partial x} + v\dfrac{\partial v}{\partial y} \right) \end{cases} \tag{2.62}$$

基于非定常欧拉方程和压力梯度的线性关系,Fitzgerald 等[41] 得出了密度 ρ 与 OPD 的关系,提出测试条件下的气动光学畸变 OPD_{meas} 可以相似标度为

$$\text{OPD}_{\text{new}} = \text{OPD}_{\text{meas}}\left(\frac{\rho_{\text{new}}}{\rho_{\text{meas}}} \right) = \text{OPD}_{\text{meas}}\left(\frac{r_{\rho_{\text{new}}}}{r_{\rho_{\text{meas}}}} \right) \tag{2.63}$$

式中,$r_\rho \equiv \rho/\rho_{\text{sl}}$,其中 ρ_{sl} 为海平面标准大气密度;下角标 new 和 meas 分别表示需求条件和自由来流测试条件,余同;ρ_{meas} 和 ρ_{new} 分别为自由来流测试条件和需求条件下的密度值。

OPD_{rms} 同样具有上述关系。引入理想气体定律后,式(2.63)等价为

$$\text{OPD}_{\text{new}} = \text{OPD}_{\text{meas}} \left(\frac{r_{p_{\text{new}}}}{r_{p_{\text{meas}}}} \right) \left(\frac{r_{T_{\text{meas}}}}{r_{T_{\text{new}}}} \right) \tag{2.64}$$

式中，$r_p \equiv p/p_{\text{sl}}$；$r_T \equiv T/T_{\text{sl}}$，其中 T 为当地静温，当剪切层中两股流动温度不同时，采用高速流层的温度[40,41]。

为验证上面两个关系式，Fitzgerald 等[41]在 AEDC 声学风洞中保持剪切层马赫数不变，在标准大气温度和高度为 13 000～40 000 ft（1 ft = 0.304 8 m，即 3.96～12.19 km）的模拟流场中对其弱压缩模型进行了试验。试验结果表明，不管是单点波前还是 OPD_{rms} 都与式（2.64）具有很好的吻合性。随着飞行高度增加，OPD 逐渐减小，SR 相应增大，如图 2.9 所示。

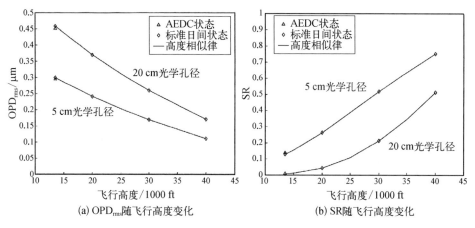

(a) OPD_{rms}随飞行高度变化　(b) SR随飞行高度变化

图 2.9　马赫数恒定时 OPD_{rms} 及 SR 随飞行高度的变化情况

以上公式中提到的 T 均代表当地静温，由于在可压缩剪切层中总温是一定的，式（2.64）可以转化为 OPD 与马赫数的关系。由如下等熵关系式：

$$T_0 = T \left[1 + \frac{\gamma - 1}{2} Ma^2 \right] \tag{2.65}$$

可得

$$\text{OPD}_{\text{new}} = \text{OPD}_{\text{meas}} \left(\frac{r_{p_{\text{new}}}}{r_{p_{\text{meas}}}} \right) \left(\frac{Ma_{\text{new}}^2}{Ma_{\text{meas}}^2} \right) \tag{2.66}$$

2）速度恒定条件下的相似关系

如果保持流场速度恒定，则马赫数随飞行高度变化，在该条件下引入温度修正：

$$OPD_{new} = OPD_{meas} \left(\frac{r_{\rho_{new}}}{r_{\rho_{meas}}} \right) \left(\frac{T_{new}}{T_{meas}} \right) \tag{2.67}$$

该条件下,OPD 的振幅变化类似于马赫数恒定条件的变化,只是产生更加剧烈的畸变。单点波前空间频率不随高度变化,OPD 时间频率也不随高度变化,如图 2.10 所示。

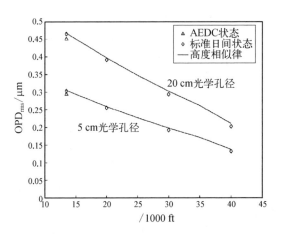

图 2.10   速度恒定条件下 OPD_{rms} 随飞行高度的变化情况

速度场标定:

$$U_{1meas} = Ma_{1meas} \sqrt{\gamma R T_{1meas}} \tag{2.68}$$

$$U_{1new} = Ma_{1new} \sqrt{\gamma R T_{1new}} \tag{2.69}$$

设定 $Ma_{1new} = Ma_{1meas}$,可得

$$\frac{U_{1new}}{U_{1meas}} = \sqrt{\frac{T_{1new}}{T_{1meas}}} = \sqrt{ \left(\frac{T_{0new}}{1 + \frac{\gamma - 1}{2} Ma_{new}^2} \right) \left(\frac{1 + \frac{\gamma - 1}{2} Ma_{meas}^2}{T_{0meas}} \right) }$$

$$= \sqrt{\frac{T_{0new}}{T_{0meas}}} \frac{-b \pm \sqrt{b^2 - 4ac}}{2a} \tag{2.70}$$

3) 动压与气动光学畸变的关系

Gilbert 等[25]的研究说明,光学畸变呈随动压 q_∞ 的增大而增大的发展规律,引入无量纲量 $\sigma^{2*} \equiv \sigma_\phi^2 / (\sigma_\phi^2)_{max}$,并基于其研究数据给出了气动光学波前畸变

与动压之间的经验拟合关系式：

$$\sigma^{2*} = \frac{22.812q_{\infty}^2}{\text{atm}^2} + 0.095\,6 \tag{2.71}$$

式中, atm 表示海平面标准大气压。

气动光学波前畸变随动压的变化情况如图 2.11 所示。

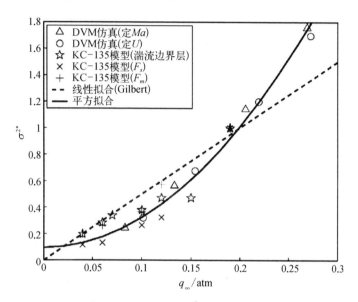

图 2.11 气动光学波前畸变 σ^{2*} 随动压 q_{∞} 的变化情况

4）不可压流与可压缩流之间的波前转换关系

为实现利用不可压流场的气动光学试验模拟可压剪切流动,相关研究人员利用可压缩模型在 AEDC 风洞中的试验数据和不可压流场中的试验数据进行分析比较,发现了一定的规律,表 2.4 为两种典型剪切流场参数的对照(其中加热射流温升为 50 ℃,剪切层马赫数为 0.8 和 0.1)。选择的窗口位置为 x,喷口宽度为 D。根据文献[42],剪切层的最大尺度流动结构可由剪切层的速度和密度比确定,这两种流动中的密度比均在 1 附近,因此涡的平均直径 Λ_s 为

$$\frac{\Lambda_s}{x} = C_\delta \frac{\Delta U}{U_c} \tag{2.72}$$

式中, C_δ 为经验系数。

最大流场结构的尺度确定以后,波前畸变的时间频率关系可以推测

如下：

$$\frac{f_{\text{AEDC}}}{f_{\text{jet}}} = \left(\frac{U_{c,\text{ AEDC}}}{U_{c,\text{ jet}}}\right)\left(\frac{\Lambda_{c,\text{ jet}}}{\Lambda_{c,\text{ AEDC}}}\right) \approx \frac{40}{16} \approx 3 \tag{2.73}$$

表 2.4　两种典型剪切流场的参数对比

参　数	加热射流	弱可压 AEDC 剪切层	比　值
测量孔径/cm	1.27	20	16
等效直径/cm	1.27	20	16
等效长度/cm	3.18	48.3	15
等效比	2.5	2.4	1
$\Delta U/(\text{m/s})$	7	226	32
$U_c/(\text{m/s})$	3.5	148	42
Λ_s/mm	6	100	17
f/Hz	500	1 500	3
$\text{OPD}_{\text{max}}/\mu\text{m}$	0.1	1.5	15

5）其他相关相似准则研究

2002 年，Fitzgerald 等[41]在亚声速条件下研究了高马赫数剪切层气动光学，结果表明：将大的光学孔径分割为多个小光学孔径，可显著增大 SR 值；光学畸变的振幅随飞行高度的增加而明显减小。Gilbert 等[25]基于 KC-135 模型的试验数据，提出 OPD_{rms} 与动压和 $\delta^{4/3}$ 成线性关系。1985 年，Craig 等[43]同样基于 KC-135 模型，阐述了气动光学的相似准则，其中也提到小光学孔径会有利于增大 SR 值。

Kelsall[44]基于对其飞行器边界层数据的分析指出：光束通过飞行器边界层引起的光学质量退化与密度并非简单线性关系。Masson[26]认为，OPD_{rms} 应该用 $\rho_e Ma_e^2$ 来标度，其中下角标 e 表示边界层边缘。通过对 Gilbert 等得出的数据进行最小二乘拟合，发现存在如下关系：

$$\text{OPD}_{\text{rms}} = 2.20\lambda\left(\frac{\rho_e}{\rho_{\text{sl}}}Ma_e^2\right)^{1.16} \tag{2.74}$$

Buckner 等[45]认为，边界层内的密度变化是由涡核压力降低引起的，提出了如下公式：

$$OPD_{rms} = 4.6K_{GD}\rho_e Ma_e^2\delta\left(\frac{u'_{rms}}{U_e}\right)_{max} \tag{2.75}$$

式中, δ 为边界层位移厚度。

在 LENS 风洞中进行光学头罩氮气冷却与氦气冷却研究,对比发现,氦气冷却时,头罩的光学性能更好。同样条件下,氮气冷却与氦气冷却对应的 OPD_{rms} 分别为 0.38λ 和 0.35λ。这可能主要是氦气的密度及所引起的湍流尺度更大引起的[46]。

Michael[46] 系统总结了美国圣母大学机载气动光学实验室(Airborne Aero-Optics Laboratory,AAOL)开展的气动光学飞行试验,试验条件:飞行高度为 15 kft(4.572 km),马赫数为 0.5,激光波长为 532 nm,塔径为 1 ft(0.304 8 m),平台孔径为 4 in(1 in = 0.025 4 m, 即 101.6 mm),并提出了气动光学相似准则,其中关于高度、马赫数、塔径的相似,给出了如下几个公式:

$$OPD' = \left(\frac{\rho'}{\rho}\right)\left(\frac{Ma'_\infty}{Ma_\infty}\right)^2\left(\frac{D'_t}{D_t}\right)OPD \tag{2.76}$$

$$f' = \left(\frac{v'_p}{v_p}\right)\left(\frac{D_t}{D'_t}\right)f \tag{2.77}$$

$$X' = \left(\frac{D'_t}{D_t}\right)X \tag{2.78}$$

式中,带上标“'”表示预测状态;未带上标“'”表示原始测量结果; D_t 为塔径(m) ; v_p 表示平台飞行速度; f 为频率。

对上述几个式子进行无量纲处理(用上角标 ND 表示),得出:

$$OPD^{ND} = \left(\frac{1}{\frac{\rho}{\rho_{sl}}Ma_\infty^2 D_t}\right)OPD \tag{2.79}$$

$$f^{ND} = \left(\frac{D_t}{v_p}\right)f \tag{2.80}$$

$$X^{ND} = \left(\frac{1}{D_t}\right)X \tag{2.81}$$

为了得出其他条件下的参数,只要利用该相似准则即可:

$$OPD' = \left(\frac{\rho'}{\rho_{sl}} Ma'^2_{\infty} D'_t\right) OPD^{ND} \tag{2.82}$$

$$f' = \left(\frac{v'_p}{D'_t}\right) f^{ND} \tag{2.83}$$

$$X' = (D'_t) X^{ND} \tag{2.84}$$

另外,文献[46]还提到了对于波长 λ 的相似标度,以及波前与入射光波波长之间的关系,这个显得更为重要,其具体推导过程如下:

$$OPL = \int_s n ds \tag{2.85}$$

一般情况下,可以将折射率 n 写为 $n = n_0 + n_1$,其中 n_0 为无变化区域的折射率,n_1 为有变化区域的折射率。采用 G - D 关系式,将流场密度 ρ 写为 ρ_0 与 $\Delta\rho$ 两部分之和,即 $\Delta\rho = \rho - \rho_0$,则有

$$
\begin{aligned}
n &= 1 + K_{GD}(\rho_0 + \Delta\rho) \\
&= 1 + K_{GD}\rho_0 + K_{GD}\Delta\rho \\
&= n_0 + K_{GD}\Delta\rho
\end{aligned} \tag{2.86}
$$

OPD 表达式为

$$OPD = \int_s K_{GD}\Delta\rho ds \tag{2.87}$$

进而可得

$$\frac{OPD'}{OPD} = \frac{\phi'}{\phi} = \frac{K'_{GD}\int_s \Delta\rho' ds}{K_{GD}\int_s \Delta\rho ds} \tag{2.88}$$

设定其他变量均为相同的,即该标度只与波长有关,$\Delta\rho = \Delta\rho'$,因此得出

$$OPD' = \frac{K_{GD}(\lambda')}{K_{GD}(\lambda)} OPD \tag{2.89}$$

2. 高/超声速流场气动光学相似准则研究

2009 年,普林斯顿大学的 Wyckham 等[28]对高超声速及跨声速湍流边界层气动光学 OPD_{rms} 的相似准则新方法进行了研究,很有借鉴意义。在可压缩边界层中,密度、温度、压力、速度都随空间和时间变化,只有密度变化与光学畸变有

关,密度与速度的关系可以利用 $SRA^{[47]}$ 和理想气体定律确定。在绝热壁面上,利用 SRA 得出温度与速度的关系式:

$$\frac{T'}{\bar{T}} = - (\gamma - 1) Ma_\infty^2 \frac{u'}{\bar{U}} \tag{2.90}$$

式中,"'"表示脉动量;上横线表示当地平均值(以下相同),即

$$\begin{cases} T' = T - \bar{T} \\ u' = u - \bar{U} \end{cases} \tag{2.91}$$

SRA 在马赫数 3 的试验研究中得到了验证,对于更高马赫数的流场,该近似关系仍然适用$^{[21,48]}$。

超声速边界层中压力均方根值的波动量要比温度均方根值的波动量小得多,并且压力变化基本不随马赫数变化,因此可以认为压力变化值为定值。在此前提下,由理想气体定律得出以下关系式:

$$\frac{\rho'}{\bar{\rho}} = (\gamma - 1) Ma_\infty^2 \frac{u'}{\bar{U}} \tag{2.92}$$

$$\begin{cases} OPL = \int_0^\delta n(y) \, \mathrm{d}y \\ OPD = \int_0^\delta n' \mathrm{d}y = \int_0^\delta K_{GD} \rho' \mathrm{d}y \end{cases} \tag{2.93}$$

由 SRA 关系得到

$$\frac{OPD}{K_{GD} \rho_\infty} = \int_0^\delta (\gamma - 1) Ma_\infty^2 \frac{\rho}{\rho_\infty} \frac{u'}{U} \mathrm{d}y \tag{2.94}$$

式中,密度和速度去掉了上横线。

再由 $p = \rho RT$, $p = p_\infty$, 得

$$\begin{aligned} \frac{OPD}{K_{GD} \rho_\infty} &= \int_0^\delta (\gamma - 1) Ma_\infty^2 \frac{T_\infty}{T} \frac{u'}{U} \mathrm{d}y \\ &= \int_0^\delta (\gamma - 1) Ma_\infty^2 \sqrt{\frac{C_f}{2}} \left(\frac{U_\infty T_\infty}{UT} \sqrt{\frac{\rho_\infty}{\rho}} \right) \sqrt{\frac{\rho u'^2}{\tau_w}} \mathrm{d}y \end{aligned} \tag{2.95}$$

式中,表面摩擦系数 $C_f = 2\tau_w / (\rho_\infty U_\infty^2)$。

OPD_{rms} 可近似为边界层中间值(用 i 表示):

$$\frac{\text{OPD}_{\text{rms}}}{K_{\text{GD}}\rho_\infty \delta} \approx (\gamma - 1)\,Ma_i^2\sqrt{\frac{C_f}{2}}\left(\frac{U_\infty T_\infty}{U_i T_i}\sqrt{\frac{\rho_\infty}{\rho_i}}\right)\left(\sqrt{\frac{\overline{\rho\bar{u}'^2}}{\tau_w}}\right) \tag{2.96}$$

现假设，$U_i = r_1 U_\infty$，$T_i = r_2 T_\infty$，则 $Ma_i^2 = (r_1^2/r_2)\,Ma_\infty^2$，$\rho_i/\rho_\infty = 1/r_2$，以 $y/\delta = 0.5$ 边界层数据为基准，假设 $\left(\sqrt{\dfrac{\overline{\rho\bar{u}'^2}}{\tau_w}}\right)_{0.5} = r_3\left(\sqrt{\dfrac{\overline{\rho\bar{u}'^2}}{\tau_w}}\right)_i$，从而将式(2.96)转化为

$$\frac{\text{OPD}_{\text{rms}}}{K_{\text{GD}}\rho_\infty \delta} \approx (\gamma - 1)\,Ma_\infty^2\,\frac{r_1}{r_2^{3/2}r_3}\sqrt{\frac{C_f}{2}}\left(\sqrt{\frac{\overline{\rho\bar{u}'^2}}{\tau_w}}\right)_{0.5}$$

$$\Rightarrow \frac{\text{OPD}_{\text{rms}}}{K_{\text{GD}}\rho_\infty \delta} = C_w r_2^{-3/2} Ma_\infty^2\sqrt{C_f} \tag{2.97}$$

其中，

$$C_w = (\gamma - 1)\,\frac{r_1}{r_3\sqrt{2}}\left(\sqrt{\frac{\overline{\rho\bar{u}'^2}}{\tau_w}}\right)_{0.5} \tag{2.98}$$

$$r_1 = U_i/U_\infty \tag{2.99}$$

r_1 与 r_2 并非相互独立的参数，对于绝热壁面，它们之间有如下关系：

$$r_2 = \frac{T_i}{T_\infty} = \frac{\left(1 + \dfrac{\gamma - 1}{2}Ma_\infty^2\right)T_0}{\left(1 + \dfrac{\gamma - 1}{2}Ma_i^2 r\right)T_0} = \frac{1 + \dfrac{\gamma - 1}{2}Ma_\infty^2}{1 + \dfrac{\gamma - 1}{2}\dfrac{r_1^2}{r_2}Ma_\infty^2 r}$$

$$\Rightarrow r_2 = 1 + \frac{\gamma - 1}{2}Ma_\infty^2\left(1 - r_1^2 r\right) \tag{2.100}$$

式中，r 为恢复系数（$r \approx 0.9$）。

对于非绝热壁，作最简单假设 $T_i = (T_w + T_\infty)/2$，从而可得

$$r_2 = \frac{T_i}{T_\infty} = \frac{1}{2}\left(\frac{T_w + T_\infty}{T_\infty}\right) = \frac{1}{2}\left(\frac{T_w}{T_\infty} + 1\right) \tag{2.101}$$

综上，可得流场参数与气动光学参数之间的相似关系如下：

$$\frac{\text{OPD}_{\text{rms}}}{\delta} = K_{\text{GD}}\rho_\infty C_w r_2^{-3/2} Ma_\infty^2\sqrt{C_f} \tag{2.102}$$

此外,根据∏定理对与 OPD_{rms} 有关的流场物理变量进行量纲分析以找出相应的无量纲量,根据无量纲量进行流场模拟。

已知与 OPD_{rms} 相关的物理量有折射率 n、流场密度 ρ(kg/m^3)、压力 $p[\text{kg}/(\text{m}\cdot\text{s}^2)]$、温度 $T(\text{K})$、边界层厚度或流场特征长度 $\delta(\text{m})$、速度 $u(\text{m/s})$、波长 $\lambda(\text{m})$、气动力 $F[\text{kg}/(\text{m}\cdot\text{s}^2)]$、黏性系数 $\mu[\text{kg}/(\text{m}\cdot\text{s})]$、比焓 $h(\text{J/kg})$、比热容 $c[\text{J}/(\text{kg}\cdot\text{K})]$,从而可得如下关系式:

$$\text{OPD}_{\text{rms}} = f(n,\ \rho,\ p,\ T,\ \delta,\ u,\ F,\ \mu,\ h,\ c) \tag{2.103}$$

选取 ρ、u、T、δ 为基本物理量,根据∏定理得出

$$\Pi_U = \frac{u}{\rho^{\lambda_1} p^{\lambda_2} T^{\lambda_3} \delta^{\lambda_4}} \tag{2.104}$$

$$\dim u = \dim(\rho^{\lambda_1} p^{\lambda_2} T^{\lambda_3} \delta^{\lambda_4}) \tag{2.105}$$

$$lt^{-1} = l^{-3\lambda_1 - \lambda_2 + \lambda_4} m^{\lambda_1 + \lambda_2} t^{-2\lambda_2} \Theta^{\lambda_3} \tag{2.106}$$

$$\lambda_1 = -1/2, \quad \lambda_2 = 1/2, \quad \lambda_3 = 0, \quad \lambda_4 = 0 \tag{2.107}$$

$$\Pi_u = \frac{u}{\sqrt{p/\rho}} = Ma \tag{2.108}$$

依此类推,分别得到

$$\Pi_\lambda = \frac{\lambda}{\delta} \tag{2.109}$$

$$\Pi_F = \frac{F}{p\delta^2} \tag{2.110}$$

$$\Pi_\mu = \frac{\mu}{\rho u \delta} = 1/Re \tag{2.111}$$

$$\Pi_h = \frac{h}{p\delta^3} \tag{2.112}$$

$$\Pi_c = \frac{c}{p/\rho T} \tag{2.113}$$

$$\Pi_{\text{OPD}_{\text{rms}}} = \frac{\text{OPD}_{\text{rms}}}{\delta} \tag{2.114}$$

从而可得

$$\frac{OPD_{rms}}{\delta} = f\left(Ma_\infty, \frac{\lambda}{\delta}, \frac{F}{p\delta^2}, Re, \frac{h}{p\delta^3}, \frac{c}{p/\rho T}\right) \tag{2.115}$$

从式(2.115)可知,只要在地面试验中保证式(2.115)中的无量纲参数 Ma_∞、$\frac{\lambda}{\delta}$、$\frac{F}{p\delta^2}$、Re、$\frac{h}{p\delta^3}$、$\frac{c}{p/\rho T}$ 与未知流场一致,则可以通过流场特征长度 δ 相似得到气动光学参数 OPD_{rms}。但是一般来讲,地面模拟试验中难以保证这几个无量纲参数均能得到一致模拟,因此需要分析这些无量纲在不同流动条件下对气动光学效应的不同贡献,以进行不同程度的取舍,从而近似得到目标流场的气动光学参数。

3. 超声速典型流场的气动光学畸变相似性研究

采用基于 NPLS 的波前传感及基于 BOS 的波前传感得到 $\lambda = 0.532\ \mu m$ 的入射光波通过多种头罩模型的不同流场中的 OPD_{rms},见表 2.5。

表 2.5   不同试验状态下多种光学头罩对应的 OPD_{rms}

试验流场参数	$\rho/(kg/m^3)$	模型	OPD_{rms}/λ
$Ma_\infty = 3.0$ $p_0 = 0.1\ MPa$ $T_0 = 300\ K$	0.089	凹窗头罩	0.098
		平窗头罩	0.103
		平板模型	0.081
		喷流头罩(无喷流)	0.109
		喷流头罩(有喷流)	0.082
$Ma_\infty = 3.4$ $p_0 = 0.1\ MPa$ $T_0 = 300\ K$	0.059	喷流头罩(无喷流)	0.087
		喷流头罩(有喷流)	0.043
$Ma_\infty = 3.8$ $p_0 = 0.1\ MPa$ $T_0 = 300\ K$	0.039	凹窗头罩[49]	0.064
		平窗头罩[49]	0.026
		喷流头罩(无喷流)[50]	0.066
		喷流头罩(有喷流)[50]	0.086

马赫数 3.0 的平板边界层的流场结构 NPLS 图像及其对应的密度场图像如图 2.12 所示,图中还给出了对应的一维 OPD 分布曲线。

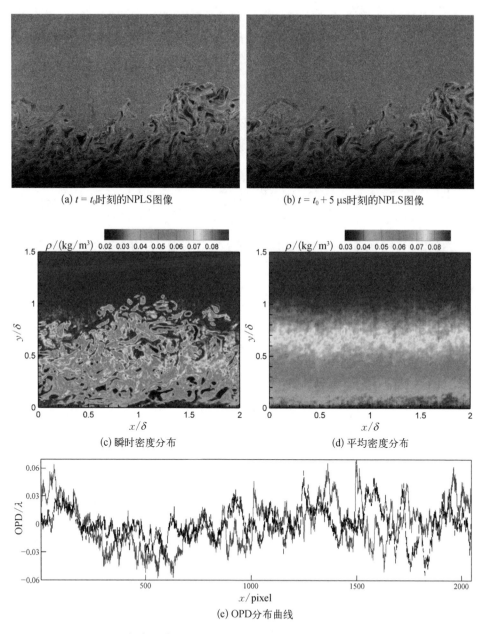

(a) $t = t_0$ 时刻的NPLS图像　　　　　　(b) $t = t_0 + 5$ μs时刻的NPLS图像

(c) 瞬时密度分布　　　　　　　　(d) 平均密度分布

(e) OPD分布曲线

图 2.12　超声速湍流边界层 NPLS 图像、密度场和 OPD 分布曲线

利用上述相似性关系式(2.111),得到

$$\text{OPD}_{\text{rms}} = K_{\text{GD}}\rho_\infty \delta C_w r_2^{-3/2} Ma_\infty^2 \sqrt{C_f} \tag{2.116}$$

式中,ρ_∞ 和 Ma_∞ 分别为自由来流的密度和马赫数;δ 为边界层厚度;C_f 为表面摩擦系数;模型参数 C_w 一般取 0.34,高超声速条件下为 0.7[28]。

对于绝热壁面,有

$$r_2 = 1 + Ma_\infty^2(\gamma - 1)(1 - rr_1^2)/2, \quad r_1 = U_i/U_\infty \tag{2.117}$$

式中,$r = 0.9$,为恢复系数;U_i 为大尺度光学结构的对流速度。

对于超声速的情形,Gordeyev 等[30] 提出的模型与这个模型是很吻合的,但其表达式却复杂很多。为了将试验数据与模型作比较,常将式(2.116)改写为

$$\Delta = \frac{\text{OPD}_{\text{rms}}}{K_{\text{GD}}\rho_\infty \delta C_w Ma_\infty^2 \sqrt{C_f}} = r_2^{-3/2} \tag{2.118}$$

式(2.118)的中间一项(即 Δ)采用试验参数计算,右边项采用式(2.117)计算。根据 Gordeyev 等[30] 的结果,对于亚声速边界层,$r_1 = 0.82$;对于超声速边界层,$r_1 = 0.84$。试验结果与理论曲线的对比情况如图 2.13 所示,由图可见,试验结果与理论模型相当吻合。

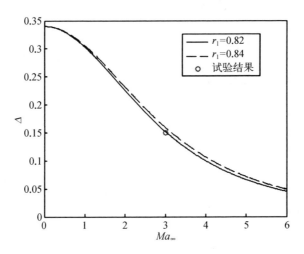

图 2.13 试验结果与理论模型的比较

2.3.3 气动光学统计分析理论

1952 年,Liepmann[51] 针对光线穿过边界层后的偏折和扩散现象开展了研

究,第一次构建了光学畸变参数与流场参数之间的统计关系,且与试验结果符合良好。之后,不同研究人员不断尝试利用流动统计参数进行了气动光学效应统计参数的预测[25, 38, 52~55]。考虑到气动光学效应本质上是由密度变化引起的,人们一直努力将衡量气动光学效应强弱的参数 OPD_{rms} 与衡量密度脉动程度的统计参数构建联系。目前,通用气动光学联系方程(general aero-optical linking equation, GALE)可以表示为

$$OPD_{rms}^{2} = K_{GD}^{2} \int_{0}^{L}\int_{0}^{L} \mathrm{cov}_{\rho'}(y_1, y_2)\, \mathrm{d}y_1 \mathrm{d}y_2 \qquad (2.119)$$

式中,L 表示光线在流场中的传输路径;y 表示光束传输路径上的位置坐标,这里考虑到气动光学效应导致的光线偏折角比较小,对位置坐标进行了简化。

通用气动光学联系方程实际上构建了沿光线传输方向上光程差均方根值与密度脉动协方差之间的关系。这里,密度脉动协方差函数可以定义为

$$\mathrm{cov}_{\rho'}(y_1, y_2) = E\{[\rho(y_1) - \bar{\rho}(y_1)][\rho(y_2) - \bar{\rho}(y_2)]\} \qquad (2.120)$$

式中,E 表示时间平均;$\rho(\cdot)$ 为位置 y 或 y_1 处的瞬时密度;$\bar{\rho}(\cdot)$ 为位置 y 或 y_1 处的平均密度。

式(2.120)所示的通用气动光学联系方程在推导过程中并没有引入关于流场的任何假设,但是,通常来讲,直接从试验中获取密度脉动的协方差分布比较困难。在均匀湍流假设下,由式(2.120)定义的密度脉动协方差可以利用下面两种形式进行近似,假设密度脉动在时间分布上符合指数分布:

$$\mathrm{cov}_{\rho'}(y_1, y_2) \sim \rho_{rms}^{'2}(y_1) \exp\left[-\left|\frac{y_2 - y_1}{\Lambda(y_1)}\right|\right] \qquad (2.121)$$

或者呈高斯分布:

$$\mathrm{cov}_{\rho'}(y_1, y_2) \sim \rho_{rms}^{'2}(y_1) \exp\left\{-\left[\frac{y_2 - y_1}{\Lambda(y_1)}\right]^2\right\} \qquad (2.122)$$

式中,$\rho_{rms}^{'2}(\cdot) = \langle \rho^{'2} \rangle$,表示密度脉动方差;$\Lambda(\cdot)$ 表示密度脉动相干结构尺度。

基于上面的近似形式,可以获得 Sutton 联系方程:

$$OPD_{rms}^{2} = \alpha K_{GD}^{2} \int_{0}^{L} \rho_{rms}^{'2}(y)\, \Lambda(y)\, \mathrm{d}y \qquad (2.123)$$

式中,α 为常系数,在指数分布近似成立的情况下,$\alpha = 2$,在高斯分布近似成立

的情况下，$\alpha = \sqrt{\pi}$；$\Lambda(y)$ 为密度脉动相干结构积分尺度。

为了获得式（2.123）所示的 Sutton 联系方程，定义 $\Lambda(y_1)$ 为

$$\Lambda(y_1) = \frac{1}{2}\int_0^L \frac{\mathrm{cov}_{\rho'}(y_2,\,y_1)}{[\,\rho'_{\mathrm{rms}}(y_2)\,]^2}\mathrm{d}y_2 \tag{2.124}$$

式（2.124）中定义的积分尺度主要基于均匀湍流假设。

对于非均匀湍流而言，其积分尺度经常定义为

$$\Lambda(y_1) = \frac{1}{2}\int_0^L \frac{\mathrm{cov}_{\rho'}(y_2,\,y_1)}{\rho'_{\mathrm{rms}}(y_2)\,\rho'_{\mathrm{rms}}(y_1)}\mathrm{d}y_2 \tag{2.125}$$

利用式（2.125），由于缺乏均匀湍流假设，无法完成从通用气动光学联系方程到 Sutton 联系方程的简化。在实际应用中，通用气动光学联系方程的适用能力是比较差的，主要是密度脉动的协方差数据直接获取比较困难，尤其对于高超声速流动而言。因此，更多的时候采用 Sutton 联系方程进行气动光学效应预测。前面已经提到，Sutton 联系方程的建立需要引入均匀湍流假设，这就使得其应用十分受限，多集中在湍流边界层、混合层等相对简单的流场。Havener[54] 试图通过改进 Sutton 联系方程，以适用复杂流动的气动光学效应强度预测，具体方法是在 Sutton 联系方程中引入权重系数 w，即

$$\mathrm{OPD}_{\mathrm{rms}}^2 = \alpha K_{\mathrm{GD}}^2 \int_0^L \rho'^2_{\mathrm{rms}}(y)\,\Lambda(y)\,w(y)\,\mathrm{d}y \tag{2.126}$$

式（2.126）中，权重系数 $w(y)$ 的定义依赖于密度脉动协方差函数所采用的近似模型，对于指数协方差函数，即 $\alpha = 2$，权重系数为

$$w(z) = \begin{cases} 1 - \mathrm{e}^{-2z/\Lambda(z)}, & 0 \leqslant z \leqslant L/2 \\ 1 - \mathrm{e}^{-2(L-z)/\Lambda(z)}, & L/2 \leqslant z \leqslant L \end{cases} \tag{2.127}$$

对于高斯协方差函数，即 $\alpha = \sqrt{\pi}$，权重系数为

$$w(z) = \begin{cases} \mathrm{Erf}[\,2z/\Lambda(z)\,], & 0 \leqslant z \leqslant L/2 \\ \mathrm{Erf}[\,2(L-z)/\Lambda(z)\,], & L/2 \leqslant z \leqslant L \end{cases} \tag{2.128}$$

式中，Erf 表示误差函数。作为非基本函数的一种，式（2.128）中的误差函数在统计学、概率论、偏微分方程和半导体物理中都有广泛的应用，其一般定义为

$$\mathrm{Erf} = \frac{2}{\sqrt{\pi}} \int_0^x \mathrm{e}^{-\eta^2} \mathrm{d}\eta \tag{2.129}$$

但是,这一措施并没得到广泛的认可和应用。2019 年,谢文科等[19]研究了引入误差函数后,采用气动光学联系方程得到的对超声速混合层气动光学效应的预测效果,分析了误差函数对 Sutton 联系方程计算精度的影响,认为误差函数对 Sutton 联系方程在超声速流场中应用效果的优化具有一定的可行性。只是,对于 Sutton 联系方程而言,应用时需要结合具体流动对象的特性,引入适当的假设条件,以获取更简化和实用的气动光学效应预测模型。例如,基于湍流边界层零压力梯度假设的前提,Wyckham 等[28]和 Jumper 等[55]分别利用 SRA 和 ESRA 对 Sutton 联系方程进行了简化,获得了更具实用性的湍流边界层气动光学效应预测模型,并在湍流边界层气动光学效应评价中得到了广泛的检验和应用。

总体来说,通用气动光学联系方程需要的密度脉动数据一般很难完整获取,工程应用价值相对有限。之后的各种简化形式引入了各种假设条件,导致实际应用范围受到严格限制。权重系数的引入虽然从数据拟合角度上提高了联系方程的预测效果,但是这种缺乏物理背景支持的方式仍旧无法从根本上加深人们对于气动光学效应的认识,导致目前气动光学效应预测模型仍旧只能应用于单纯边界层或者混合层等相对简单的流动结构[56]。如果要解决高超声速光学头罩气动光学效应预测问题,仍然需要进一步对气动光学效应预测模型进行改进。

2.4　小结

气动光学效应,尤其是光线传输问题,最根本的来源是流场的密度变化,尤其是高速可压缩湍流导致的密度脉动问题。受限于湍流难题的尚未得到解决,客观上决定很难从理论层面实现对气动光学效应的解析研究。气动光学效应又不单纯是流体力学的问题,多种光学参数对于气动光学效应的影响是与流动的特性相互耦合且密切相关的,这也正是气动光学效应多学科交叉的显著特征之一。无论是从理论研究层面、试验测试层面还是数值仿真层面,气动光学效应所具有的多学科交叉特点,决定了不能孤立地用单纯流体力学或者光学的方法去看待这一问题。对于高速光学头罩设计而言,这一问题更是气动光学效应、气动阻力、气动热及冷却性能等多种问题的组合。为了实现在设计时可以充分考虑气动光学效应的影响,客观上要求尽快建立完备的气动光学效应相似准则,以便确定合理的气动光学效应设计指标。同时,气动光学效应相似准则的建立也有助于实现试验状态的外推并进行天地一致性换算。本章针对此方面进行了总结和归纳,但还远远没有达到完备的程度,还需要对此进行持续的探索。

参考文献

[1] Teague M R, Deterministic phase retrieval: a Green's function solution [J]. Journal of the Optical Society of America, 1983, 73(11): 1434 – 1441.

[2] Monin A S, Iaglom A M. Statistical Fluid Mechanics: The Mechanics of Turbulence [M]. Cambridge: MIT Press, 1975.

[3] Gladstone J H, Dale T P. XIV. Researches on the refraction, dispersion, and sensitiveness of liquids [J]. Philosophical Transactions of the Royal Society of London, 1863, 153: 317 – 343.

[4] 丁浩林,易仕和,付佳,等.超声速湍流边界层气动光学效应的实验研究[J].红外与激光工程,2016,45(10): 192 – 198.

[5] 张天序,洪汉玉,张新宇.气动光学效应校正: 原理、方法与应用[M].合肥: 中国科学技术大学出版社,2014.

[6] Mani A. Optical distortions by compressible turbulence [D]. Stanford: Stanford University, 2009.

[7] Mahajan V N. Optical Imaging and Aberrations. Part II. Wave Diffraction Optics [M]. Bellingham: SPIE Press, 1998.

[8] Spencer A, Moore W. Design trade-offs for homing missiles [C]. Huntsville: Annual Interceptor Technology Conference, 1992.

[9] Lawson S M, Clark R L, Banish M R, et al. Wave-optic model to determine image quality through supersonic boundary and mixing layers [C]. Orlando: Infrared Imaging Systems: Design, Analysis, Modeling, and Testing II, SPIE, 1991.

[10] Clark R, Farris R. A numerical method to predict aero-optical performance in hypersonicflight [C]. Honolulu: 19th AIAA, Fluid Dynamics, Plasma Dynamics, and Lasers Conference, 1987.

[11] Clark R, Banish M, Hammer J. Fundamentals of aero-optics phenomena [C]. Colorado Springs: 25th Plasmadynamics and Lasers Conference, 1994.

[12] Couch L L, Kalin D A, McNeal T. Experimental investigation of image degradation created by a high-velocity flow field [C]. Orlando: Characterization, Propagation, and Simulation of Sources and Backgrounds, SPIE, 1991.

[13] Bogdanoff D W. Compressibility effects in turbulent shear layers [J]. AIAA Journal, 1983, 21(6): 926 – 927.

[14] Papamoschou D, Roshko A. Observations of supersonic free shear layers [J]. Sadhana, 1988, 12(1): 1 – 14.

[15] 赵玉新.超声速混合层时空结构的试验研究[D].长沙: 国防科学技术大学,2008.

［16］ Kourta A, Sauvage R. Computation of supersonic mixing layers ［J］. Physics of Fluids, 2002, 14(11): 3790 - 3797.

［17］ 赵玉新,易仕和,何霖,等.超声速湍流混合层中小激波结构的试验研究[J].国防科技大学学报,2007,29(1): 12 - 15.

［18］ Sutton G W, Pond J E, Snow R, et al. Hypersonic interceptor aero-optics performance predictions ［J］. Journal of Spacecraft and Rockets, 1994, 31(4): 592 - 599.

［19］ 谢文科,刘俊圣,费家乐,等.权重函数对关联方程估计超声速混合层波前方差精度的影响[J].物理学报,2019,68(9): 133 - 139.

［20］ Smith D R, Smits A J. Simultaneous measurement of velocity and temperature fluctuations in the boundary layer of a supersonic flow ［J］. Experimental Thermal and Fluid Science, 1993, 7(3): 221 - 229.

［21］ Smits A J, Dussuage J P. Turbulent Shear Layers in Supersonic Flow ［M］. New York: Springer, 1996.

［22］ Guarini S E, Moser R D, Shariff K, et al. Direct numerical simulation of a supersonic turbulent boundary layer at Mach 2.5 ［J］. Journal of Fluid Mechanics, 2000, 414: 1 - 33.

［23］ Duan L, Beekman I, Martin M P. Direct numerical simulation of hypersonic turbulent boundary layers. Part 2. Effect of wall temperature ［J］. Journal of Fluid Mechanics, 2010, 655(1): 419 - 445.

［24］ Rose W C. Measurements of aerodynamic parameters affecting optical performance ［R］. Albuquerque: Air Force Weapons Laboratory, 1979.

［25］ Gilbert K G, Otten L J. Aero-optical Phenomena ［M］. New York: American Institute of Aeronautics and Astronautics, 1982.

［26］ Masson B, Wissler J, McMackin L. Aero-optical study of a NC - 135 fuselage boundary layer ［C］. Reno: 32nd Aerospace Sciences Meeting And Exhibit, 1994.

［27］ Gordeyev S, Jumper E. Fluid dynamics and aero-optics of turrets ［J］. Progress in Aerospace Sciences, 2010, 46(8): 388 - 400.

［28］ Wyckham C M, Smits A J. Aero-optic distortion in transonic and hypersonic turbulent boundary layers ［J］. AIAA Journal, 2009, 47(9): 2158 - 2168.

［29］ Gordeyev S, Smith A E, Cress J A, et al. Experimental studies of aero-optical properties of subsonic turbulent boundary layers ［J］. Journal of Fluid Mechanics, 2014, 740: 214 - 253.

［30］ Gordeyev S, Jumper E, Hayden T E. Aero-optical effects of supersonic boundary layers ［J］. AIAA Journal, 2012, 50(3): 682 - 690.

［31］ Gordeyev S, Cress J A, Smith A, et al. Aero-optical measurements in a subsonic, turbulent boundary layer with non-adiabatic walls ［J］. Physics of Fluids, 2015, 27(4): 299 - 321.

［32］ Yanta W, Lafferty J, Collier A, et al. Near-and farfield measurements of aero-optical effects due to propagation through hypersonic flows ［C］. Denver: 31st Plasmadynamics and Lasers Conference, 2000.

［33］ 洪汉玉,张天序,易新建.气动光学效应红外序列退化图像优化复原算法[J].红外与激光工程,2005,34(6): 724 - 728.

［34］ Banakh V A, Sukharev A A, Falits A V. Optical beam distortions induced by a shock wave

[J]. Applied Optics, 2015, 54(8): 2023－2031.

[35] Banakh V A, Sukharev A A. Laser beam distortions caused by a shock wave near the turret of a supersonic aircraft [J]. Atmospheric and Oceanic Optics, 2016, 29(3): 225－233.

[36] Jones M, Bender E. CFD-based computer simulation of optical turbulence through aircraft flowfields and wakes [C]. Anaheim: 32nd AIAA Plasmadynamics and Lasers Conference, 2001.

[37] Jonathan O M, Roberto C A, Haris J. Catrakis. Computational aero-optics and electromagnetics: compressible vortices and laser beam propagation [J]. Iasme Transactions, 2005, 1(2): 19－27.

[38] 殷兴良.气动光学原理[M].北京:中国宇航出版社,2003.

[39] 韩志平.高超音速飞行器红外成像制导光学传输效应数值仿真研究[D].北京:中国航天科工集团第二研究院,2003.

[40] Fitzgerald E J. The shear layer compressibility mechanism and its role in creating aero-optical distortions [D]. South Bend: The University of Notre Dame, 2000.

[41] Fitzgerald E, Jumper E. Scaling aero-optic aberrations due to propagation through compressible shear layers [C]. Denver: 31st Plasmadynamics and Lasers Conference. 2000.

[42] Papamoschou D, Roshko A. The compressible turbulent shear layer: an experimental study [J]. Journal of Fluid Mechanics, 1988, 197: 453－477.

[43] Craig J, Rose W. Laser propagation from airborne platforms- A review of aero-optics scaling [C]. Cincinnati: 18th Fluid Dynamics and Plasmadynamics and Lasers Conference, 1985.

[44] Kelsall D. Optical measurements of degradation in aircraft boundary layers [J]. Journal of the Optical Society of America, 1980, 261－293.

[45] Buckner A, Gordeyev S, Jumper E J. Optical aberrations caused by transonic attached boundary layers: underlying flow structure [C]. Reno: 43rd AIAA Aerospace Sciences Meeting and Exhibit, 2005.

[46] Michael H. Calibration and validation studies in the LENS facility [C]. Reno: 33rd Aerospace Sciences Meeting and Exhibit, 1995.

[47] Gaviglio J. Reynolds analogies and experimental study of heat transfer in the supersonic boundary layer [J]. International Journal of Heat and Mass Transfer, 1987, 30(5): 911－926.

[48] Spina E F, Smits A J, Robinson S K. The physics of supersonic turbulent boundary layers [J]. Annual Review of Fluid Mechanics, 1994, 26(1): 287－319.

[49] 田立丰.超声速光学头罩流场精细结构及其气动光学效应的机理研究[D].长沙:国防科学技术大学,2011.

[50] 朱杨柱.喷流致冷的超声速光学头罩流动及气动光学机理试验研究[D].长沙:国防科学技术大学,2011.

[51] Liepmann H W. On reflection of shock waves from boundary layers [R]. Washington: California INST of Tech Pasadena, 1952.

[52] Stine H A, Winovich W. Light diffusion through high-speed turbulent boundary layers [R]. Washington: National Advisory Committee for Aeronautics, 1956.

[53] Sutton G W. Effect of turbulent fluctuations in an optically active fluid medium [J]. AIAA Journal, 1969, 7(9): 1737 − 1743.

[54] Havener G. Optical wave front variance-A study on analytic models in use today [C]. Reno: 30th Aerospace Sciences Meeting and Exhibit, 1992.

[55] Jumper E J, Gordeyev S. Physics and measurement of aero-optical effects: past and present [J]. Annual Review of Fluid Mechanics, 2017, 49(1): 419 − 441.

[56] de Chant L J. A simple model to estimate turbulent density fluctuation and associated optical distortion over hydro-dynamically rough surfaces [J]. Mathematical and Computer Modelling, 2011, 54(11 − 12): 2778 − 2784.

第3章

高超声速流场及其气动光学效应测试技术

气动光学效应本质上是由流场引起的,研究气动光学效应,不仅需要完备的方学畸变测试技术,而且需要多种流动测试技术。本章针对常用的流场参数测试技术和气动光学效应测试技术进行较为全面的介绍,在帮助读者理解相关测试原理的同时,也为后面相关研究结果的理解提供铺垫。

3.1 流场参数测试技术

3.1.1 粒子图像速度场测量技术

1984 年,Adrian 首次提出了粒子图像测速(particle image velocimetry, PIV)技术的概念[1],随着数码相机和数码照片后处理技术的发展和成熟,PIV 技术更多是指数字粒子图像测速(digital particle image velocimetry, DPIV)技术,其在测量流场速度场方面的应用非常广泛。不同于热线风速仪和激光多普勒测速仪等速度的点测量手段,PIV 技术能够在不干扰流场的情况下同时测量某一剖面的瞬态流场结构和瞬态速度场,是一种非常重要和经典的流场参数测量方法,本节仅对 PIV 技术作大致介绍,关于 PIV 技术的详细发展历史、原理和应用等建议读者参考著作 *Particle Image Velocimetry: A Practical Guide*[2]。

1. PIV 系统组成和技术原理

一个典型的 PIV 系统包括多个分系统:粒子播撒系统、激光照明系统、成像系统、图像校正系统、位移评估系统及后处理系统,图 3.1 展示了二维 PIV 技术在风洞试验中的应用。

PIV 技术首先要求在待测流场区域中均匀分布一定浓度的粒子,并且粒子尺度要足够小,以满足流场跟随性,然后间隔一定时间,用平面激光对待测流场完成

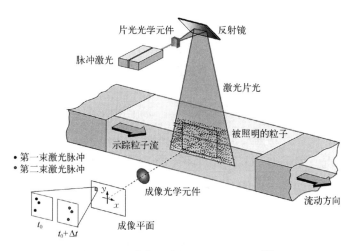

图 3.1　一种典型的 PIV 系统示意图[3]

两次照射(激光照射时间要足够短,以满足流场冻结假设,保证拍摄的粒子不会模糊),并用电荷耦合器件(charge‐coupled device, CCD)相机记录跨帧时间 Δt 的两幅流场图像(激光出光和相机拍摄需满足时序条件,见图 3.2,跨帧时间的选择要根据粒子流动速度来考虑),记录不同时刻下激光平面内各粒子的位置。一般情况下,PIV 技术测量的都是二维速度场,因此只需要一台轴线垂直于激光平面的相机,假设在 Δt 时间内没有粒子进出激光平面,则可以对两幅图像设置多个查问区并依次进行互相关分析运算,计算得到两幅图像中粒子间的相对位移。最后,经过后处理系统检测、去除无效粒子并提取速度信息,即可得到流场的二维速度场。

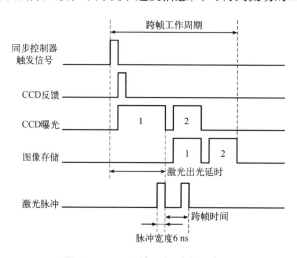

图 3.2　PIV 系统运行时序示意图

PIV 系统的使用中需要注意以下几点。

（1）流场中示踪粒子的播撒浓度要适中,如果粒子浓度过低,肉眼较易区分不同粒子,但两次曝光得到的图片中捕捉到同一粒子的概率也会降低,因此需要应用合适的粒子追踪方法来捕捉相同粒子,这种情况称为粒子追踪测速（particle tracking velocimetry, PTV）。若粒子浓度适中,则肉眼已无法区分两次曝光图片中的相同粒子,就需要用前述的设置查问区进行互相关运算的方法来识别同一粒子,这种情况下才称作 PIV 技术。而当粒子浓度过高时,大量的粒子间存在重叠和遮挡,区分不同粒子更加困难,这种情况下称作激光散斑测速（laser speckle velocimetry, LSV）,如图 3.3 所示。

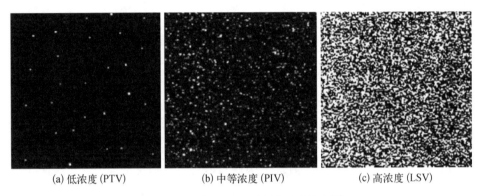

(a) 低浓度 (PTV)　　　　(b) 中等浓度 (PIV)　　　　(c) 高浓度 (LSV)

图 3.3　不同粒子浓度对应的测速技术[2]

（2）示踪粒子的跟随性要好。试验前必须对示踪粒子的跟随性进行检查,即粒子能否快速响应所要研究的流动结构。通常,需要针对研究目标来设计示踪粒子的大小,一般流场中会同时存在强、弱两种速度梯度区域,这时就需要进行综合考量。在激光器能量不变时,如果想要测得更大的流场区域,则所需的粒子直径就要更大,而这样一来就无法很好地分辨流场中存在速度梯度较大的区域,如激波等。

（3）要注意尽量减小环境因素的影响。背景杂光、机械振动、噪声等都有可能是拍摄图像的误差来源。通常需要根据实际情况,将激光光源和相机安装在同一平台上,或者直接将其安装在风洞外壁面来减小振动的影响。为了最大限度地避免背景光的干扰,试验时应该注意屏蔽外界自然光、室内照明设备光,甚至显示屏光。

2. PIV 技术的典型应用

PIV 技术具有两大优势：第一,PIV 属于非介入式速度测量,与传统的测压管和热线设备不同,PIV 技术不会干扰待测流场的原本流动状态,因此得以应用于超声速流场的速度测量,而不用担心会对其中的层流边界层或激波等结构产生干扰;第二,采用 PIV 技术能够测量全流场的速度,照片拍摄到的区域都可以计算出速度信息,这一特性是多普勒全场测速(Doppler global velocimetry, DGV)和分子标记测速(molecular tagging velocimetry, MTV)等单点速度测量技术无法比拟的。

经过 40 多年的发展,PIV 技术无论是在原理、算法还是应用方面都得到了充分的发展,已经实现了成熟的商业化,广泛应用于船舶航行、血液流动、流体仿生,以及风洞中飞机、翼型、直升机、建筑等的相关研究。在空气动力学领域,PIV 技术可用于各类边界层、混合层、激波等流场结构的测量,对于低速乃至跨声速和超声速的流场都有相应的测量能力。图 3.4 是马赫数 6 圆柱绕流的 PIV 速度场图像,从图中能够清晰地分辨出到圆柱头部的激波结构,同时也可以得出激波前后的流动速度分布,区分出驻点、定常流和非定常流。图 3.5 是斜激波的 PIV 平均速度场图像,从图中可以清晰分辨出斜激波位置,计算出激波角,$Ma_\infty = 2$,气流偏转角 $\theta = 11.3°$。

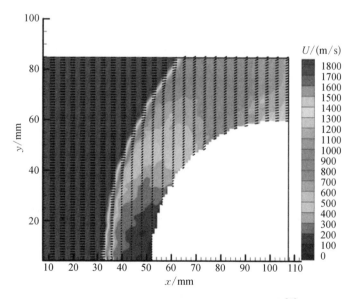

图 3.4　马赫数 6 圆柱绕流的 PIV 速度场图像[4]

3. PIV 技术本身的局限性及改进

PIV 技术的两个巨大优势,也正是 PIV 技术最大的制约之处所在,即其空间分辨率和时间分辨率无法兼顾。尽管 PIV 的空间分辨率很高,但是其时间分辨

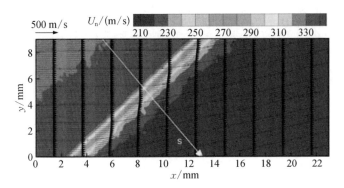

图 3.5　斜激波的 PIV 平均速度场图像[5]

率(单位时间内拍摄 PIV 图像的数量)却受限于当前的拍摄技术。随着相机技术的进步发展,这一矛盾有望得到解决。另外,目前虽然可以实现流场图像拍摄和 PIV 的同步进行,却牺牲了计算精度,这一问题有望通过计算机硬件的发展和 PIV 互相关运算算法的创新来解决。

3.1.2　基于纳米示踪的平面激光散射技术

1. NPLS 系统组成和技术原理

如图 3.6 所示,NPLS 系统由计算机、线间传输双曝光 CCD 相机、纳米粒子发生器、同步控制器及 Q-开关双腔 Nd:YAG 激光器等组成,其基本硬件设施与 PIV 技术相同,这里不再赘述。

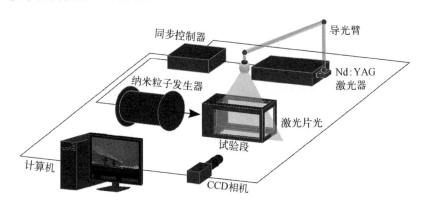

图 3.6　NPLS 系统组成

众所周知,大尺度相干结构是自由剪切层流动中的重要特征,尤其在高雷诺数条件下,可以影响该类流动的整体演变[6-8],其中一个重要问题是理解示踪粒子会受到这些涡结构的何种影响。Crowe 等[9] 推测大尺度结构会对所选择的对粒子产生作用,作用效果可用粒子动力学响应时间与当地流动时间尺度之比来表征。应用示踪粒子进行流场测量的现代激光散射技术,如激光多普勒测速(laser Doppler velocimetry, LDV)、PIV 技术及本节使用的 NPLS 技术等,都涉及所用的示踪粒子能否真实表征流动特性的跟随性问题。在超声速领域,Samimy 等[10] 特别指出,为保证粒子能够很好跟随和表征超声速流动,粒子的斯托克斯数必须小于 0.05,这一标准已被同行广泛认可并采用[11-20]。斯托克斯数是多相流中一个重要的无量纲相似参数,描述悬浮在流体中的粒子运动行为,其定义式为 $St = \tau_p / \tau_f$,其中 τ_p 为粒子的响应时间或弛豫时间,τ_f 为流动的特征时间。

为检验 NPLS 系统中纳米粒子的跟随性能,在马赫数 3.8 的风洞来流中水平放置角度 θ 为 22.4° 的斜劈,试验获得的斜激波 NPLS 图像如图 3.7(a) 所示,图中右下方的白线对应实际物理空间的 3 mm;与激波垂直的 N 方向上的灰度值分布如图 3.7(b) 所示。斜激波角度 $\beta = 36°$,斜激波厚度为 7 个像素(pixel),图像的空间分辨率为 0.056 mm/pixel,则激波厚度 $s = 0.392$ mm;激波前来流速度 $U_1 = 669$ m/s,激波法向速度 $U_{1n} = U_1 \times \sin\beta = 393.2$ m/s,根据斜激波关系式及等熵关系式可知激波后流动速度 $U_2 = 556.8$ m/s,则波后激波法向流动速度 $U_{2n} = U_2 \times \sin(\beta - \theta) = 130.9$ m/s。 由图 3.7 可知,粒子在 7 pixel 的范围内即完成了波前至波后的过渡,即粒子对斜激波的最大响应距离为 $s_{max} = s$,这个过程里粒子必定做减速运动,不妨假设粒子法向穿过激波的过程为匀减速运动过程,则根据牛顿第二定律可以推算出粒子穿过激波的响应时间 $\tau_p = 2s_{max}/(U_{1n} + U_{2n}) = 0.149$ μs。 流动特征时间为 $\tau_f = \delta/(U_\infty - 0) \approx 14.9$ μs,其中 $\delta = 10$ mm(取马赫

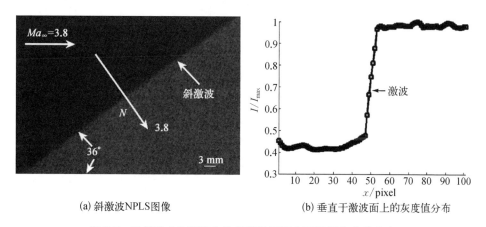

(a) 斜激波NPLS图像　　　　　(b) 垂直于激波面上的灰度值分布

图 3.7　马赫数 3.8 来流中的斜激波 NPLS 图像及灰度值分布

数 3.8 来流中 5 mm 后台阶下游重新发展边界层充分发展段的平均边界层厚度)。从而可得,本节中粒子的斯托克斯数 $St = \tau_p/\tau_f = 0.01 < 0.05$,可见 NPLS 技术中的示踪粒子可以很好地跟随超声速流动。

2. NPLS 技术的典型应用

NPLS 技术的可靠性和非凡性能已经在大量的实践中得到了验证,并且广泛应用于各类超声速/高超声速流动结构的流动显示[21-27]。Zhao 等[21]拍摄了同时具有激波、边界层、滑移线和混合层等流动结构的流场照片(马赫数 3.8),如图 3.8 所示,从图中可以看到采用 NPLS 技术所拍摄的流场照片具有很高的分辨率,可以捕捉到流场中所有的精细流动结构。

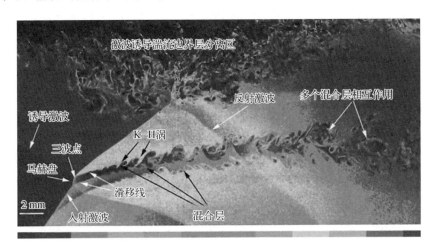

图 3.8   NPLS 系统性能验证试验[21]

Zhu 等[22]利用 NPLS 技术拍摄得到了马赫数 3.8 条件下光学头罩周围流场的 NPLS 照片(图 3.9),研究了有/无冷却喷流时流场结构的变化,图中头罩前端的弓形激波、喷口后侧的再附激波、超声速混合层及开尔文-亥姆霍兹(Kelvin-Helmholtz,K‐H)涡和湍流边界层等流场结构清晰可见。

3. NPLS 技术本身的局限性及改进

NPLS 技术在流场可视化和流场结构精细测量上具有无可比拟的优势,而其局限性在于,在现有技术条件下还无法精确定量测量流动参数。理论上来说,NPLS 图像的灰度与流场中播撒的粒子浓度及当地的流场密度之间存在一些对应关系,可以通过一定的近似得到流场的密度信息。但是受限于试验条件等因素,采用 NPLS 技术还无法精确测量流场密度,这一局限性有望在试验技术和数据后处理技术的进步下得到补足。

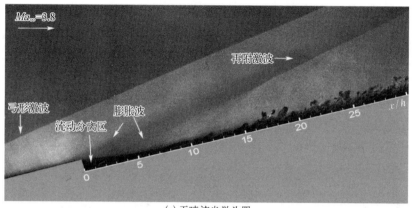

(a) 无喷流光学头罩

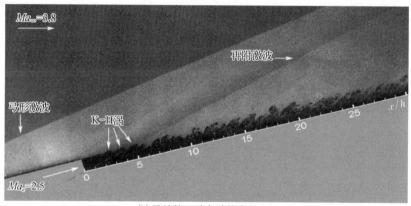

(b) 马赫数2.5冷却喷流光学头罩

图 3.9　马赫数 3.8 条件下光学头罩周围流场的 NPLS 照片[22]

3.1.3　纹影技术

纹影(schlieren)是一种古老而又现代的定性流场结构显示技术,常用于观察激波等流场结构。早在 17 世纪,Huygens 和 Hooke 等就已经发现了纹影现象,而直到 19 世纪 60 年代,Toepler 才提出了纹影技术,并开发出第一套纹影装置[23]。时至今日,纹影技术的发展已经非常成熟。想要详细了解纹影的历史、发展及应用情况,请读者参考文献[23]和[24]。

1. 纹影系统组成和技术原理

纹影可以反映流场中折射率的一阶导数的大小,其基本结构有三种:双透镜式纹影系统、双反射镜式纹影系统、单透镜离轴式纹影系统,如图 3.10(c)所

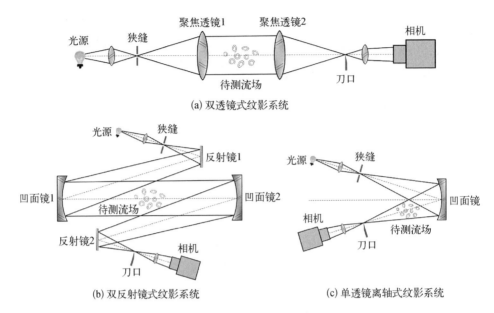

(a) 双透镜式纹影系统

(b) 双反射镜式纹影系统

(c) 单透镜离轴式纹影系统

图 3.10 纹影系统结构图

示,三者的基本组成类似,包括光源、狭缝、聚焦透镜/反射镜、刀口和相机等。

由于上述三种纹影结构的基本原理相同,这里以双透镜式纹影系统为例说明纹影技术的基本原理。各元件同轴安装,光线从光源出发,经过聚焦透镜和狭缝之后变成线光源,依次经过聚焦透镜 1、待测流场和聚焦透镜 2 后会聚于刀口位置(狭缝与聚焦透镜 1 之间的距离为透镜焦距 f,保证光线在待测流场中平行传播,刀口切割方向与轴线垂直),即聚焦透镜 2 的焦平面处,并最终在相机中成像。对于待测流场中的任一点 P,线光源 ad 通过聚焦透镜 1 全部会聚于点 P,又

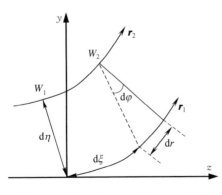

图 3.11 光线在不均匀密度场中的折射

通过聚焦透镜 2 会聚在刀口,成一实像 $a'd'$,依然是线光源,由此可知刀口遮蔽一部分光并不会使成像残缺,只是改变了成像的明暗程度。若试验段气体密度均匀,则成像照度均匀,其照度随刀口切割部分的增大而减小;若试验段在点 P 存在密度梯度,则其在屏幕上的成像会变暗/亮(根据密度梯度的方向确定)。

下面给出纹影的数学原理,如图 3.11 所示,假设流场中气体密度沿 y 方向增

大,则光线向上偏转,偏转角 φ 由式(3.1)给出。

$$\varphi = \frac{K_{\mathrm{GD}}L}{n_0}\left(\frac{\mathrm{d}\rho}{\mathrm{d}y}\right)_{y=y_0} \tag{3.1}$$

式中,$(\mathrm{d}\rho/\mathrm{d}y)_{y=y_0}$ 是当地 y 方向密度梯度;n_0 为气体在标准状态下的折射率;K_{GD} 为 Gladstone-Dale 常数,随气体种类不同而改变,且随波长略有变化;L 为待测流场长度。

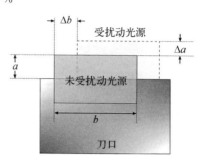

图 3.12 刀口切割光源示意图

如果流场中的点 P 存在 y 方向的正向密度梯度,则其在刀口处的光线会向上偏,如图 3.12 所示,上偏的距离 $\Delta a = f_2\varphi$,定义纹影图像的对比度为 $\Omega = \Delta a/a$,则

$$\Omega = \frac{f_2 K_{\mathrm{GD}}L}{n_0 a}\left(\frac{\mathrm{d}\rho}{\mathrm{d}y}\right)_{y=y_0} \tag{3.2}$$

由式(3.2)可知,纹影图像各点的对比度只与流场中对应点的密度梯度成正比,理论上可以用式(3.2)来确定流场的实际密度梯度。但是由于纹影技术存在光路积分效应,无法得到空间点的准确密度梯度。纹影通常用于对流场进行定性分析,如观察流场大致形态、确定激波和膨胀波位置等。

2. 纹影技术的典型应用

纹影对密度的一阶梯度非常敏感,因此纹影常用于激波、膨胀波、边界层、剪切层和其他复杂流场结构的流动显示。相比于其他流动现象,激波和膨胀波具有剧烈的密度梯度变化,因此更适合用纹影来捕捉显示。

Babinsky 等[25]拍摄的马赫数 2.5 条件下斜坡微型涡流发生器(高度为 6 mm)周围流场的纹影图像如图 3.13 所示,从图中可以清晰地看到涡流发生器前的边界层边缘,以及涡流发生器前缘和后缘产生的斜激波,同时可以发现斜坡涡流发生器并没有明显改变边界层的结构和厚度。图 3.14 为付佳[26]拍摄的一个二维平板式带气膜冷却的光学头罩周围的流场结构,其中图 3.14(a)为不施加喷流时的纹影图像,图 3.14(b)为喷流与主流压力匹配时的纹影图像。从图中可以看到超声速来流受到喷流唇口和喷流流动的扰动,产生了唇口激波,而由喷流喷管唇口延伸出的高灰度亮带和低灰度暗带间的扇形区域为喷流与主流间的剪切层,亮带和暗带本身分别为剪切层与喷流和主流间的界面,而扇形区域的不断扩大代表了剪切层沿流向从层流到湍流不断发展。

图 3.13　斜坡微型涡流发生器周围流场的纹影图像[25]

(a) 无喷流

(b) 有喷流

图 3.14　马赫数 3.8 二维平板式带气膜冷却的光学头罩周围的流场结构纹影图像[26]

3. 纹影技术本身的局限性及改进

作为一种定性测量流场形态的技术,纹影可以说是非常经典的,简单易用是其特点。然而由于光路积分效应的存在,利用纹影定量测量流场密度梯度存在理论和现实的困难,未来的纹影技术势必朝着定量化测量发展。目前,比较有前景的纹影技术变种是合成纹影(synthetic schlieren)技术,即在平面光源和待测流场中间布置有一块透光背景板,并用光源对面的相机透过流场记录背景板上的图案变化。当光线通过密度不均匀的流场时,由于折射率不同,背景板上的图案偏移位置会有变化,对比原图可以得到不同位置的折射率变化值,将其与流场密度梯度相关联,进而可以得到流场的二维密度分布。

3.1.4　背景导向纹影技术

1998 年,Sutherland 等[27]将经典纹影思路与数字图像处理技术相结合,实现对全流场密度定量测量,发明了合成纹影,由于其方法和思路与背景导向纹影(background-oriented schlieren, BOS)技术极为相似,可以认为是 BOS 技术的雏形。1999 年,Meier[28]在其申请的专利中首次正式提出 BOS 技术,之后,在 2000 年召开的"第十届激光技术在流体力学中的应用"国际研讨会上,Richard 等[29]的团队对 BOS 技术做了更为全面的介绍。相比干涉法,BOS 技术更为方便快捷,自提出之后,其受到了诸多学者的关注,并且仍处于不断发展之中。

1. BOS 技术原理

BOS 技术原理简单,配置简约,成本低廉,是一种新型光学测量手段。简单来说,透过变折射率场观察随机背景点阵,背景点阵会发生偏移现象,BOS 技术正是通过对有无流场干扰的背景点阵图像进行互相关计算,获取光线穿过流场后两个方向的位移量,该位移的大小和方向与垂直光线传播方向上的折射率分布有关,由此可获取流场的折射率或密度分布等定量信息。BOS 系统分为纹影模式和 PIV 模式[30]两种,其中纹影模式由光源、背景图像、透镜(或凹面镜)、光阑、相机等构成,而 PIV 模式减少了透镜和光阑,如图 3.15 所示。

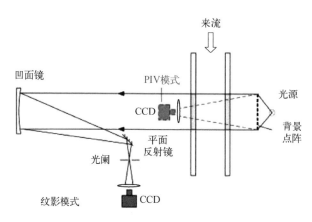

图 3.15　纹影模式与 PIV 模式 BOS 系统示意图

BOS 技术作为一种非接触光学测量方法,技术起点为 Gladstone-Dale 方程[式(2.5)]。如图 3.16 所示,在待测流场区域后方放置一幅随机背景点阵图像。如图 3.17 所示,当流场区域不存在扰动时,流场折射率分布均匀,光线通过流场区域时,其方向并不会发生变化(图 3.16 中粗线条所表示的光路)。当流场区域存在流动时,流场中密度空间的不均匀分布直接导致流场中折射率空间分布不均匀,光线穿过流场区域时会发生偏折(图 3.16 中细线所表示的光路)。由纹影原理可知,光线经过这个流场区域后的总偏折角为

$$\varepsilon = \int_{z_0}^{z_0+W} \frac{1}{n} \frac{\mathrm{d}n}{\mathrm{d}y} \mathrm{d}z \tag{3.3}$$

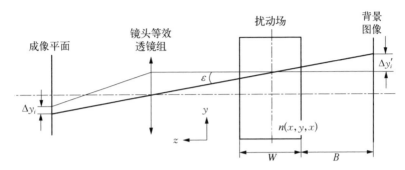

图 3.16   BOS 系统光路原理

B-背景图像到扰动流场的距离;n-流场的当地折射率;W-光线通过的流场区域宽度

事实上,光线在 x, y 两个方向都会发生偏折,光线的总偏折角可以表示为

$$\begin{cases} \varepsilon_x = \displaystyle\int_{z_0}^{z_0+W} \frac{1}{n} \frac{\partial n}{\partial x} \mathrm{d}z \\[3mm] \varepsilon_y = \displaystyle\int_{z_0}^{z_0+W} \frac{1}{n} \frac{\partial n}{\partial y} \mathrm{d}z \end{cases} \tag{3.4}$$

对于大多数情况,光线偏折角很小,满足小角度近似,可得

$$\begin{cases} \Delta x_i' = -m\Delta x_i = -(B+0.5W)\displaystyle\int_{z_0}^{z_0+W} \frac{1}{n} \frac{\partial n}{\partial x} \mathrm{d}z \\[3mm] \Delta y_i' = -m\Delta y_i = -(B+0.5W)\displaystyle\int_{z_0}^{z_0+W} \frac{1}{n} \frac{\partial n}{\partial y} \mathrm{d}z \end{cases} \tag{3.5}$$

如果流场内介质为空气或者单一气体介质,其折射率近似于 1,再由 Gladstone-Dale 关系式可以得到:

$$\begin{cases} \Delta x_i' = -m\Delta x_i = -K_{GD}(B+0.5W)\displaystyle\int_{z_0}^{z_0+W} \frac{\partial \rho}{\partial x} \mathrm{d}z \\[3mm] \Delta y_i' = -m\Delta y_i = -K_{GD}(B+0.5W)\displaystyle\int_{z_0}^{z_0+W} \frac{\partial \rho}{\partial y} \mathrm{d}z \end{cases} \tag{3.6}$$

式中,$\Delta x_i'$、$\Delta y_i'$ 为背景随机点阵的虚位移;Δx_i、Δy_i 为背景随机点阵在成像平面上的实位移;m 为图像放大率。

由式(3.6)可知,只要在测出有无流场干扰情况下背景随机点阵图像上的点的虚位移 $\Delta x_i'$、$\Delta y_i'$,就可以推导出对应点处流场的密度梯度 $\partial \rho / \partial x$、$\partial \rho / \partial y$,假如流场区域某一点的密度已知,通过对测量区域进行积分运算就可获得所测流场区域的密度分布,实现流场参数的定量测量。

在试验的实际操作中,要获得位移,通过采用高分辨率的 CCD 相机记录有无流场干扰情况下的一对背景随机点阵图像,如图 3.17 所示,再运用已经发展成熟的 PIV 互相关算法对这一对图像进行互相关运算,便可以获得对应的位移场数据。

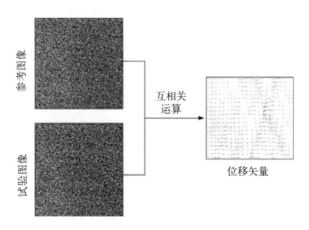

图 3.17　BOS 背景图像及其位移矢量

2. BOS 技术理论发展

2000 年,Raffel 等[31]基于光线小角度偏折假设,初步推导了确定图像位移 Δy 的关系式。2001 年,Richard 等[32]对上述关于 Δy 的关系式进行了细化,构建了图像偏移量与光路参数之间的关系式,说明通过增大背景点阵到待测流场之间的距离可以使得位移结果放大,但是同时会导致失焦,影响捕获图像清晰度。2002 年,Meier[33]指出,BOS 技术的发展主要归功于计算能力的快速发展及快速互相关算法的出现,提出了背景导向体视纹影(the background‑oriented stereoscopic schlieren,BOSS)技术思路。Raffel、Richard 和 Meier 对于 BOS 技术的基本理论的前期发展做出了重要贡献,基本奠定了这一技术的理论基础。

2004 年,Elsinga 等[34]提出了 BOS 技术的两种工作模式:PIV 模式和纹影模式,论证了纹影模式拥有更高的空间分辨率;同时指出虚拟焦平面(plane of focus, POF)效应对待测流场与背景点阵之间距离的影响,并提出了修正关系式。2009 年,Goldhahn 等[35]对 BOS 技术测试的灵敏度、精度和分辨率进行了较为深入的分析,提出灵敏度(最小可测位移)主要受到光路布置和互相关算法的影响,针对特定光路合理配置背景点阵中的随机点尺寸及密度,可以获得 0.1pixel 的位移结果;测试精度上并未进行深入的分析,只是利用理论与试验结果的对比进行了说明;将分辨率定义为 BOS 系统所能观测到的最高空间频率,通过计算窗函数的振幅频谱,进而获取 BOS 系统的传递函数。2010 年,Zhao 等[36]对 BOS 技术的灵敏度和分辨率进行了较为详细的分析,并且指出这两者之间是相互矛盾的,其他条件相同,在提高灵敏度的同时会不可避免地使系统的空间分辨率降低,反之亦然。2011 年,田立丰[37]在其博士论文中对 BOS 系统的分辨率、灵敏度影响因素进行了详细分析,并且对查问区尺寸选取、背景随机点阵随机点密度进行了初步分析。2013 年,Gojani 等[38]同样基于几何光学思路,对决定 BOS 系统性能的两个重要参数——灵敏度和空间分辨率进行了深入的分析,确定了影响这两个参数的主要因素。2014 年,Bichal 等[39]对测试中的视场(field of view, FOV)和景深(depth of field, DOF)对 BOS 系统灵敏度的影响进行了分析,其实际应用价值显著,同时指出,允许背景轻微离焦可以较为显著的提高系统的灵敏度。

　　2009 年,Atcheson 等[40]抛弃了原有的利用窗函数(window-based algorithms)进行互相关的计算方法,改用最新的光流方法(optical flow methods),同时建议采用多尺度背景,通过光流方法和多尺度背景的结合,BOS 系统性能得到显著提升,位移计算精度可达 0.04 pixel。2012 年,Gojani 等[41]对影响 BOS 系统性能的一些因素进行了深入的研究,包括捕获的图像质量,查问区窗口尺寸及背景点阵中随机点的尺寸、密度、覆盖范围等。2011 年,Zeb 等[42]提出了彩色网格背景导向纹影(colored-grid background-oriented schlieren, CGBOS)技术,该技术利用彩色网格作为背景,分别利用彩色横条纹和竖条纹来记录垂直方向和水平方向上的密度信息,只不过每次试验只能获取一个方向上的信息。2015 年,Ota 等[43]通过在 CGBOS 系统中引入远心光学系统,即采用纹影模式工作,结合分别沿 x 和 y 方向分布的双色条带,实现在一幅图像上同时采集 x 和 y 方向上的位移。2014 年,Hinsberg 等[44]通过引入一个校正系数,实现了 BOS 系统在近场条件下的应用(这里的近场指代待测物体与背景点阵之间的距离比较小,余同),研究结果表明,此校正系数仅与背景点阵与折射率场之间的距离及折射率场自身几何形状有关。对于一般的相机镜头,通过减小光阑来增大景深,但对于目前的普通镜头,其可以提供的最大景深一般不超过 25 cm[45],所以对于大型风洞,背景点阵很难放置在 BOS 系统的景深之内。对于大型风洞内大型测试模型周围的流场测量,由于光线观察角的发散,利用普通 BOS 系统捕获的结果会被放大和模糊化。为了克服这一问题,2012 年,Leopold 等[45]提出采用彩色背景纹影(colored background - oriented schlieren,CBOS),一方面通过将背景点阵投影到待测流场附近,使其落入景深区域;另一方面,采用彩色背景,采用合适的后处理方法,获得更高精度计算结果。同年,Sourgen 等[46]对 CBOS 中彩色随机点的设置及图像后处理过程进行了详细表述。2004 年,Venkatakrishnan 等[47]同样基于上述思路,引入了滤波逆投影法对流场进行密度场重构,原则上可以获取三维密度场信息,通过"切片"处理可以获取二维密度场信息。该方法利用间断层析(tomography)的思想(通过一维投影结果获取二维信息),利用二维投影结果获取三维信息,只是在面对非对称三维密度场时,需要测量的方向很多,测试难度较大。2009 年,Goldhahn 等[35]同样运用 Venkatakrishnan 等[47]的方法,对双自由空气射流的三维密度场进行了重构。基于几乎相同的思路,CGBOS 也可以实现对流场的三维密度场测量[43,48]。

3. BOS 技术应用发展

目前,BOS 技术主要应用于流场的密度测量、流动可视化、温度测量、波前测量和光学系统传递函数测量等方面。BOS 技术的应用领域中,密度测量方面应用范围最广、发展时间最早、成果最丰硕,实际上 BOS 技术诞生的主要目的就是获取比纹影/阴影结果更多的信息,即实现定量测试流场,这里的"定量"指确定密度量。采用 BOS 技术测得的位移结果包含了折射率梯度对光线的偏折作用,即可以反映折射率场的分布信息,利用 Gladstone-Dale 方程可以构建折射率场与密度场之间的关系,进而获得密度分布信息。Raffel 等[31]和 Meier[33]最早提出了利用 BOS 技术进行密度场测量的思路,并且获取了一些结果,如直升机旋翼生成涡及射流的密度结果,只是这些结果多是定性反映,并没有对结果进行验证。2004 年,Elsinga 等[34]对二维流场进行了密度场重构,通过假设折射率梯度在光线传播方向为常数,依据 Gladstone-Dale 方程获取了密度梯度信息,通过空间积分获取密度分布信息。2016 年,Nicolas 等[49]提出了一种崭新的用于三维BOS 重建瞬时密度场的数值方法,不同于传统的对密度梯度进行积分的方法,通过直接构建测量得到的位移偏差与密度之间的关系式,结合正则化技术消除计算过程遇到的病态问题,引入并行计算方法加速计算过程。

由于 BOS 技术具有非接触、测试范围广、适应性强等特点,在流动可视化领域也有一定的应用,尤其集中在室外、大范围流动可视化方法。2010 年,Hargather 等[50]的研究结果表明:BOS 技术在室外大范围流场流动可视化方面拥有巨大的潜力,利用室外满足一定要求的自然环境作为测试背景,并且对获得的图像进行后处理,可以获得很好的流动显示结果。如图 3.18 所示,2014 年,Mizukaki 等[51]利用 BOS 技术对露天爆炸进行了定量测量,激波传播曲线和过压区域测量结果与数值模拟结果符合良好,通过提高高速相机的空间分辨率,进一步提高了露天试验结果的精度。

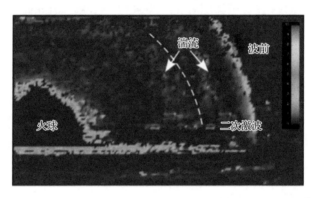

图 3.18   Mizukaki 等利用 BOS 技术测量的露天爆炸位移结果[51]

2013 年,Tanda 等[52]利用 BOS 技术测量获取了当地的热传导系数。2011年,Tian 等[30]直接利用 BOS 技术测量得到的图像位移重构得到二维气动光学波前,发明了基于 BOS 的波前传感技术,并利用此技术对超声速混合层的气动光学波前进行测量。基于 BOS 的波前传感技术与 S - H 波前传感法、干涉法一样,都可以实现二维气动光学波前测量,但相对来说,基于 BOS 的波前传感技术原理简单,配置简约,成本低廉,是一种新型光学测量手段。2013 年,Bichal 等[39]依据相同的方法对标准透镜的波前进行了测量,测量结果与透镜理论波前的误差在 5% 以内。如图 3.19 所示,2016 年,丁浩林等[53]基于 BOS 的波前传感技术获取波前信息,利用波动光学理论获取了穿过超声速湍流边界层的畸变波前对应的点扩散函数(point spread function,PSF),点扩散函数为光学传递函数的空间域表示形式。

4. BOS 技术本身的局限性及改进

BOS 装置通常需要将随机背景点阵放置在离待测物体一定距离,根据小角度近似条件,利用互相关/光流方法计算获取的位移矢量与光线的偏折角度成正比,这就导致 BOS 装置通常比较庞大,虽然 Hinsberg 等[44]对 BOS 装置在近场条

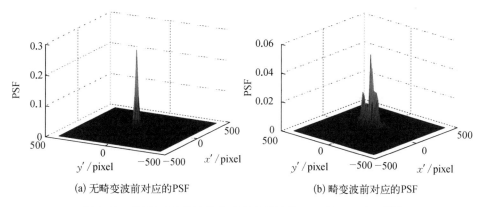

(a) 无畸变波前对应的PSF   (b) 畸变波前对应的PSF

图 3.19 基于 BOS 的波前传感技术获取的 PSF 结果示意图[53]

件下的应用进行了技术探索,但其普适性还需要进一步检验。BOS 技术要求相机聚焦于背景点阵,以便获取清晰的图像,方便下一步利用互相关/光流方法计算可信的位移结果。BOS 系统的总光量经常受限,这就使得相机通常需要在大光阑情况下进行拍摄。最后,强折射率场通常会导致背景点阵出现很大的变形,这些变形将会使得位移计算结果的可信度降低,可以利用连续序列图像分析进行解决,但是对于液体、气体等动态介质,这种方法也无能为力。2011 年,Wetzstein 等[54] 将上述 BOS 技术局限归结为其背景点阵只包含二维空间信息,通过引入微透镜阵列,结合 CBOS 的彩色背景思路,开发了包含二维空间信息和二维角度信息的背景点阵,实现背景点阵信息矢量化,在一定程度上解决了上述问题,但是,微透镜阵列的引入导致系统的空间分辨率严格受到微透镜物理尺寸的限制。即便如此,这种思路仍然为 BOS 技术的进一步发展指引了一个较好的方向。

3.1.5 瞬态热流测试技术及数据处理方法

本节基于传感器技术,采用同轴热电偶和薄膜电阻温度计分别进行驻点和光学窗口平面热流的测量,组建测试电路,研究其数值计算方法,开发适用于炮风洞内热流测试的瞬态热流测试系统,并通过分析传感器参数,验证驻点热流计算的总温值,以及基于本系统开展高超声速层流壁面热流的验证性试验,分析本瞬态热流测试系统的可靠性。

1. 一维半无穷理论及数值计算方法

1) 瞬态热流测量的一维半无穷理论

在炮风洞内对模型表面进行瞬态热流测量时,要求传感器具有较高的灵敏度和较快的响应速度。按照传感器的工作原理,可分为表面温度计类和量热计类。前者是利用表面温度计测出半无限体的表面温度随时间变化的历史,然后按热传导理论计算表面热流率。后者是利用量热元件吸收传入其中的热量,测量量热元件的平均温度变化率,再计算表面热流率。本节选用同轴热电偶和薄膜电阻温度计进行热流测量,二者均属于表面温度计,其测量原理均基于一维半无穷理论[55],利用传感器表面温度计算壁面热流值,本节将对这一理论进行简要介绍。

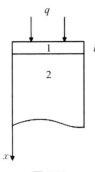

图 3.20
一维半无穷传热
理论示意图

如图 3.20 所示为一个两层介质的热传导模型,介质 1 的厚度为 l,介质 2 的厚度无穷大,热流通过介质 1 传向介质 2。假设无横向传热,整个热传导过程沿 x 方向进行,其控制方程为

$$\begin{cases} \dfrac{\partial^2 T_1}{\partial x^2} = \dfrac{1}{\alpha_1}\dfrac{\partial T_1}{\partial \tau} \\[4mm] \dfrac{\partial^2 T_2}{\partial x^2} = \dfrac{1}{\alpha_2}\dfrac{\partial T_2}{\partial \tau} \end{cases} \tag{3.7}$$

边界条件:

$$x = 0, \quad -k_1\frac{\partial T_1}{\partial x} = q_w$$

$$x = l, \quad k_1\frac{\partial T_1}{\partial x} = k_2\frac{\partial T_2}{\partial x}, \quad T_1 = T_2$$

$$x = \infty, \quad T_2 = 0$$

式中,$\alpha = k/(\rho c)$,为介质热扩散系数,其中 ρ 和 c 分别表示介质密度和比热容;T_1 和 T_2 分别为两个介质的表面温度(1 和 2 表示两种介质,余同);τ 表示时间;k 表示介质热传导率;q_w 表示壁面热流。

对式(3.7)进行拉普拉斯变换,得

$$\begin{cases} \dfrac{\partial^2 \bar{T}_1}{\partial x^2} = \dfrac{L^{-1}}{\alpha_1}\bar{T}_1 \\[4mm] \dfrac{\partial^2 \bar{T}_2}{\partial x^2} = \dfrac{L^{-1}}{\alpha_2}\bar{T}_2 \end{cases} \tag{3.8}$$

边界条件:

$$x = 0, \quad -k_1 \frac{\partial \bar{T}_1}{\partial x} = \bar{q}_w$$

$$x = l, \quad k_1 \frac{\partial \bar{T}_1}{\partial x} = k_2 \frac{\partial \bar{T}_2}{\partial x}$$

$$x = \infty, \quad \bar{T}_2 = 0$$

式中, $\bar{T} = \int_0^\infty T \mathrm{e}^{-L^{-1}\tau} \mathrm{d}\tau$。

则式(3.8)的通解为

$$\begin{cases} \bar{T}_1 = A\mathrm{e}^{x(L^{-1}/\alpha_1)^{1/2}} + B\mathrm{e}^{-x(L^{-1}/\alpha_1)^{1/2}} \\ \bar{T}_2 = C\mathrm{e}^{x(L^{-1}/\alpha_2)^{1/2}} + D\mathrm{e}^{-x(L^{-1}/\alpha_2)^{1/2}} \end{cases} \tag{3.9}$$

式中, A、B、C、D 表示常系数。

代入边界条件, 可得

$$\begin{cases} \bar{T}_1 = \dfrac{\bar{q}_w \sqrt{\alpha_1} \left[(1 + a) \mathrm{e}^{-(x-1)\sqrt{L^{-1}/\alpha_1}} + (1 - a) \mathrm{e}^{(x-1)\sqrt{L^{-1}/\alpha_1}} \right]}{k_1 \sqrt{L^{-1}} \left[(1 + a) \mathrm{e}^{l\sqrt{L^{-1}/\alpha_1}} - (1 - a) \mathrm{e}^{-l\sqrt{L^{-1}/\alpha_1}} \right]} \\ \bar{T}_2 = \dfrac{2\bar{q}_w \sqrt{\alpha_1} \mathrm{e}^{(l-x)\sqrt{L^{-1}/\alpha_2}}}{k_1 \sqrt{L^{-1}} \left[(1 + a) \mathrm{e}^{l\sqrt{L^{-1}/\alpha_1}} - (1 - a) \mathrm{e}^{-l\sqrt{L^{-1}/\alpha_1}} \right]} \end{cases} \tag{3.10}$$

式中, $\alpha = \sqrt{\dfrac{\rho_2 c_2 k_2}{\rho_1 c_1 k_1}}$, 变换后的温度随时间变化关系为

$$\frac{\partial \bar{T}}{\partial \tau} = L^{-1} \bar{T} \tag{3.11}$$

假定介质 1 的厚度很薄, 可以忽略, 则可令 $l = 0$, 则有

$$\bar{T}_2 = \frac{1}{\sqrt{\rho_2 c_2 k_2}} \frac{\bar{q}_w}{\sqrt{L^{-1}}} \mathrm{e}^{-x\sqrt{L^{-1}/\alpha_2}} \tag{3.12}$$

因为薄膜很薄, 可进一步假定薄膜本身吸收的热量可以忽略不计, 可近似认为薄膜温度是基底材料的温度, 则在 $x = 0$ 处有

$$\bar{T}_w = \frac{1}{\sqrt{\rho c k}} \frac{\bar{q}_w}{\sqrt{L^{-1}}} \tag{3.13}$$

则

$$\bar{q}_w = \bar{T}_w \sqrt{\rho ck} \sqrt{L^{-1}} \tag{3.14}$$

对式(3.13)和式(3.14)作拉普拉斯反变换,得

$$T_w(t) = \frac{1}{\sqrt{\pi \rho ck}} \int_0^t \frac{q_w(\tau)}{(t-\tau)^{1/2}} d\tau \tag{3.15}$$

$$q_w(t) = \frac{\sqrt{\rho ck}}{\sqrt{\pi}} \int_0^t \frac{dT_w(\tau)/d\tau}{(t-\tau)^{1/2}} d\tau \tag{3.16}$$

试验中采集的温度信号存在噪声干扰,由于式(3.16)中存在微分项,直接用其进行计算会导致较大误差,需对微分项进行变换。令 $z = T_w(t) - T_w(\tau)$,则

$$\frac{\partial z}{\partial \tau} = -\frac{\partial T_w(\tau)}{\partial \tau}$$

$$\frac{\dfrac{\partial z}{\partial \tau}}{(t-\tau)^{1/2}} = \frac{-\dfrac{\partial T_w(\tau)}{\partial \tau}}{(t-\tau)^{1/2}}$$

$$\frac{d}{d\tau}\left[\frac{z}{(t-\tau)^{1/2}}\right] = \frac{\partial z/\partial \tau}{(t-\tau)^{1/2}} + \frac{1}{2}\frac{z}{(t-\tau)^{3/2}}$$

$$\frac{\partial T_w(\tau)/\partial \tau}{(t-\tau)^{1/2}} = -\left[\frac{d}{d\tau}\left(\frac{z}{(t-\tau)^{1/2}}\right) - \frac{1}{2}\frac{z}{(t-\tau)^{3/2}}\right]$$

则

$$q_w = \sqrt{\frac{\rho ck}{\pi}} \int_0^t -\left[\frac{d}{d\tau}\left(\frac{z}{(t-\tau)^{1/2}}\right) - \frac{1}{2}\frac{z}{(t-\tau)^{3/2}}\right] d\tau$$

$$= \sqrt{\frac{\rho ck}{\pi}}\left[-\frac{z}{(t-\tau)^{1/2}}\Big|_0^t + \int_0^t \frac{1}{2}\frac{z}{(t-\tau)^{3/2}} d\tau\right] \tag{3.17}$$

而当 $\tau = t$ 时, $z = 0$; $\tau = 0$ 时, $z = T_w(t)$,则

$$q_w = \sqrt{\frac{\rho ck}{\pi}}\left[\frac{T_w(t)}{\sqrt{t}} + \frac{1}{2}\int_0^t \frac{T_w(t) - T_w(\tau)}{(t-\tau)^{3/2}} d\tau\right] \tag{3.18}$$

此式即一维半无限介质中的非定常热传导表达式,其中 T_w 是从 $\tau = 0$ 时刻

开始的温度变化量,而非温度值。由该式可知,表面热流的计算不仅与当时表面温度变化量有关,还与历史温度变化量的累积有关。

2) 热流的数值计算方法

由上节公式推导可知,根据测得的传感器表面温度随时间变化关系可以通过积分得到热流值,而直接积分是困难的,需要进行数值积分。相比目前普遍采用的热电模拟网络,数值积分具有精度高、价格低廉的优点。

数值积分通过分段线性插值的方法实现,首先将式(3.18)的积分项变化为分段积分求和项:

$$\int_0^t \frac{T_w(t) - T_w(\tau)}{(t-\tau)^{3/2}} \mathrm{d}\tau = \sum_{i=1}^{n-1} \int_{t_i}^{t_{i+1}} \frac{T_w(t) - T_w(\tau)}{(t-\tau)^{3/2}} \mathrm{d}\tau \tag{3.19}$$

再对 $T_w(\tau)$ 进行插值,如令 $T_w(\tau) = T_i$,则式(3.19)变为

$$\sum_{i=1}^{n-1} \int_{t_i}^{t_{i+1}} \frac{T_w(t_n) - T_w(\tau)}{(t_n-\tau)^{3/2}} \mathrm{d}\tau = \sum_{i=1}^{n-1} \int_{t_i}^{t_{i+1}} \frac{T_w(t_n) - T_w(t_i)}{(t_n-\tau)^{3/2}} \mathrm{d}\tau$$

$$= \sum_{i=1}^{n-1} [T_w(t_n) - T_w(t_i)] \int_{t_i}^{t_{i+1}} \frac{1}{(t_n-\tau)^{3/2}} \mathrm{d}\tau$$

$$= \sum_{i=1}^{n-1} (T_w(t_{i+1}) - T_i) [2(t_n-t_{i+1})^{-1/2} - 2(t_n-t_i)^{-1/2}]$$

$$\tag{3.20}$$

由此即可用试验所得离散数据求得表面热流。

2. 驻点热流的测量

本节试验主要测量各状态下窗口平面的热流分布,同时测量驻点热流可以作为分析壁面热流的参照,并可以监测风洞实际运行状态,因此本节主要研究了炮风洞内模型驻点热流测试技术。如图 3.21 所示,通过安装于模型球头驻点处的传感器进行驻点热流测量。

瞬态驻点热流测量所面临的主要问题是热流值大、气流冲刷作用强。薄膜电阻温度计表面抗冲刷能力差,测量驻点热流时,很容易因来流气体,特别是气流中杂质的冲刷而造成损坏。另外,由于其热敏电阻的电阻温度线性关系适用的温度范围有限,而且过高

图 3.21　模型球头及驻点热流测孔

温度会使基底材料的物性发生变化,薄膜热电偶不适合用于过高温度的流场测量。而同轴热电偶具有频响高、适用温度范围广、抗冲刷能力强的优点,虽然灵敏度相对薄膜电阻温度计低,但驻点热流率较大,故能够满足测量要求,本节试验中采用同轴热电偶对驻点热流进行测量。图 3.22 为试验所用同轴热电偶结构简图,由两层同轴金属构成,中间用绝缘材料隔开,本节试验所用同轴热电偶芯为康铜,外壳为镍铬,其实物图如图 3.23 所示。

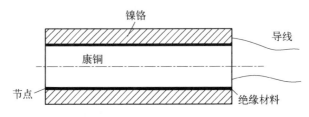

图 3.22　同轴热电偶结构简图

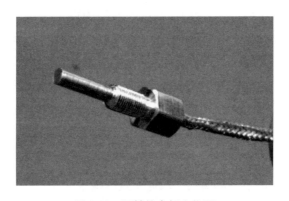

图 3.23　同轴热电偶实物图

同轴热电偶的测温原理基于塞贝克效应,分别将两个不同的导体两端连接起来组合成一个闭合回路,其中一端被加热时便会在电路中产生电势差,如果事先已知两节点间温差与电路中产生的电势差的关系及冷端温度,则由测得的电势差便可计算出热端的温度。然而,不能直接对电路中的电势差进行测量,因为把电压表接入电路测量电压的同时也会引入新的电势差。如图 3.24(a)所示,一根铜(Cu)导线和一根康铜(C)导线一端连接起来为节点 J_1,并加热,产生电压 V_1,另一端接入一个电压表,电压表接线端口由铜构成,连接节点分别为 J_2 和 J_3,则图 3.24(a)对应的等效电路图如图 3.24(b)所示,铜导线与铜接线柱连接点产生的电势差为 0,而康铜导线与铜接线柱连接点产生的电势差不为 0,会产生电势差 V_2,因此实际测量的电压为 $(V_1 - V_2)$,而非 V_1。若要确定 V_1 的值就得先

确定 V_2 的值,为此需要设定 J_2 处的温度,即为参考温度。比较精确的方法是将 J_2 置于冰水混合物中,使其处于 0 ℃,本节试验中将其置于室温环境下,并监测环境温度。

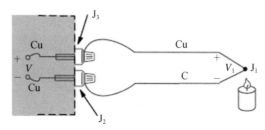

(a) 同轴热电偶接入电压表时的电路示意图

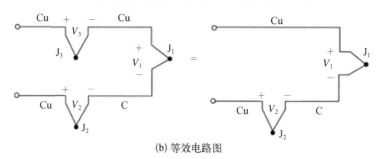

(b) 等效电路图

图 3.24　同轴热电偶接入电压表的电路示意图及其等效电路图

同轴热电偶电势-温度关系的一般形式为

$$T = \sum_{i=0}^{q} C_i E^i \tag{3.21}$$

式中,T 为热端温度(K);C_i 为常系数,由热电偶材料决定;E 为测量电压(μV)。

式(3.21)为参考温度为 0 ℃ 时的形式,若冷端温度不为 0 ℃ 而为 T_{J2},则需先由该式反算出 V_2;若电压测量端输出为 V_3,则热端实际电压 $V_1 = V_2 + V_3$,再代入式(3.21)即可得热端实际温度 T_{J1}。对于本节试验中所用的镍镉-康铜同轴热电偶,式(3.21)中各项系数的对应值如表 3.1 所示。

表 3.1　同轴热电偶电势-温度关系式系数

C_0	C_1	C_2	C_3	C_4
273.15	0.017	2.33×10^{-7}	6.54×10^{-12}	7.36×10^{-17}

由式(3.21)计算出同轴热电偶热端温度后,便可根据一维半无穷理论的计算公式计算热流,式(3.21)中的物性参数通过查表获得。

3. 表面热流的测量

1) 表面瞬态热流测试系统

表面热流值相对驻点较低,且窗口平面不直接受来流的正面冲刷,影响较小,且其热流远小于驻点热流,考虑到本节所涉及的试验状态来流焓值不高,故采用灵敏度更高、响应更迅速的铂薄膜电阻温度计测量表面热流。图3.25所示为自主开发的窗口平面瞬态热流测试系统示意图,主要由热流传感器、测热电路、数据采集系统和数据处理系统构成。试验中传感器感受到来流传递的热量,产生阻值或电压变化,经过测热电路后输出为电压信号,然后被数据采集系统采集并存储,再经过后期处理计算即可得各点热流值。

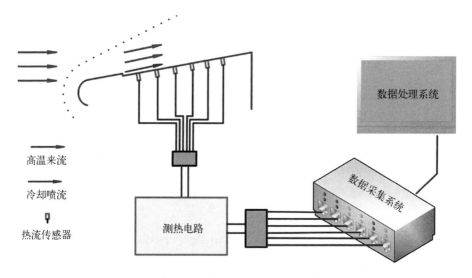

图3.25 窗口平面壁面瞬态热流测试系统示意图

传统的热流测试电路采用热电模拟网络,通过设计电路实现积分、微分等运算,这种方法的优点在于方便直观,试验后可直接从指示器上读出热流值,但缺点在于电路不易调整、精度有限且价格昂贵。随着计算机软、硬件技术的飞速发展,采用数值计算方法已可方便快捷地进行数据处理,而且成本低廉。另外,对热流数据进行处理的计算方法也在不断发展,计算效率和精度不断提高,因此本节采用前述数值方法计算热流。

图3.26为高精度数据采集系统实物图,其采样频率可达200 kHz,单台16

通道,试验过程中需要进行压力和热流测量,故使用两台数据采集系统,共 32 个通道,热流传感器的输出信号通过桥盒转接接入数据采集系统。

图 3.26　高精度数据采集系统实物图

2）薄膜电阻温度计的测试电路及校测

图 3.27 为薄膜电阻温度计实物图,其直径为 2 mm,长度为 15 mm,主要由金属薄膜、基底材料和引线构成,试验所用金属薄膜为铂,基底材料为玻璃,玻璃柱两侧涂有银汞,使铂膜和导线导通。薄膜电阻温度计的结构设计与两层介质模型完全相同,表面铂膜由溅射镀膜而得,厚度极薄,可以忽略,符合一维半无穷两层介质理论的假设,能够采用式(3.16)进行热流计算,其测量原理是通过测量试验过程中铂薄膜

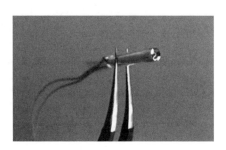

图 3.27　薄膜电阻温度计实物图

的电阻变化来获得温度变化,铂的电阻-温度关系在一定范围内具有良好的线性,可表示为

$$\Delta T = \frac{\Delta R}{\alpha' R_0} \tag{3.22}$$

式中,R_0 为铂薄膜在 0 ℃时的阻值;α' 为电阻温度系数。

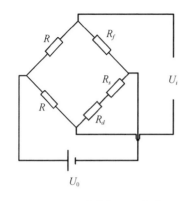

图 3.28 薄膜电阻温度计电路示意图

薄膜电阻值通过采用恒压源组电桥法测得,电路示意图如图 3.28 所示,其中 U_0 为电源,U_i 为电桥输出,除传感器 R_d 外,皆为精密电阻,精度为 0.1%,其中两个相同的桥臂电阻 $R = 70\ \Omega$,另一桥臂电阻 R_f 和同传感器串联的电阻 R_s 按照传感器室温下的阻值大小进行搭配,使电桥在室温下的初始输出尽量小,避免试验中输出电压超过数据采集系统的量程。由于各传感器的阻值不同,需对每个传感器分别设置桥路,图 3.29 为制作的传感器电桥板。电桥输出和传感器电阻的关系为

$$R_d = \frac{(U_i(R + R_f) + U_0 R_f)(R_s + R) - U_0 R_s(R + R_f)}{(U_0 - U_i)(R + R_f) - U_0 R_f} \tag{3.23}$$

图 3.29 热流测试系统传感器电桥板

从电阻-温度关系式可以看出,要把测量的电压信号转变为传感器表面温度变化,需要知道铂膜 0 ℃时的阻值 R_0 及其电阻温度系数 α',而这两个参数与薄膜材料纯度和制作工艺有关,故每一个传感器的 α' 值和 R_0 都不同,试验前须对每个传感器进行标定。校测工作是在专门购置的高低温箱中进行的,图 3.30 为实物图,其温控范围为 $-20 \sim 150$ ℃,控制精度可达 0.1 ℃,为精确校测电阻参数提供了保证。由于初始温度为室温,试验时间在毫秒量级,试验过程中传感器的

温升很小,且传感器温度还可能在气膜冷却实验中进一步降低,因此除了 0 ℃时的阻值外,考虑了传感器实际可能的温度变化范围,在 10~30 ℃内选取了 5 个点对传感器进行电阻值校测,结果见图 3.31,从图中可以看出,铂膜电阻温度计具有良好的线性。

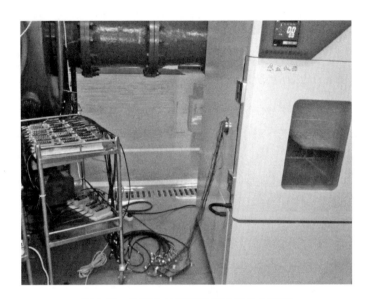

图 3.30　校测中的高低温箱及测热电路板

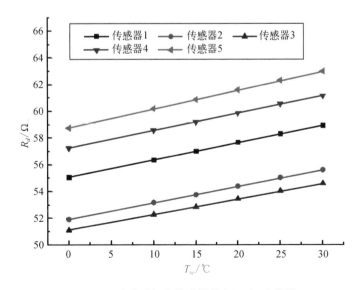

图 3.31　试验后部分传感器的电阻-温度曲线

　　进行一定次数的试验后,由于传感器表面的铂膜受来流气体,特别是气体中大颗粒杂质的冲刷,电阻会发生一定变化,电阻温度系数也可能会产生一定改变,如果不及时重新校测,就会影响计算热流值的准确性。图 3.32 为同一次试验采集的两个不同测点的热流传感器对应电桥的输出压力曲线,两光标间所对应的时间段为风洞平稳运行时间(单位为 s),纵坐标为电桥输出电压值(单位为 mV)。其中,浅色曲线较光滑,而深色曲线有异常突跃,是来流气体中杂质的冲击造成的。从图中可见,受到冲击的传感器所测信号不能立刻恢复正常;另外,对热流进行非定常计算要考虑历史效应,所以试验中受到冲击的传感器所测信号会失效。

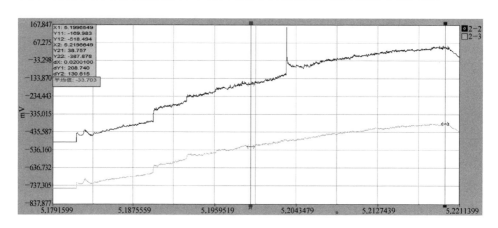

图 3.32　热流传感器电桥的输出压力曲线

　　因此,为了保证测量及计算精度,每次热流测量试验前必须擦拭风洞炮管内壁,尽量保证试验气体的清洁。而且由于冲击作用,有可能使传感器表面铂膜电阻及其电阻温度系数发生永久性改变,每进行一定次数的试验后都需对传感器电阻温度系数进行重新标定。进行约 15 次试验后,利用重新标定前后的传感器参数进行计算,所得热流值差值在 5% 以内。图 3.31 为进行了 15 次试验后标定的部分传感器电阻-温度曲线,从图中可见,各传感器的电阻-温度关系仍能保持良好的线性,可以继续用于试验测量。

　　4. 驻点热流测量的误差分析与验证

　　1) 同轴热电偶安装造成的误差

　　利用同轴热电偶测量球头驻点区热流时,传感器的安装会造成其表面曲率的改变,从而使传感器中央区域热流低于实际驻点热流,而边缘区域热流略高于驻点区热流,同轴热电偶的温度敏感区位于其表面中央,因此试验中所测的驻点热流可能低于其实际值,曾磊等[56]通过计算发现这一误差会随着传感器截面半

径与球头半径之比 r/R 的减小而减小,当 $r/R = 0.08$ 时,误差约为 7.5%。本节试验所用的同轴热电偶截面半径与模型球头半径之比 $r/R = 0.087$,故传感器安装造成的测量误差小于 7.5%。

　　2) 驻点热流测量的验证

　　为了进一步验证驻点热流的测量误差,本节利用试验中 $Ma_\infty = 7.3$ 和 $Ma_\infty = 8.1$ 两种流动状态下在 0° 攻角测得的驻点热流值计算来流总温,并与通过激波管理论计算得出的来流总温进行对比分析。

　　Fay 等[57] 利用多罗得尼津-曼格勒变换及相似性假设,将高温气体的边界层微分方程化为常微分方程,将与气体热力特性和输运特性相关的无量纲参数假设为一系列常数,在平衡边界层条件下推导出了 Fay-Ridell 公式,可对驻点热流做出比较准确的估算:

$$q_{ws} = 0.763 Pr^{-0.6} (\rho_u \mu_w)^{0.1} (\rho_s \mu_s)^{0.4} \left[1 + (Le^{0.52} - 1) \frac{h_D}{h_s} \right] (h_s - h_w) \sqrt{\left(\frac{\mathrm{d}u_e}{\mathrm{d}x} \right)_s}$$

(3.24)

式中,$Pr = 0.71$;$(\rho_u \mu_w)/(\rho_s \mu_s) = 1$,下标 w 和 s 分别表示壁面和滞止状态;Le 为路易斯数,取值为 1;$(\mathrm{d}u_e/\mathrm{d}x)_s$ 根据修正牛顿流动公式计算(下角标 e 表示主流):

$$\left(\frac{\mathrm{d}u_e}{\mathrm{d}x} \right)_s = \frac{1}{R_N} \sqrt{\frac{2(P_s - P_\infty)}{\rho_s}}$$

(3.25)

式中,R_N 为球头驻点曲率半径;P_s 表示滞止气流压强;P_∞ 表示来流静压。

　　试验测量的两种来流条件下驻点的热流皆为 400 kW/m²,通过对式(3.25)进行插值迭代,即可计算出对应状态下的来流总温。

　　在炮风洞低压段下游的炮管壁上安装有两个压电传感器,当激波经过时,由于压力信号的突变会产生强烈的电压信号,两个传感器的安装间距为 1 m,由此可在试验中实时测得主激波速度,进而得到激波马赫数。根据激波管理论,可由试验中测量的激波马赫数推算出低压段内试验气体的总温。将试验测量与激波管理论计算所得结果进行对比,见表 3.2。

　　由表 3.2 可见,在 $Ma_\infty = 7.3$ 和 $Ma_\infty = 8.1$ 的来流状态下,由试验测量结果推算的总温分别为 899 K 和 907 K,而根据激波管理论计算的总温皆为 883 K,误差小于 0.1%,由此证明了本小节对驻点热流的测量是可靠的。

表 3.2 试验测量与激波管理论计算总温对比

马赫数	试验测量驻点热流反算总温/K	激波管理论计算总温/K
$Ma_\infty = 7.3$	899	883
$Ma_\infty = 8.1$	907	883

5. 表面热流测量的验证

为了进一步验证热流测试系统,特别是表面热流测试的可信度,本节在炮风洞内对 $Ma_\infty = 7.3$ 的试验来流条件下对平板模型表面热流分布进行了测量,并与已有的半经验理论计算结果进行比较。图 3.33 为本节验证试验所用的平板模型示意图,板全长 400 mm,宽 150 mm,前缘从底部切为夹角 15° 的斜劈。表面测点分布如图 3.33 所示,各测点在模型中线均匀分布,间距 20 mm,第一个测点距平板前缘 95 mm。如图 3.33 所示,平板上共设置了 15 个热流测点,实际试验中仅对前 10 个测点的热流进行了测量,图 3.34 为所用平板模型实物图。

图 3.33 平板模型及表面测点分布图

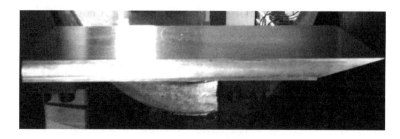

图 3.34 平板模型实物图

对于高超声速平板边界层的热流分布,Eckert[58]最早总结出了一种半经验的参考温度法,假定可压缩流动传热系数公式的形式与不可压缩流动的相近,式中与温度有关的物理量可以用边界层的某个特征温度来计算,这个温度即为参考温度T^*。对于层流,其经验表达式为

$$\frac{T^*}{T_e} = 0.5 + 0.039Ma_e^2 + 0.5\frac{T_w}{T_e} \tag{3.26}$$

Reddeppa 等[59]的表达式:

$$\frac{T^*}{T_\infty} = 1 + 0.032Ma_\infty^2 + 0.58\left(\frac{T_w}{T_\infty} - 1\right) \tag{3.27}$$

文献[60]中的表达式:

$$\frac{T^*}{T_e} = 1.28 + 0.023Ma_e^2 + 0.58\left(\frac{T_w}{T_e} - 1\right) \tag{3.28}$$

Young-Jannesen 的表达式:根据雷诺比拟关系,斯坦顿数 St 的计算公式为

$$St = \frac{1}{2}C_f^* Pr^{*-\frac{2}{3}} = \frac{0.332}{\sqrt{Re_x}}\sqrt{\frac{\rho^* u^*}{\rho_e u_e}}Pr^{*-\frac{2}{3}} = \frac{0.332}{\sqrt{Re_x}}\left(\frac{T^*}{T_e}\right)^{-1/6}Pr^{*-\frac{2}{3}} \tag{3.29}$$

式中,星号 $*$ 表示在参考温度下计算的参数。

对于平板层流边界层,其外缘温度可取为来流静温。在 $Ma_\infty = 7.3$ 的来流条件下,来流总温为 899 K,根据等熵膨胀关系,可计算出来流静温 $T_\infty = 77.1$ K,而单位步长雷诺数 $Re_x/L = 15.2 \times 10^6$ m^{-1},模型壁温 $T_w = 300$ K。在 $Ma_\infty = 7.3$ 的来流状态下,根据前述三种参考温度公式计算所得的无量纲参考温度和斯坦顿数表达式如表 3.3 所示。

表 3.3　来流 $Ma_\infty = 7.3$ 状态下的无量纲参考温度和斯坦顿数

参数	Reddeppa 等	文献[60]	Young-Jannesen
T^*/T_e	4.524	4.382	4.182
St	$\dfrac{2.631 \times 10^{-3}}{\sqrt{x}}$	$\dfrac{2.645 \times 10^{-3}}{\sqrt{x}}$	$\dfrac{2.656 \times 10^{-3}}{\sqrt{x}}$

表 3.3 中,x 为测点距平板前缘距离,单位为 mm。通过计算对比发现,上述三种公式的计算结果相差不大,故下面仅取 Reddeppa 等[59]给出的公式与试验结果进行对比。

试验所得斯坦顿数通过式(3.30)计算:

$$St = \frac{q_w}{\rho_\infty u_\infty c_p (T_0 - T_w)} \tag{3.30}$$

式中,q_w 为各测点实测热流;c_p 为比定压热容;T_w 为壁温;T_0 为来流总温;来流速度 u_∞ 和来流密度 ρ_∞ 通过等熵关系计算。

图 3.35(a)为试验测量和理论计算所得平板表面层流边界层斯坦顿数分布曲线,横坐标为距平板前缘距离,坐标起点 $x = 80$ mm,纵坐标为斯坦顿数。其中,方形点为试验所测热流的计算结果,圆形点为根据参考温度法计算所得结果。图 3.35(b)给出了 Reddeppa 等[59]通过试验和理论计算得出的平板层流斯坦顿数分布曲线并与本节结果进行对比,其中圆圈为试验结果,实线为参考温度法计算结果,虚线为数值计算结果,其试验来流 $Ma_\infty = 7.6$,总温为 2 367 K,总压为 1.76 MPa,单位步长雷诺数为 $7.76 \times 10^5 /m$,测量范围在距平板前缘 50 mm 的距离内。通过对比图 3.35(a)和(b)发现,试验结果在一定程度上都与理论结果相近,且皆稍低于理论预测值;在 Reddeppa 等进行的试验状态下,斯坦顿数在距平板前缘 50 mm 范围内的量级为 10^{-3};而在本节的试验状态下,斯坦顿数在距平板前缘 80~300 mm 范围内的量级为 10^{-4}。通过上述对比证明本节试验所用的壁面热流测试系统是可信的。

6. 小结

本节对瞬态热流测试技术及其数据处理方法进行了研究,开发了瞬态热流测试系统,对所用传感器的特性及其测热理论进行了介绍,对测试系统的数据处理方法及测量误差进行了分析研究。

首先,在测试理论方面,对瞬态热流测量的一维半无穷理论进行了介绍,推导了传热公式,研究了其数值计算方法。然后,通过分析试验所用的同轴热电偶和薄膜电阻温度计的基本结构及其设计原理,开发了测试系统,并对试验所用传感器进行了校测。最后,在测量误差方面,对于驻点热流的测量,先分析了驻点区因传感器安装造成的热流测量误差,然后利用 Fay-Riddle 公式根据试验测量结果反算出来流总温,并与由激波管理论计算所得结果进行了对比,发现误差小于 0.1%,证明本节的驻点热流测量是可靠的。对于壁面热流的测量,采用薄膜

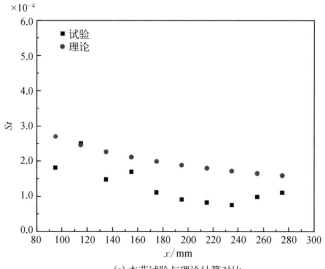

(a) 本节试验与理论计算对比

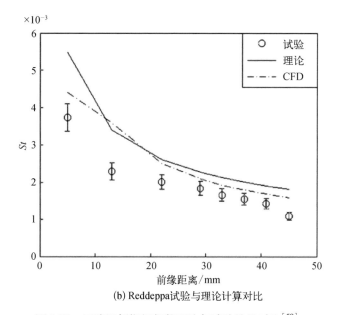

(b) Reddeppa试验与理论计算对比

图 3.35　层流平板斯坦顿数理论与试验结果对比[59]

CFD 表示计算流体力学

电阻温度计对高超声速平板层流边界层表面热流进行了测量,通过与经典的 Eckert 参考温度法的计算结果及他人的试验结果进行比较,系统性地验证了测热系统的可靠性。

3.2 气动光学效应测试技术

3.2.1 马利探针技术

马利探针(Malley probe,MP)是一种一维光学波前测试系统,由 Malley 等[61]于 1992 年提出,利用直径 1 mm 量级的细光束穿过待测流场,测量得到光束的偏移量和偏折角等。通常可以沿流动方向布置两个或多个 MP,以便测量光束通过流场不同位置后发生的畸变、对流速度、流向相关函数和相干长度,以及 OPD_{rms} 的空间分布情况等[62]。

MP 技术基于惠更斯原理,即光束传播时总是沿着与光学波前垂直的方向,一束校准的光束经过存在密度脉动的流场时会产生偏折,如图 3.36 所示,偏折角 θ 的值可用式(3.31)描述:

$$\theta(x,\ y,\ t) = -\arctan(\varepsilon/l) \tag{3.31}$$

式中,l 为光束入射点到光屏的距离;ε 为光束发生偏折后的相对位移。

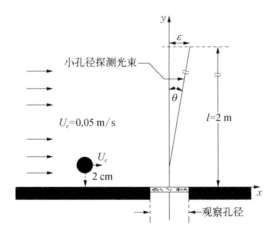

图 3.36 细光束通过流场后发生偏折[63]

ε 与 OPD 的关系为

$$\varepsilon_x = \frac{\partial}{\partial x}\text{OPD}(x,\ y,\ t) \tag{3.32}$$

Jumper 等[63]进一步推导出了 OPD 和光束偏折角的关系式:

$$OPD(x, y, t) = - U_c \int_0^t \theta(x, y, t) \, \mathrm{d}t \qquad (3.33)$$

式中，U_c 为对流速度（对于二维喷流，U_c 取 $0.6U_{中心线}$；对于边界层，U_c 取为 $0.8U_\infty$；对于边界层，U_c 取平均速度 $\bar{U}$）。

图 3.37 展示了 MP 系统的基本组成，该系统主要由两束距离很近的小孔径光束组成（光束直径 1 mm，间隔 3~10 mm），即前光束和后光束。后光束的作用是与前光束测得的偏折角信息进行互相关分析来测量流场的时延，根据时延和两束光之间的距离即可测出流场的对流速度。系统的其余组成部分包括激光光源、空间滤波器、分束器、反光镜和位置传感器（position sensing device，PSD）等。

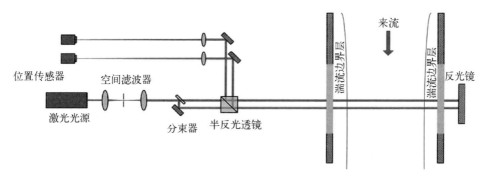

图 3.37　MP 系统示意图[62]

MP 系统的基本工作流程如下[64]：激光光源和空间滤波装置作用发出一束准直均匀的细激光束，该激光束经过光束分离装置后分离为前光束和后光束，并经过半反半透镜后的待测流场区域，然后经反射镜、半反半透镜等原路返回并聚焦在位置传感器上。位置传感器能够记录偏折光束相对原中心位置的位移，并根据位移大小输出对应的电压信号，经过计算和分析即可得到 OPD 等气动光学参数。MP 技术的采样频率取决于 PSD 的采样频率，可达 MHz。

流场的对流速度根据式（3.34）计算：

$$U_c = s'/\tau_{\max} \qquad (3.34)$$

$$R(\tau) = E[\delta_1(t) \times \delta_2(t + \tau)] \qquad (3.35)$$

式中，s' 为前后光束间的距离；E 表示对卷积后得到的向量取模；δ_1、δ_2 分别表示前、后光束的偏折角信号；$R(\tau)$ 为两束光的偏折角信号的互相关系数；$\tau_{\max}$ 为 R

取最大值时的 τ 值。

计算出对流速度后,可以通过简单的积分算出 OPL 和 OPD:

$$\mathrm{OPL}(t, x_0) = - U_c \int^t \delta_1(t) \, \mathrm{d}t \qquad (3.36)$$

$$\mathrm{OPD}(t, x_0) = \mathrm{OPL}(t, x_0) - \overline{\mathrm{OPL}(t, x_0)} \qquad (3.37)$$

3.2.2　小孔径光束技术

小孔径光束技术(small aperture beam technique,SABT)的原理与 MP 技术相同,只是将单光束扩展为多光束(图 3.38),更大的孔径可以实现更大视场范围的波前测量,该技术由 Jumper 等[63]于 1995 年提出。

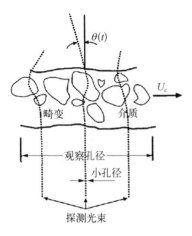

图 3.38　观察孔径与小孔径
光束示意图[65]

当光束孔径远小于流场大涡结构的尺度时,光束在流场中的传播轨迹满足光线方程,即式(2.50)。由惠更斯原理可知,光线传播方向垂直于当地波前,只要计算出细光束出射后的偏移量,即可进一步得到波前的斜率。当光束的数目多到足以描述窗口孔径上的波前,整个波前就得以构建[63,64]。

SABT 系统的光束经过激光扩束系统和准直系统后,由分光器分成等间隔的多道光束,实现空间多点波前畸变的高分辨率测量。由于沿流向流场结构具有一定的相关性,通过对流向分布的两个子光束测得的信号进行空间互相关分析,测量互相关曲线峰值间的延迟,即可获取流场的对流速度,得到对流速度随时间的变化关系,而当两测点距离足够近,小于流动特征结构的空间尺度时,两测点间的流场近似满足冻结流假设。图 3.39 是 Hugo 等[65]利用 SABT 测量得到的二维加热喷流中两束细光束的抖动信号。

SABT 系统具有 100 kHz 的测试频率,其细光束的数量相比于夏克-哈特曼波前传感器(Shack-Hartmann wavefront sensor,SHWS)少得多,因此能够极为快速地通过积分重构出波前[66,67]。由于要实时测量对流速度,SABT 的测点布置必须满足流动的空间相关性,只能沿流向布置,传统 SABT 仅能够重构出一维流向波前。Fitzgerald 等[68]用激光扫描技术实现了各流向切面的波前测量,重构出

二维流向波前,即

$$OPL[z(t_N)] \approx \sum_{i=1}^{N} [-\theta_z(t_i)\ V_c\Delta t] \tag{3.38}$$

式中,t_i 表示某一扫描时刻;N 表示扫描总次数;z 表示激光切面位置;V_c 为扫描速度,远快于流场的对流速度,这意味着一次扫描的时间段里,流场满足冻结假设。而且由于已知 V_c,在波前重构的时候不必再进行光束抖动信号的互相关计算来获取对流速度,大大提高了波前重构速度。

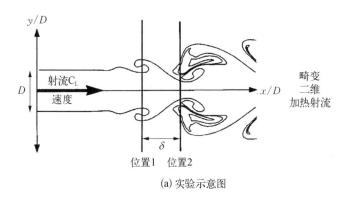

(a) 实验示意图

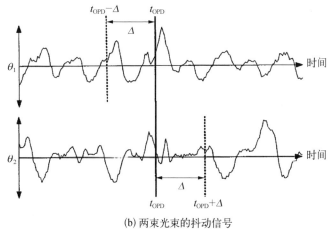

(b) 两束光束的抖动信号

图 3.39　采用 SABT 测量二维加热喷流[65]

3.2.3　基于 NPLS 的波前测试技术

超声速流场气动光学畸变的测量方法众多,如 S－H 波前传感法、小孔径光束技术(small aperture beam technique, SABT)和干涉法等。S－H 波前传感法是目前广泛应用的波前测量方法,对设备的振动不敏感,其动态测量范围是传统干涉法的百倍甚至千倍以上[69]。S－H 波前传感法的空间分辨率最高可达 100~500 μm[70],时间响应频率大都不高于 2 500 Hz,只有通过降低其空间分辨率来提高时间响应频率[70]。SABT 的时间频率最高可达 100 kHz,是目前众多波前传感器中时间频率最高的,已经成功用于多种流场引起的气动光学畸变测量[67,68],SABT 的空间分辨率比 S－H 波前传感法低 1~2 个量级[66]。干涉法通常用于波前畸变较小的情况[71],其时间响应频率取决于 CCD 相机的记录速度,空间分辨率取决于 CCD 相机的像素尺寸,最高可达微米量级。基于 BOS 原理,Zhao 等[36]提出了一种测量超声速混合层气动光学畸变与抖动的方法,该方法的时间分辨率为 6 ns,时间相关分辨率可达 0.2 μs,空间分辨率在 ms 量级。纵观上述各种气动光学畸变测量方法,空间分辨率和时间响应频率是制约其性能的一个重要因素[36],而且测得的数据是光学路径上的积分,包含从光源到光学接收器之间所有现象产生扰动的总效应[72],无法研究所关心的局部流场区域引起的气动光学畸变。

本节采用基于 NPLS 的密度测量技术测得超声速流场某一截面的定量瞬态密度分布后,借助光线追迹方法,开发了一种新的波前畸变测量技术——基于 NPLS 的波前测试技术。和其他气动光学波前测量方法相比,该方法的创新之处在于:① 时空分辨率高,其时间分辨率为 6 ns,空间分辨率高达微米量级,时间相关分辨率最高可达 0.2 μs;② 可避免传统方法的积分效应,研究局部流场的气动光学效应;③ 可避免风洞试验段壁面边界层和环境扰动等因素的影响。

如图 3.40 所示,平面波前透过变折射率场后,光束的传播方向发生改变,波面产生畸变,这种畸变会降低光学系统的性能。通常用 OPL 表示光学畸变,但实际上 OPD 是更

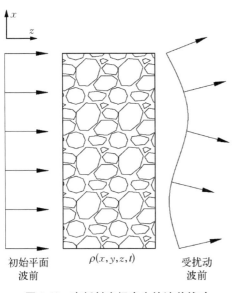

图 3.40 变折射率场产生的波前扰动

为重要的参数。SR 表示有像差时衍射图形中的最大亮度与无像差时的最大亮度之比。

1. 光线追迹方法

Jones 等[73]和 Mason 等[74]指出,如果光线的波长小于湍流的最小尺度,那么光线追迹方法完全能够满足近场气动光学畸变的研究要求。本小节中,两套超声速气动光学风洞试验段流场的最小湍流尺度均大于 10 μm,远大于所选用光束的波长 532 nm,因此本节采用光线追迹方法研究超声速光学头罩流场的气动光学畸变。根据光线在连续折射率场中传播的理论,光线总是朝着高折射率的方向偏折,偏折角大小取决于垂直于光线传播方向的折射率梯度分量的大小,光线传播方向上的折射率梯度分量只会改变光线的速度,而不会改变其传播方向。光线轨迹和折射率之间的联系用光线方程表示:

$$\frac{\mathrm{d}}{\mathrm{d}s}\left(n \cdot \frac{\mathrm{d}\boldsymbol{r}}{\mathrm{d}s}\right) = \nabla n \tag{3.39}$$

式中,$\boldsymbol{r}$ 为光线传播轨迹上点的位置矢量;s 为光线经过的路径。

如果光线沿着 z 轴方向传播,式(3.39)可简化为傍近轴的光线方程:

$$\frac{\mathrm{d}}{\mathrm{d}z}\left(n \cdot \frac{\mathrm{d}\boldsymbol{r}}{\mathrm{d}z}\right) = \nabla n \tag{3.40}$$

将式(3.40)写成分量形式:

$$\begin{cases} \dfrac{\mathrm{d}^2 x}{\mathrm{d}z^2} = \dfrac{1}{n}\dfrac{\partial n}{\partial x} \\[3mm] \dfrac{\mathrm{d}^2 y}{\mathrm{d}z^2} = \dfrac{1}{n}\dfrac{\partial n}{\partial y} \end{cases} \tag{3.41}$$

沿着 z 方向积分,式(3.41)可写为

$$\begin{cases} \theta_x = -\displaystyle\int_0^z \dfrac{1}{n}\dfrac{\partial n}{\partial x}\mathrm{d}z \\[3mm] \theta_y = -\displaystyle\int_0^z \dfrac{1}{n}\dfrac{\partial n}{\partial y}\mathrm{d}z \end{cases} \tag{3.42}$$

对于气体,$n - 1 \ll 1$,式(3.42)可简化为

$$\begin{cases} \theta_x = -\displaystyle\int_0^z \dfrac{\partial n}{\partial x}\mathrm{d}z \\[3mm] \theta_y = -\displaystyle\int_0^z \dfrac{\partial n}{\partial y}\mathrm{d}z \end{cases} \tag{3.43}$$

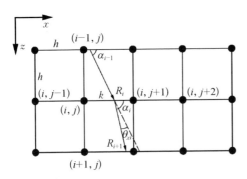

图 3.41　光线追迹方法示意图

图 3.41 所示为光线追迹方法的示意图,其中黑色圆圈表示 $y = y_0$ 截面内折射率场的网格节点;h 为网格间距;$R_i = (x_i, y_0, z_i)$,为光线与第 i 层网格的交点;$R_{i+1} = (x_{i+1}, y_0, z_{i+1})$,为光线与第 $i + 1$ 层网格的交点;α_i 为光线到达第 i 层网格时与 x 轴的夹角;θ_{xi} 为光线通过第 i 层网格时产生的偏折角;k 为 R_i 与网格点 (i, j) 之间的距离。本节中采用的光线追迹方法假设网格间的折射率均匀分布,光线在网格间直线传播,光线只在与网格相交之处发生折射。以光线和网格的交点和偏折后的角度为初始值,进行下一层网格的计算,因此有

$$z_{i+1} = z_i + h \tag{3.44}$$

根据式(3.43),光线的偏转角 θ_{xi} 只和 R_i 处 x 方向的折射率梯度有关,可通过 (i, j) 和 $(i, j + 1)$ 处 x 方向的折射率梯度线性插值得到。(i, j) 和 $(i, j + 1)$ 处 x 方向的折射率梯度分别用式(3.45)和式(3.46)表示:

$$\left. \frac{\partial n}{\partial x} \right|_{(i, j)} = \frac{n(i, j + 1) - n(i, j - 1)}{2h} \tag{3.45}$$

$$\left. \frac{\partial n}{\partial x} \right|_{(i, j+1)} = \frac{n(i, j + 2) - n(i, j)}{2h} \tag{3.46}$$

R_i 处的折射率梯度通过式(3.45)和式(3.46)的线性插值得到:

$$\left. \frac{\partial n}{\partial x} \right|_{R_i} = \frac{k[n(i, j + 2) - n(i, j)] + (h - k)[n(i, j + 1) - n(i, j - 1)]}{2h^2} \tag{3.47}$$

由此,光线在 R_i 处的偏折角为

$$\theta_{xi} = -\frac{k[n(i, j + 2) - n(i, j)] + (h - k)[n(i, j + 1) - n(i, j - 1)]}{2h} \tag{3.48}$$

如果光线刚好通过网格节点 (i, j) ,那么光线的偏折角为

$$\theta_{xi} = -\frac{n(i, j+1) - n(i, j-1)}{2} \tag{3.49}$$

2. OPD 的计算

第 i 和第 $i+1$ 层网格之间光线路径上的平均密度用 $\bar{\rho}_i$ 表示,表示为

$$\bar{\rho}_i = \frac{\rho_{R_i} + \rho_{R_{i+1}}}{2} \tag{3.50}$$

式中, ρ_{R_i} 和 $\rho_{R_{i+1}}$ 通过线性插值计算。

根据光程的定义式(2.10),第 i 和第 $i+1$ 层网格之间光线路径上的光程为

$$\mathrm{OPL}_i = \frac{\bar{\rho}_i h}{\cos \alpha_i} \tag{3.51}$$

光线传播过程中的光程等于每段光程的和,表示为

$$\mathrm{OPL} = \sum_{i=1}^{N} \mathrm{OPL}_i \tag{3.52}$$

式中, N 为 z 方向的网格数目。

根据光程差的定义式(2.11),OPD 表示为

$$\mathrm{OPD} = \mathrm{OPL} - \overline{\mathrm{OPL}} \tag{3.53}$$

式中, $\overline{\mathrm{OPL}}$ 表示光程的空间平均。

3.2.4 SHWS

SHWS 是目前应用最广泛的波前传感器,其原型最早由 Hartman 于 1900 年提出,用于测量透镜像差,评估透镜光学性能。1971 年,Shack 在其基础上进行了改进,从而发展为现代的 SHWS。早期 Hartmann 传感器的工作方式是在待测对象前放置一块开有许多小孔的平板(Hartmann 光阑),将光束分割成多个细小光束,然后在成像面上测出待测流场导致的光束中心位移,并根据几何光学原理计算出波前像差。Shack 把 Hartmann 光阑换成了微透镜阵列并采用 CCD 相机记录光束位置,提高了光能利用率和光束中心位移的测量精度。

如图 3.42(a)所示,在波前出射的位置放置一块有 $m \times m$ 个小孔的 Hartmann 光阑,则穿过流场的原始光束就被分为了 $m \times m$ 个细光束,每一束光都具有一个

离轴角 θ_x。这些光束的位置最终被记录在与 Hartmann 光阑距离 d 的成像平面上。如图 3.42(b)是 SHWS 接收到的光束位置示意图,其中参考位置(无畸变位置)可以通过测试无畸变流场来得到。

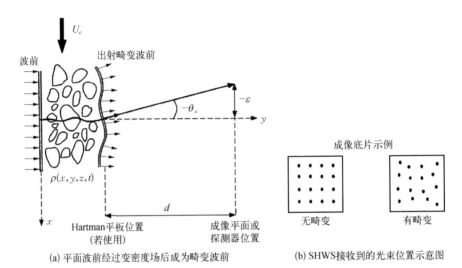

(a) 平面波前经过变密度场后成为畸变波前　　(b) SHWS接收到的光束位置示意图

图 3.42　Hartmann 波前传感器流场畸变波前测量示意图[66]

SHWS 实际上测量的是每一束光在成像平面上的偏移量 ε_x,则离轴角 θ_x 可以计算如下:

$$\theta_x = \arctan\left(\frac{\varepsilon_x}{d}\right) \tag{3.54}$$

式中,d 表示 Hartmann 平板到成像平面的距离。

一般情况下,θ_x 很小,故有

$$\theta_x = \frac{\varepsilon_x}{d} \tag{3.55}$$

光程的计算如下:

$$\mathrm{OPL}(x_j) = \int_0^{x_j}\left(\frac{\mathrm{dOPL}}{\mathrm{d}x}\right)\mathrm{d}x \tag{3.56}$$

光程的离散形式为

$$\mathrm{OPL}(x_j) = \frac{1}{d}\sum_{n=1}^{j+1}\left(\frac{\varepsilon_{x_{n-1}} + \varepsilon_{x_n}}{2}\right)(x_n - x_{n-1}) \tag{3.57}$$

式中,x_j 表示 Hartman 光阑上 x 方向的第 j 个孔/微透镜。当相邻微透镜之间的

距离 $(x_n - x_{n-1})$ 小于波前的梯度时,式(3.57)成立。

图 3.43 是 SHWS 的示意图,它具有结构简单、抗振动能力强、使用时无须参考光等优点[75]。典型的 SHWS 由少于 250 个微透镜组成,可以测量二维的波前畸变,响应频率取决于 CCD 相机的帧速率(一般低于 2 500 Hz)[66]。

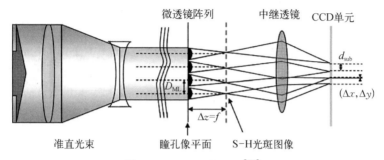

图 3.43　SHWS 原理图[74]

d_{sub} 表示 CCD 相邻探测单元之间的距离;D_{ML} 表示微透镜阵列中相邻透镜间的距离

利用 SHWS 测得各子孔径上光束的位移,再用 Zernike 多项式进行波前重构,即可得到畸变波前,其基本形式为

$$\varphi = \sum_{k=1}^{\infty} a_k z_k \tag{3.58}$$

$$z_k = \begin{cases} (n+1)^{1/2} R_n^0(\rho) \\ [2(n+1)]^{1/2} R_n^m(\rho) \cos(m\theta), & k = 1, 3, 5, \cdots \\ [2(n+1)]^{1/2} R_n^m(\rho) \sin(m\theta), & k = 2, 4, 6, \cdots \end{cases} \tag{3.59}$$

式中,$j = 1, 2, \cdots$;n 和 m 为整数,并满足 $n - m = 2p(p = 0, 1, 2, \cdots)$;径向多项式 R_n^m 定义为

$$R_n^m(\rho) = \sum_{s=0}^{(n-m)/2} \frac{(-1)^s (n-s)!}{s! \left(\dfrac{n-m}{2}-s\right)! \left(\dfrac{n-m}{2}-s\right)!} \rho^{n-2s} \tag{3.60}$$

代入测量的各局部区域波前斜率,求出式(3.58)中各项系数 a_k 的值,就可以重构出整个波前。

SHWS 的空间分辨率由子孔径的数量决定,测量精度则取决于每一块子孔径所对应的成像芯片中的像素数量和各子孔径上光束中心位移的测量精度。另外,入射光线的准直精度和强度分布对测量结果也有一定的影响。

3.2.5 基于背景导向纹影的波前测试技术

前面已经对基于 BOS 技术进行气动光学波前测量进行了简要的介绍,本节将详细论述其技术路线。2010 年,Zhao 等[36]采用 BOS 技术对超声速混合层的气动光学畸变及抖动进行了测量,首次提出采用 BOS 技术解决超声速气动光学效应测量问题的思想。同年,美国的 Bichal 等[76]也提出了类似的采用 BOS 技术测量气动光学波前的方法。2011 年,Tian 等[30]对基于 BOS 技术的气动光学波前测量的原理及应用进行了系统阐述,并给出了采用 BOS 波前测量方法得到的超声速混合层流场气动光学波前试验结果。2014 年,Bichal 等[39]系统阐述了采用 BOS 技术对气动光学波前进行测量的方法,并引用了之前易仕和等的文章。就目前而言,利用 BOS 技术进行气动光学波前测量仍有较大发展潜力,下面介绍此方法的主要思路。

光线穿过流场的路程称为光程,而波像差与 OPD 直接相关,在光学测量中,OPD 是一个更为重要的参数。

如图 3.44 所示,光线受到流场扰动会发生小角度偏折 ε_x 和 ε_y,Malus 定律指出,垂直于波面的光线经过任意次折射和反射,从系统射出后,光线波面必定与出射光线垂直。因此,图 3.44 中波前与 y 轴夹角的大小等于通过该点的光线透过折射率梯度场后偏折角 ε_y 的大小。ε_x 和 ε_y 的表达式分别为

$$\begin{cases} \varepsilon_x = \dfrac{\Delta x_i'}{B + 0.5W} \\ \varepsilon_y = \dfrac{\Delta y_i'}{B + 0.5W} \end{cases} \quad (3.61)$$

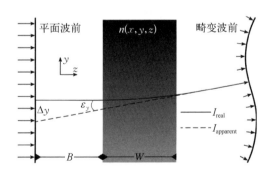

图 3.44　BOS 气动光学波前测量原理

I_{real} 表示光线的真实传播路径;I_{apparent} 表示光线的理想传播路径

在 $n \cong 1$ 的情况下,式(3.61)可以变化为

$$
\begin{cases}
\Delta x_i' = - (B + 0.5W) \displaystyle\int_{z_0}^{z_0+W} \frac{\partial n}{\partial x} \mathrm{d}z \\[4mm]
\Delta y_i' = = - (B + 0.5W) \displaystyle\int_{z_0}^{z_0+W} \frac{\partial n}{\partial y} \mathrm{d}z
\end{cases}
\tag{3.62}
$$

联系式(2.8)、式(3.61)和式(3.62)可得

$$
\begin{cases}
\dfrac{\partial \mathrm{OPL}(x,\,y)}{\partial x} = - \varepsilon_x = - \dfrac{\Delta x_i'}{B + 0.5W} \\[4mm]
\dfrac{\partial \mathrm{OPL}(x,\,y)}{\partial y} = - \varepsilon_y = - \dfrac{\Delta y_i'}{B + 0.5W}
\end{cases}
\tag{3.63}
$$

受测量误差和数值计算误差等因素的影响,按照不同的路径从一点到另一点进行线性积分,可能会得到不同的结果。1980 年,Southwell[77] 提出了一种分区重构算法,也称 Southwell 算法。Southwell 算法是一种迭代算法,对于每点的光程 $\mathrm{OPL}(i,\,j)$,从如图 3.45 所示的周围的四个点,对求得的四个值取加权平均得到 $\mathrm{OPL}(i,\,j)$。从周围各点求得的 $\mathrm{OPL}(i,\,j)$ 表示如下:

$$
\begin{cases}
\mathrm{OPL}(i,\,j) = \mathrm{OPL}(i,\,j-1) - \dfrac{\Delta y}{2H}[\Delta x'(i,\,j-1) + \Delta x'(i,\,j)] \\[3mm]
\mathrm{OPL}(i,\,j) = \mathrm{OPL}(i,\,j+1) + \dfrac{\Delta y}{2H}[\Delta x'(i,\,j+1) + \Delta x'(i,\,j)] \\[3mm]
\mathrm{OPL}(i,\,j) = \mathrm{OPL}(i-1,\,j) + \dfrac{\Delta x}{2H}[\Delta y'(i-1,\,j) + \Delta y'(i,\,j)] \\[3mm]
\mathrm{OPL}(i,\,j) = \mathrm{OPL}(i+1,\,j) - \dfrac{\Delta x}{2H}[\Delta y'(i+1,\,j) + \Delta y'(i,\,j)]
\end{cases}
\tag{3.64}
$$

式中,$H = B + 0.5W$。

对以上四个 $\mathrm{OPL}(i,\,j)$ 进行加权平均得到:

$$
\begin{aligned}
\mathrm{OPL}(i,\,j) =\ & \frac{w_{i,j-1}\mathrm{OPL}(i,j-1) + w_{i,j+1}\mathrm{OPL}(i,j+1) + w_{i-1,j}\mathrm{OPL}(i-1,j) + w_{i+1,j}\mathrm{OPL}(i+1,j)}{w_{i,j-1} + w_{i,j+1} + w_{i-1,j} + w_{i+1,j}} \\[3mm]
& + \frac{\begin{Bmatrix} -\dfrac{\Delta y}{2H}w_{i,j-1}[\Delta x'(i,j-1) + \Delta x'(i,j)] + \dfrac{\Delta y}{2H}w_{i,j+1}[\Delta x'(i,j+1) + \Delta x'(i,j)] \\[3mm] +\dfrac{\Delta y}{2H}w_{i-1,j}[\Delta y'(i-1,j) + \Delta y'(i,j)] - \dfrac{\Delta y}{2H}w_{i+1,j}[\Delta y'(i+1,j) + \Delta y'(i,j)] \end{Bmatrix}}{w_{i,j-1} + w_{i,j+1} + w_{i-1,j} + w_{i+1,j}}
\end{aligned}
\tag{3.65}
$$

式中,w 表示各点的权重系数,不存在的点的权重系数 $w_{i,j}$ 为 0,其他点的权重均取 1。计算过程中,对整个区域计算完后,进入下一步迭代。迭代次数可根据相邻两步之间的相对差值决定,也可人为指定,直至计算结果收敛。

值得一提的是,Southwell 算法对边界条件要求不高,即使给出的边界条件和真实情况相差甚远,但只要迭代次数足够多,也可以得到很好的计算结果;若给出的边界条件比较接近真实情况,通过较少的迭代就可得到较好的结果,相应地节省了计算时间。

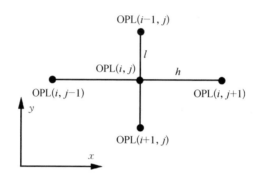

图 3.45   Southwell 算法波前重构网格示意图

3.3   气动光学效应测试系统

3.3.1   国防科技大学高超声速光学头罩波前测试系统

如图 3.46 所示,通过适当延长风洞喷管并且安装层流平板,以消除轴对称喷管的边界层及菱形区波系对于气动光学波前测试的影响。分别在层流平板上部和光学头罩下部安装光学空腔,以消除流场及射流边界的影响。安装在试验舱上的光学窗口可以满足光学头罩前视成像的需求。基于背景纹影的波前测试技术原理,建立如图 3.46 所示的高超声速光学头罩的波前测试系统。远心光路主光轴与窗口之间的夹角 $\alpha = 50.4°$,远心光路主光轴与喷流出口之间的距离为 $L = 98$ mm,有效测试孔径 $A_D = 56$ mm,背景点阵距窗口之间的等效距离 $Z_d = 1\,250$ mm。

如图 3.46(a)所示,为了实现短曝光(瞬态)波前测量,利用双腔 Nd:YAG 激光器(波长 $\lambda = 532$ nm,脉宽 6 ns,单脉冲最高能量可达 500 mJ,实际使用能量 200 mJ,跨帧时间 $\Delta t = 5$ μs)对预先设计的随机背景点阵进行照明。瞬态测试采用 Imperx 公司生产的 B6620 型双曝光相机,CCD 相机的像素线性尺寸 $l_p = 5.50$ μm,

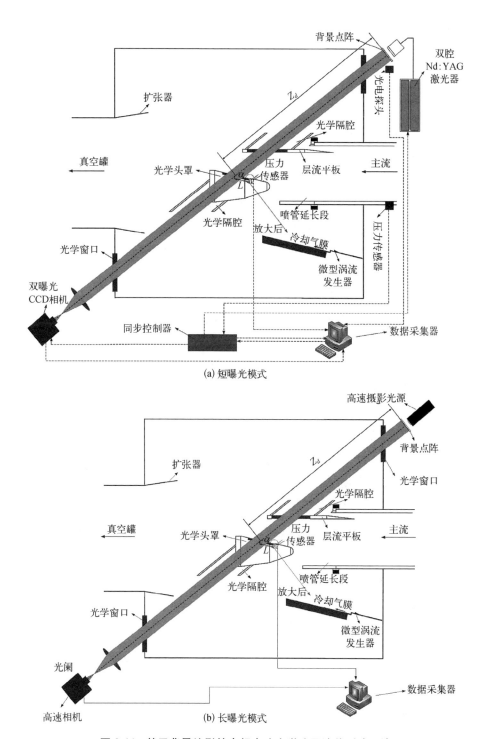

(a) 短曝光模式

(b) 长曝光模式

图 3.46　基于背景纹影的高超声速光学头罩波前测试系统

其标准分辨率可达 6 576 pixel × 4 384 pixel。激光器与相机之间通过同步控制器控制,控制精度可达 250 ps,以确保激光照射背景时,CCD 相机同步实现曝光。以上硬件参数决定了瞬态波前测试时对应的曝光时间 $\tau = 6$ ns,获取的结果对应工况 1。

如图 3.46(b)所示,进行较长曝光时间波前测量时,将激光器换成高速摄影光源,搭配高速相机,通过改变高速相机快门时间来控制曝光时间。试验采用的高速摄影光源波长 $\lambda = 450 \sim 465$ nm,为了方便进行后续的无量纲处理,取 $\lambda = 457.5$ nm,光线穿过流场及远心光路系统后被高速相机捕获。对应的高速相机空间分辨率为 1 563 pixel × 1 563 pixel,帧频 $f = 2\,000$ Hz(对应跨帧时间 $\Delta t = 1/f - \tau$),互补金属氧化物半导体(complementary metal oxide semiconductor,CMOS)的像素线性尺寸 $l_p = 11$ μm。通过改变高速相机曝光时间,获取了工况 2~工况 5 状态下对应的曝光时间 $\tau = 10 \sim 499$ μs 的波前结果。

为了保证瞬态波前测试和长曝光波前测试结果对应的波前测试空间分辨相等,考虑到高速相机 CMOS 的像素线性尺寸是双曝光 CCD 相机像素线性尺寸的一半,在光学孔径不变的情况下,为了保证波前测试结果具有相同的子孔径和子孔径间距,在长曝光测试时,其互相关计算质询窗口边长为 32 pixel,步长为 8 pixel;对应短曝光测试时,互相关计算质询窗口边长为 64 pixel,步长为 16 pixel。对应的流场区域有效测试孔径 $A_D = 56$ mm,测试子孔径数量 $N_s = 135 \times 135$,换算为实际物理尺寸后,等效测试子孔径为 0.41 mm,等效子孔径间距为 0.21 mm,测试角度灵敏度 $\varepsilon \approx 4$ μrad。这部分获取方法具体可以参考 5.2 节,其他的相关波前测试参数见表 3.4。

表 3.4   基于背景纹影的波前测试参数

工况	$\tau/$μs	$\Delta t/$μs	$\lambda/$nm	$s/$pixel	$c/$pixel
1	6×10^{-3}	5	532.0	64	16
2	10	490	457.5	32	8
3	20	480	457.5	32	8
4	100	400	457.5	32	8
5	499	1	457.5	32	8

注: τ 为波前测试曝光时间;Δt 为波前测试跨帧时间;λ 为测试光线波长;s 为等效测试子孔径;c 为等效测试子孔径间距。

图 3.47 为长/短曝光波前测试系统运行时序示意图。由于在脉冲风洞中的试验时间较短,从流场开始建立,到稳定,再到试验结束,仅有 30 ms 左右,而流场保持相对稳定的时间大约为 20 ms。为保证获取流场稳定建立时对应的波前结果,需要对波前测试的时间点进行精确定位。如图 3.46(a)所示,采用位于被驱动段出口附近的总压传感器信号作为触发信号,通过设置比较合理的触发延时,高速相机按照预设的时序进行记录,根据记录结果便可以精确定位风洞稳定运行时对应的波前结果,一般单车次可以采集大约 20 组有效波前结果。对于瞬态曝光测量,其同步控制要求相对更高,主要在于双曝光跨帧 CCD 相机的工作频率比较低,以 Imperx B6620 CCD 相机为例,其实际工作频率为 1 Hz,双曝光工作下的等效采样频率 $f = 2$ Hz。通过设置合理的激光器脉冲和相机曝光延时,利用同步控制器对激光器出光和 CCD 相机曝光时序进行控制,保证两者同步。同时,为了确定获取的波前结果对应在流场的稳定运行时间段内,利用 PDA25K2 磷化镓光电探测器(采样频率最高可达 9.5 MHz,工作波段为 150~550 nm),对激光进行监控,实现对于波前测试对应时刻试验状态的有效监控。

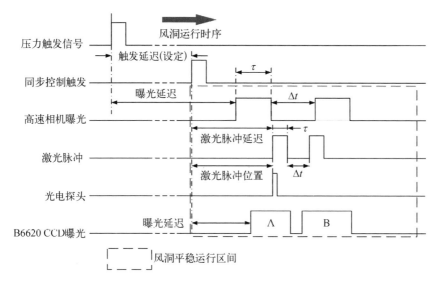

图 3.47　长/短曝光波前测试系统运行时序示意图

3.3.2　美国 AEDC 气动光学效应测试系统

2000 年,Yanta 等在文献[78]中详细介绍了其在美国 AEDC 的 9 号风洞中进行的一系列气动光学效应测试试验,充分显示了其气动光学效应测试系统的完备性和先进性。

如图 3.48 所示，AEDC 9 号风洞是一座下吹吸气式风洞，气源为高压氮气，运行时间范围 0.25~15 s，试验段直径 1 524 mm，常用马赫数为 Ma_∞ = 7、8、10、14、16.5。该风洞主要用于返回再入系统、返回式飞行器、大气层内拦截弹和航天飞机的项目论证，主要测试飞行器的空气动力学特性、高速进气道、气动加热和射流干扰等[79]，该风洞的详细测试运行参数见表 3.5。

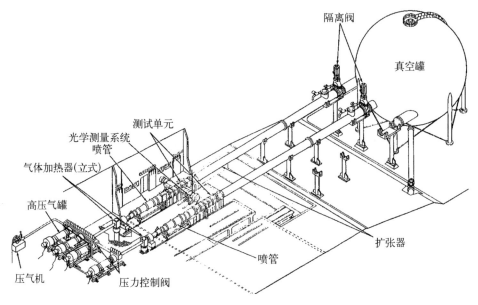

图 3.48 AEDC 9 号风洞示意图[79]

表 3.5 AEDC 9 号风洞测试运行参数[78]

喷管马赫数	P_0/atm	T_0/K	Re/(×10⁶/m)	运行时间/s
7	177~805	1 932	12~52.5	1~6
8	68~818	867	14.7~164	0.33~5
10	34~955	1 006	2.8~65.6	0.238
14	6.8~1 364	1 784	0.2~12.46	0.7~15
16.5	1 432	1 856	10.6	3.5

AEDC 气动光学效应测试系统采用了一套系统的气动光学参数测量设备，

包括成像相机系统(imaging camera system, ICS)、二维波前传感器(wavefront sensor, WFS)系统、二维-Y 位移探测器系统,以及各式各样的分束镜和双色镜等。其中,各类镜片的作用就是使直径为 1 in(约 30.48 cm)的光束按试验设计通过流场特定区域并最终打在传感器上。为了接收到全部的光束信息,在到达传感器前将该入射光束的直径缩小至原来的五分之一。

ICS 由一台 Adimec Model M12P CCD 相机(分辨率为 1 024 pixel × 1 024 pixel,单个像素尺寸为 7.5 μm,动态范围为 12 位,读取速率为 30 Hz)、一套数据采集系统,以及带有控制和数据分析功能的计算机组成,通过一块焦距 f = 2 000 mm 的聚焦透镜聚焦,该系统直接测量得到光束通过流场后的点扩散函数。在光束波长为 615 nm 时,点扩散函数的名义直径为 82 pixel。通过适当的校准,ICS 也可以测得光束的中心位移或者瞄视误差。

WFS 系统基于 SHWS 设计,其系统组成包括微透镜阵列、CCD 相机,以及图像采集卡和图像分析软件。通过分析采集的数据,可以重建出二维波前信息和波前曲线,计算出波前的平均偏转角和波前均方根误差,另外也可计算出波前的 Zernike 多项式系数和远场点扩散函数。不同于 ICS 只能测得光强信息,WFS 系统还可以测量光束的位相信息,并且将风洞停止运行时的测量结果作为参考值,可以计算出风洞运行时流场对气动光学参数的贡献量。

二维-Y 位移探测器系统由 On-Trak Photonics 公司制作,由一个 Model 2L4SP 蜂巢式二维-Y 位移探测器和一个 Model OT-300 位置放大器组成。位移探测器的材质为硅光电二极管,可以探测到光束落在传感器上的形心的二维坐标,位置放大器的作用则是将光电流转换为电压信息,然后对其进行放大并计算输出归一化的 Y 位置信息。该系统的有效接收面积为 4.0 mm × 4.0 mm,工作频率可达 4.4 MHz,所测位置的分辨率优于 1 μm。

AEDC 气动光学效应测试系统有两种工作模式:一种用连续波(continuous wave)激光器作为光源(长曝光模式),见图 3.49(a),其中工作台尺寸为 5 ft×2 ft(1 ft≈0.304 8 m);另一种用脉冲激光器作为光源(短曝光模式),见图 3.49(c)。当用连续波激光器时,相机的曝光时间为 1 ms 量级,因此测试得到的是时间平均的气动光学数据;当用脉冲激光器时,相机的曝光时间为 8 ns 量级,流场近似冻结,因此测试得到的是瞬时气动光学数据。

为了充分发挥不同分系统的测试性能,在两种工作模式下,针对不同的分系统采用不同类型和不同波长的激光光源。长曝光模式下,ICS 和 WFS 系统的光源采用红色激光二极管,二维-Y 位移探测器系统则采用连续波 Nd:YAG 激光

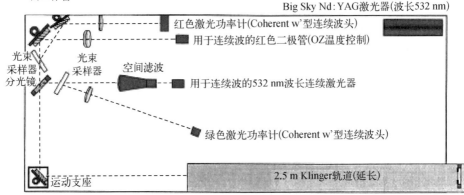

（a）相应 1b 长曝光模式光源系统（连续运行模式）

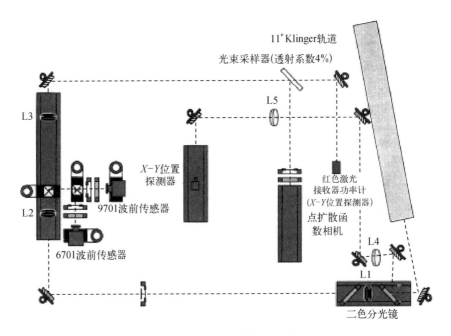

（b）相应 1b 长曝光模式接收系统

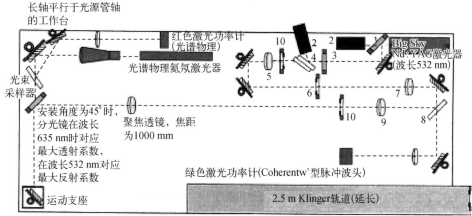

（c）相应 1b 短曝光模式光源系统（脉冲运行模式）

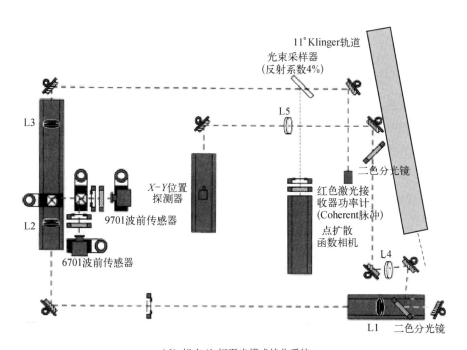

（d）相应 1b 短曝光模式接收系统

图 3.49　AEDC 气动光学效应测试系统[78]

1 -分光镜（1 064 nm 波长透射，532 nm 波长反射）；2 -光束收集器；3 -霍尔波旋转器；4 -薄膜偏振片；5 -聚焦透镜（$f_1 = 400$ mm）；6 -空间滤波器针孔；7 -准直透镜（$f_1 = 500$ mm）；8 -光束采样器；9 -聚焦透镜（$f_1 = 50$ mm）；10 -光阑（2）

器。短曝光模式下,ICS 和 WFS 系统的光源采用脉冲 Nd:YAG 激光器,二维-Y 位移探测器系统则采用连续波 He-Ne 激光器。两种工作模式下,WFS 系统和 ICS 的帧频率都是 25 Hz。数据采集系统在风洞膜片破裂前 2 s 开始工作,这些数据用作底噪数据。

3.4　小结

　　第 2 章列出的气动光学效应评估指标,如光程差、点扩散函数、斯特列尔比等,是目前用来评估某一流场所带来的气动光学效应的重要指标,本章则对最常用的高超声速流场测试技术和气动光学效应测试技术进行了总结和介绍。流动显示技术主要有纹影技术和 NPLS 技术:纹影技术主要用于具有强烈密度梯度变化流场的定性流动显示;NPLS 技术的适用范围非常广,可用于各类高超声速流场的精细结构测试。流场速度测量目前主要由粒子图像测速技术实现,适用于一般的超声速流场速度测量,受限于当前相机和数据采集系统的性能,该技术的时间分辨率还有待提高。通过热流测试技术可以实现驻点和光学窗口平面等处热流的测量。气动光学效应测试技术方面有 MP 技术、SABT、S-H 波前传感技术、基于 BOS 的波前测试技术和基于 NPLS 的波前测试技术等,可以测量得到光束抖动量和波前畸变等信息。本章最后对国防科技大学高超声速光学头罩波前测试系统和美国 AEDC 气动光学效应测试系统进行了介绍,说明国内的气动光学效应测试系统发展程度还有待提高,需要投入更多的经费和人力资源支持。

参考文献

[1] Adrian R J. Scattering particle characteristics and their effect on pulsed laser measurements of fluid flow: speckle velocimetry vs particle image velocimetry [J]. Applied Optics, 1984, 23 (11): 1690 - 1691.

[2] Raffel M, Willert C E, Scarano F, et al. Particle Image Velocimetry: A Practical Guide [M]. 3rd ed. Heidelberg: Springer, 2018.

[3] Schröder A, Willert C E. Particle Image Velocimetry: New Developments and Recent Applications [M]. Heidelberg: Springer, 2008.

[4] Havermann M, Haertig J, Rey C. PIV Measurements in Shock Tunnels and Shock Tubes [M]. Heidelberg: Springer, 2007.

[5] Scarano F. Overview of PIV in supersonic flows [J]. Particle Image Velocimetry, 2007, 16: 445 - 463.

[6] Papamoschou D, Roshko A. The compressible turbulent shear layer: an experimental study [J]. Journal of Fluid Mechanics, 1988, 197: 453 - 477.

[7] Mungal M G, Hollingsworth D K. Organized motion in a very high Reynolds number jet [J]. Physics of Fluids A: Fluid Dynamics, 1989, 1(10): 1615 - 1623.

[8] Elliott G S, Samimy M. Compressibility effects in free shear layers [J]. Physics of Fluids A: Fluid Dynamics, 1990, 2(7): 1231 - 1240.

[9] Crowe C T, Gore R A, Troutt T R. Particle dispersion by coherent structures in free shear flows [J]. Particulate Science and Technology, 1985, 3(3 - 4): 149 - 158.

[10] Samimy M, Lele S K. Motion of particles with inertia in a compressible free shear layer [J]. Physics of Fluids A, 1991, 3(8): 1915 - 1923.

[11] Debisschop J R, Chambers O, Bonnet J P. Velocity field characteristics in supersonic mixing layers [J]. Experimental Thermal and Fluid Science, 1994, 9(2): 147 - 155.

[12] Bourdon C J, Dutton J C. Planar visualizations of large-scale turbulent structures in axisymmetric supersonic separated flows [J]. Physics of Fluids, 1999, 11(1): 201 - 213.

[13] Ghaemi S, Schmidt-Ott A, Scarano F. Nanostructured tracers for laser-based diagnostics in high-speed flows [J]. Measurement Science and Technology, 2010, 21(10): 105403.

[14] Clemens N T, Smith M F. Observations of supersonic flat plate wake transition [J]. AIAA Journal, 1998, 36(7): 1328 - 1330.

[15] Herrin J L, Dutton J C. The turbulence structure of a reattaching axisymmetric compressible free shear layer [J]. Physics of Fluids, 1997, 9(11): 3502 - 3512.

[16] Piponniau S, Collin E, Dupont P, et al. Reconstruction of velocity fields from wall pressure measurements in a shock wave/turbulent boundary layer interaction [J]. International Journal of Heat and Fluid Flow, 2012, 35: 176 - 186.

[17] Thurow B, Hileman J, Lempert W, et al. A technique for real-time visualization of flow structure in high-speed flows [J]. Physics of Fluids, 2002, 14(10): 3449 - 3452.

[18] Dudley J G, Ukeiley L. Passively controlled supersonic cavity flow using a spanwise cylinder [J]. Experiments in Fluids, 2014, 55(9): 1 - 22.

[19] Kirik J W, Goyne C P, Peltier S J, et al. Velocimetry measurements of a scramjet cavity flameholder with inlet distortion [J]. Journal of Propulsion and Power, 2014, 30(6): 1568 - 1576.

[20] Glawe D D, Samimy M, Nejad A S, et al. Effects of nozzle geometry on parallel injection into a supersonic flow [J]. Journal of Propulsion and Power, 2015, 12(6): 1159 - 1168.

[21] Zhao Y, Yi S H, Tian L F, et al. Supersonic flow imaging via nanoparticles [J]. Science in China, Series E: Technological Sciences, 2009, 52(12): 3640 - 3648.

[22] Zhu Y Z, Yi S H, Tian L F, et al. Visualization of Mach 3.0/3.8 flow around blunt cone with supersonic film cooling [J]. Applied Mechanics and Materials, 2013, 419: 432 - 437.

[23] Settles G S. Schlieren and Shadowgraph Techniques: Visualizing Phenomena in Transparent Media [M]. Heidelberg: Springer, 2001.

[24] Panigrahi P K, Muralidhar K. Schlieren and Shadowgraph Methods in Heat and Mass Transfer [M]. New York: Springer, 2012.

[25] Babinsky H, Li Y, Ford C W P. Microramp control of supersonic oblique shock-wave/boundary-layer interactions [J]. AIAA Journal, 2009, 47(3): 668-675.

[26] 付佳.高超声速光学头罩的超声速冷却气膜及其气动光学机理研究[D].长沙:国防科技大学,2017.

[27] Sutherland B R, Dalziel S B, Hughes G O. Synthetic schlieren [C]. Sorrento: 8th International Symposium on Flow Visualization, 1998.

[28] Meier G E A. Schlieren measuring process detects changes in turbulent atmospheric flow aerodynamic, chemical processing and environmental pollution: DE19942856 [P]. 1999-09-08.

[29] Richard H, Raffel M, Rein M, et al. Demonstration of the Applicability of a Background Oriented Schlieren(BOS)Method [M]. Heidelberg: Springer, 2002.

[30] Tian L F, Yi S H, Zhao Y, et al. Aero-optical wavefront measurement technique based on BOS and its applications [J]. Chinese Science Bulletin, 2011, 56(22): 2320-2326.

[31] Raffel M, Richard H, Meier G E A. On the applicability of background oriented optical tomography for large scale aerodynamic investigations [J]. Experiments in Fluids, 2000, 28(5): 477-481.

[32] Richard H, Raffel M. Principle and applications of the background oriented schlieren(BOS) method [J]. Measurement Science and Technology, 2001, 12(9): 1576-1585.

[33] Meier G E A. Computerized background-oriented schlieren [J]. Experiments in Fluids, 2002, 33(1): 181-187.

[34] Elsinga G E, Oudheusden B W, Scarano F, et al. Assessment and application of quantitative schlieren methods: calibrated color schlieren and background oriented schlieren [J]. Experiments in Fluids, 2004, 36(2): 309-325.

[35] Goldhahn E, Alhaj O, Herbst F, et al. Quantitative measurements of three-dimensional density fields using the background oriented schlieren technique [M]//Imagine Measurement Methods for Flow Analysis. Heidelberg: Springer, 2009: 135-144.

[36] Zhao Y, Yi S H, Tian L F, et al. An experimental study of aero-optical aberration and dithering of supersonic mixing layer via BOS [J]. Science China Physics, Mechanics and Astronomy, 2010, 53(1): 81-94.

[37] 田立丰.超声速光学头罩流场精细结构及其气动光学效应的机理研究[D].长沙:国防科学技术大学,2011.

[38] Gojani A B, Kamishi B, Obayashi S. Measurement sensitivity and resolution for background oriented schlieren during image recording [J]. Journal of Visualization, 2013, 16(3): 201-207.

[39] Bichal A, Thurow B S. On the application of background oriented schlieren for wavefront sensing [J]. Measurement Science and Technology, 2013, 25(1): 1-16.

[40] Atcheson B, Heidrich W, Ihrke I. An evaluation of optical flow algorithms for background oriented schlieren imaging [J]. Experiments in Fluids, 2009, 46(3): 467-476.

[41] Gojani A B, Obayashi S. Assessment of some experimental and image analysis factors for background-oriented schlieren measurements [J]. Applied Optics, 2012, 51(31): 7554-

7559.

[42] Zeb M F, Ota M, Maeno K. Quantitative measurement of temperature gradient in natural heat convection using color-stripe background oriented schlieren(CSBOS)technique and computed tomography(CT)method [C]. Hamamatsu：Fluids Engineering Division Summer Meeting, 2011：2711 - 2716.

[43] Ota M, Leopold F, Noda R, et al. Improvement in spatial resolution of background-oriented schlieren technique by introducing a telecentric optical system and its application to supersonic flow [J]. Experiments in Fluids, 2015, 56(3)：1 - 10.

[44] Hinsberg N P V, Rösgen T R. Density measurements using near-field background-oriented Schlieren [J]. Experiments in Fluids, 2014, 55(4)：1 - 11.

[45] Leopold F, Jagusinski F, Demeautis C, et al. Increase of accuracy for CBOS by background projection [C]. Minsk：15th International Symposium on Flow Visualization, 2012.

[46] Sourgen F, Leopold F, Klatt D. Reconstruction of the density field using the colored background oriented schlieren technique(CBOS)[J]. Optics and Lasers in Engineering, 2012, 50(1)：29 - 38.

[47] Venkatakrishnan L, Meier G. Density measurements using the background oriented schlieren technique [J]. Experiments in Fluids, 2004, 37(2)：237 - 247.

[48] Ota M, Hamada K, Kato H, et al. Computed-tomographic density measurement of supersonic flow field by colored-grid background oriented schlieren (CGBOS) technique [J]. Measurement Science and Technology, 2011, 22(10)：104011.

[49] Nicolas F, Todoroff V, Plyer A. A direct approach for instantaneous 3D density field reconstruction from background-oriented schlieren(BOS)measurements [J]. Experiments in Fluids, 2016, 57(1)：1 - 21.

[50] Hargather M J, Settles G S. Natural-background-oriented schlieren imaging [J]. Experiments in Fluids, 2010, 48(1)：59 - 68.

[51] Mizukaki T, Wakabayashi K, Matsumura T, et al. Background-oriented schlieren with natural background for quantitative visualization of open-air explosions [J]. Shock Waves, 2014, 24(1)：69 - 78.

[52] Tanda G, Fossa M, Misale M. Heat transfer measurements in water using a schlieren technique [J]. International Journal of Heat and Mass Transfer, 2014, 71(3)：451 - 458.

[53] 丁浩林,易仕和,付佳,等.超声速湍流边界层气动光学效应的试验研究 [J].红外与激光工程,2016,45(10)：1018007.

[54] Wetzstein G, Raskar R, Heidrich W. Hand-held schlieren photography with light field probes [C]. Pittsburgh：IEEE International Conference on Computational Photography (ICCP), 2011.

[55] 张涵信,张志成.高超声速气动热和热防护[M].北京：国防工业出版社,2003.

[56] 曾磊,江定武,石友安,等.地面测热试验数据系统误差定量分析研究[C].上海：中国工程热物理学会 2010 年热传质学术会议,2010.

[57] Fay J A, Riddell F R. Theory of stagnation point heat transfer in dissociated air [J]. Journal of the Aerospace Sciences, 1958, 25(2)：73 - 85.

[58] Eckert E R G. Engineering relations for friction and heat transfer to surfaces in high velocity flow [J]. Journal of Aeronautical Sciences, 1955, 2(8): 585-587.

[59] Reddeppa P, Nagashetty K, Saravanan S, et al. Measurement of heat transfer rate on backward-facing steps at hypersonic Mach number [J]. Journal of Thermophysics and Heat Transfer, 2011, 25(3): 321-328.

[60] 瞿章华, 刘伟, 曾明. 高超声速空气动力学[M]. 长沙: 国防科学技术大学出版社, 2001.

[61] Malley M M, Sutton G W, Kincheloe N. Beam-jitter measurements of turbulent aero-optical path differences [J]. Applied Optics, 1992, 31(22): 4440-4443.

[62] Gordeyev S, Smith A E, Cress J A, et al. Experimental studies of aero-optical properties of subsonic turbulent boundary layers [J]. Journal of Fluid Mechanics, 2014, 740: 214-253.

[63] Jumper E J, Hugo R J. Quantification of aero-optical phase distortion using the small aperture beam technique [J]. AIAA Journal, 1995, 33(11): 2151-2157.

[64] Gordeyev S, Hayden T E, Jumper E J. Aero-optical and flow measurements over a flat-windowed turret [J]. AIAA Journal, 2007, 45(2): 347-357.

[65] Hugo R J, Jumper E J. Experimental measurement of a time-varying optical path difference by the small-aperture beam technique [J]. Applied Optics, 1996, 35(22): 4436-4447.

[66] Jumper E J, Fitzgerald E J. Recent advances in aero-optics [J]. Progress in Aerospace Science, 2001, 37(3): 299-339.

[67] Hugo R J, Jumper E J, Havener G, et al. Time-resolved wave front measurements through a compressible free shear layer [J]. AIAA Journal, 1997, 35(4): 671-677.

[68] Fitzgerald E J, Jumper E J. Two-dimensional optical wavefront measurements using a small-aperture beam technique derivative instrument [J]. Optical Engineering, 2000, 39(12): 3285-3293.

[69] Neal D R, Copland J, Neal D A. Shack-Hartmann wavefront sensor precision and accuracy [C]. Seattle: International Symposium on Optical Science and Technology, 2002.

[70] Trolinger J, L'Esperance D, Kim J H, et al. Optical diagnostics for quantifying flow control effects on aero optical wavefront degradation [C]. Toronto: 36th AIAA Plasmadynamics and Lasers Conference, 2005.

[71] Welsh B M, Ellerbroek B L, Roggemann M C, et al. Fundamental performance comparison of a Hartmann and a shearing interferometer wave-front sensor [J]. Applied Optics, 1995, 34(21): 4186-4195.

[72] 李桂春. 风洞试验光学测量方法[M]. 北京: 国防工业出版社, 2008.

[73] Jones M, Bender E. CFD-based computer simulation of optical turbulence through aircraft flowfields and wakes [C]. Anaheim: 32nd AIAA Plasmadynamics and Lasers Conference, 2001.

[74] Mason J O, Aguirre R C, Catrakis H J. Computational aero-optics and electromagnetics: compressible vortices and laser beam propagation [J]. IASME Transactions, 2005, 2(1): 19-27.

[75] 饶学军, 凌宁, 王成, 等. 哈特曼-夏克传感器在非球面加工中的应用[J]. 光学学报, 2002, 22(4): 491-494.

［76］ Bichal A, Thurow B. Development of a background oriented schlieren-based wavefront sensor for aero-optics ［C］. Chicago: 40th Fluid Dynamics Conference and Exhibit, 2010.

［77］ Southwell W H. Wave-front estimation from wave-front slope measurements ［J］. Journal of the Optical Society of America, 1980, 70(8): 998 - 1006.

［78］ Yanta W J, Spring W C, Lafferty J F, et al. Near- and farfield measurements of aero-optical effects due to propagation through hypersonic flows ［C］. Denver: 31st Plasmadynamics and Lasers Conference, 2000.

［79］ Hedlund E, Collier A, Murdaugh W. Aero-optical testing in the NSWC hypervelocity wind tunnel No.9 ［C］. Huntsville: Annual Interceptor Technology Conference, 1992.

第 4 章

非致冷光学头罩气动光学效应

在大多数应用场景下,光学头罩是不需要额外的致冷措施的,尤其对于侧面成像窗口。本章针对典型侧面光学头罩的气动光学效率开展研究,分析侧面平窗、凹窗等光学头罩在不同状态下的流动结构和气动光学效应。

4.1 非致冷光学头罩流场时空精细结构

超声速光学头罩流场结构研究是气动光学效应机理研究的重要组成部分,不仅能够揭示流场的动力学特性,而且有助于揭示气动光学畸变随时间的变化规律。本章采用高时空分辨率、高信噪比的 NPLS 技术,研究超声速光学头罩流场的精细结构,以分析流场结构的空间分布规律和时间演化特性。采用高性能的超声速流动 PIV 系统,研究超声速光学头罩光学窗口附近流场的速度分布,分析流场的动力学特性。

4.1.1 超声速光学头罩流场的 NPLS 流动显示

超声速光学头罩流场结构的研究,是其气动光学效应机理研究的基础。本节采用 NPLS 技术,对 $Ma_\infty = 3.0$ 和 $Ma_\infty = 3.8$ 下超声速光学头罩对称面流场进行了高时空分辨率、时间相关的瞬态流动显示。试验研究过程中,将超声速光学头罩模型置于超声速风洞试验段内;激光片光与模型对称面重合,将均匀撒播纳米示踪粒子的超声速光学头罩流场照亮;纳米示踪粒子在激光的照射下发生散射,成像在垂直片光放置的 CCD 相机中。激光器两束激光的出光时间 Δt 可根据需要设置,最小可设为 0.2 μs。

1. $Ma_\infty = 3.0$ 流场中超声速光学头罩的流场精细结构

1) 0°攻角凹窗光学头罩

如图 4.1 所示为 0°攻角下凹窗光学头罩模型在 $Ma_\infty = 3.0$ 流场中的 NPLS 图像,空间分辨率为 89.6 μm/pixel,对应的实际流场范围 174 mm × 81 mm。观察图 4.1 可以发现,均匀撒播纳米示踪粒子的超声速来流对应的图像区域的亮度均匀;经过激波后,流场密度升高,单位体积气体包含较多的纳米粒子,散射信号较强,对应图像区域的灰度较高;而膨胀波后的流场密度逐渐降低,对应的图像区域变暗。因此,纳米示踪粒子在超声速流场中所具有的良好的跟随性,NPLS 图像能够定性地反映流场中的密度变化。从 NPLS 图像可以看出,超声速来流遇到光学头罩模型的头部后产生弓形激波,光学窗口之前的边界层尚处于层流状态。气流到达光学窗口上方的凹槽后开始膨胀,形成一系列膨胀波,并伴有分离区的产生。膨胀后的气流遇到光学窗口后形成一系列压缩波,在下游的某一位置,这一系列压缩波汇聚成一道激波,在压缩波的下游出现了湍流边界层,不同尺度的涡结构清晰可见。

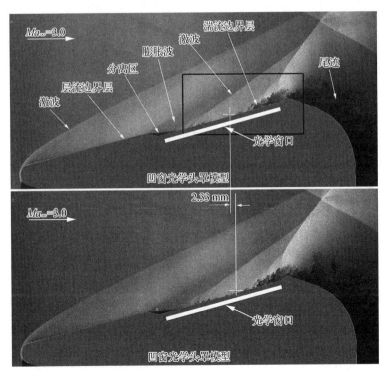

图 4.1　$Ma_\infty = 3.0$ 流场中 0°攻角凹窗光学头罩 NPLS 图像（$\Delta t = 5$ μs）

大量试验结果表明,湍流边界层存在于光学窗口上方的大部分区域。与传统纹影试验结果比较,NPLS 图像中的激波更薄,湍流边界层内不同尺寸的涡结构清晰可见。这是因为超声速光学头罩流场是三维流场,传统纹影方法的积分效应导致观察到的激波较厚,边界层的流动状态无从辨别;而 NPLS 图像反映的是小于 1 mm 的片光厚度内的瞬态流场结构,时空分辨率比纹影技术高得多。此外,纹影图像只能反映垂直于刀口方向的密度梯度信息,而 NPLS 图像则可以反映整个片光平面内流场结构的变化。图 4.1 中,白线的交点表示湍流边界层中一个小涡在该时刻的涡心位置,5 μs 后该涡沿水平方向移动了 2.33 mm 的距离。观察上下两图中的湍流边界层可以发现,5 μs 的时间内,涡运动主要表现为向下游的平移,而变形相对较小。这说明湍流边界层并不是杂乱无章、完全随机的,在其紊乱的性质背后仍有规律可循。湍流边界层是导致气动光学效应的重要因素之一,图 4.1 中的湍流边界层覆盖了大部分光学窗口区域,再加上激波和膨胀波的影响,透过该区域流场的光束会产生偏折、抖动和图像模糊等气动光学效应。图 4.1 中,光学窗口上方的激波和膨胀波随时间基本没有变化,湍流边界层内涡的运动和发展是导致气动光学畸变随时间变化的主要原因。

图 4.1 中方框对应流场区域的 NPLS 图像如图 4.2 所示,两幅图像的空间分辨率相同。从图 4.2 能够看到更清晰的湍流边界层结构,以及湍流边界层中大涡诱导的小激波结构。对于层流边界层,自由来流与边界层之间没有明显的界面,不存在具有显著物理特征的边界层边缘。但湍流边界层的情况不同,在无旋的自由来流和湍流之间存在明显的、不规则的并且不断变化的界面。边界层内大涡的形成和变形决定了界面的不规则和非定常性[1],这些都可以从 NPLS 图像中反映出来。图 4.2 所示的湍流边界层与外部自由来流之间的界面清晰可见,并且通过图 4.2 中两个时刻流场的 NPLS 图像可以看出,该界面是不断变化的。图 4.2 中湍流边界层对应的图像灰度比自由流动对应的图像灰度要低得多,这因为越靠近模型表面,温度越高,流场的密度越低[2],单位体积内包含的纳米示踪粒子越少,导致散射光强度较弱。

另外,从图 4.2 中还可以发现湍流边界层中大涡结构诱导的小激波结构。小激波是很多领域研究的课题,它会抑制超声速燃烧的混合效率[3],还会减小强激光器气动窗口输出光束的质量[4]。当湍流边界层的大涡相对于当地流动的马赫数大于 1 时,流动受到大涡的阻碍而产生小激波结构。图 4.2 中两条竖直白线对应的是该时刻小激波脚的位置,在 $\Delta t = 5$ μs 的时间内,激波脚水平向下游移动了 1.25 mm,小激波的大体形状并没有明显变化。

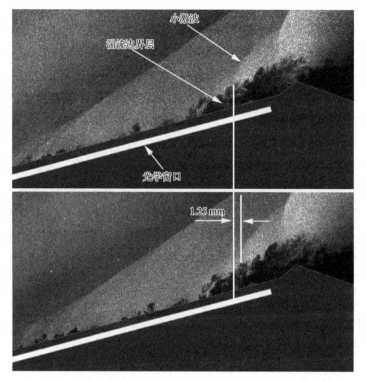

图 4.2　Ma_∞ = 3.0 流场中 0°攻角平窗光学头罩局部 NPLS 图像(Δt = 5 μs)

将两束激光的时间间隔延长到 10 μs,Ma_∞ = 3.0 流场中 0°攻角凹窗光学头罩模型的 NPLS 图像如图 4.3 所示。比较图 4.3 和图 4.1 可以看出,湍流边界层中涡结构在 10 μs 内的变形更加明显,两个时刻流场的相关性较差。因此,要观察流场结构和气动光学效应随时间的演化,需要时间相关分辨率较高的测试技术。NPLS 的时间相关分辨率最高可达 0.2 μs,分析图 4.1 和图 4.3 中涡的移动距离,在 0.2 μs 的时间内,涡的水平方向移动距离为 1～2 pixel,由此可见,NPLS 系统具有很高的时间相关分辨率。

2) 0°攻角平窗光学头罩

超声速平窗光学头罩光学窗口较好的气动外形,其上方流场结构相对简单,如图 4.4 所示,上下两图所示流场的时间间隔为 Δt = 5 μs。图 4.4 中的空间分辨率为 89.5 μm/pixel,对应的实际流场范围为 178 mm × 90 mm。水平向右的超声速来流,遇到光学头罩头部产生一道弓形激波,波后区域的图像灰度较大。大量试验结果表明,模型表面的边界层在光学窗口之前处于层流状态,到了光学窗口中部开始转捩,逐渐发展成湍流边界层。图 4.4 中白线的交点表示湍流边

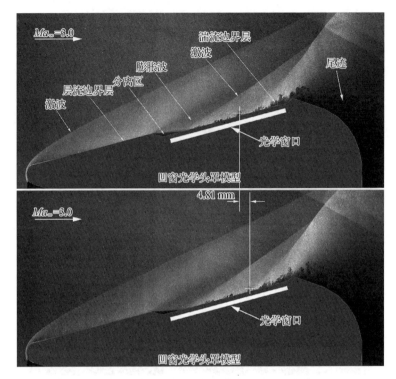

图 4.3　Ma_∞ = 3.0 流场中 0°攻角凹窗光学头罩 NPLS 图像（Δt = 10 μs）

界层一个小涡的涡心在该时刻的位置,经过 5 μs,该涡沿水平方向向下游移动 2.24 mm,形状并没有明显变化,这说明了湍流边界层中的涡结构呈运动快、变形 慢的特征。与图 4.1 相比,平窗光学头罩光学窗口上方的流场相对简单,只存在 激波和边界层;湍流边界层只存在于光学窗口的中后部,这些都使得光学窗口上 方的流场密度分布较为均匀,因此可进行初步估计,图 4.4 所示流场的气动光学 性能优于图 4.1,但对二者的气动光学性能作定量比较,还需要进行更加深入的 研究,这些是后续章节中的主要研究内容。

2. Ma_∞ = 3.8 流场中超声速光学头罩的流场精细结构

1）0°攻角凹窗光学头罩

随着马赫数的增大,使得超声速光学头罩模型的光学窗口和弓形激波的夹 角变小,如图 4.5 所示。其中,图像的空间分辨率为 92.7 μm/pixel,对应的实际 流场范围为 181 mm × 95 mm。 从图 4.5 中可以看到与图 4.1 类似的流动现象, 如激波、膨胀波、分离区及湍流边界层等。大量试验结果表明,湍流边界层只分 布于光学窗口的后半部分,前半部分均为层流流场。图 4.5 中白线的交点表示

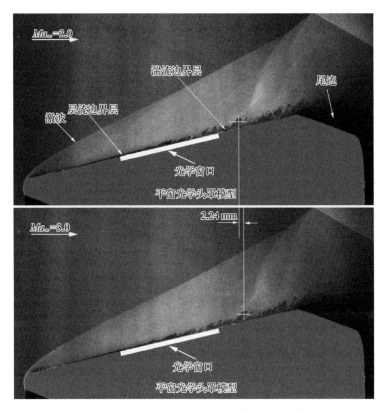

图 4.4 $Ma_\infty = 3.0$ 流场中 0°攻角平窗光学头罩 NPLS 图像（$\Delta t = 5\ \mu s$）

湍流边界层中一个小涡的涡心位置，经过 5 μs 的时间，该涡沿水平方向向下游移动了 2.32 mm，形状并没有明显变化，表明了其运动快、变形慢的时间演化特性。虽然流场的 NPLS 图像能够定性地反映密度场信息，但还是无法比较图 4.1 和图 4.5 所示的 0°攻角凹窗光学头罩在 $Ma_\infty = 3.0$ 和 $Ma_\infty = 3.8$ 流场中气动光学性能的优劣，因此只有将密度场定量化之后再进行比较。

2）0°攻角平窗光学头罩

马赫数增大、较好的气动外形，使得超声速平窗光学头罩光学窗口上方的流场变得更加均匀，如图 4.6 所示。其空间分辨率为 92.8 μm/pixel，对应的实际流场范围为 181 mm × 97 mm。大量的试验结果表明，超声速来流遇到平窗光学头罩的头部时产生弓形激波，模型表面的边界层沿着流动方向逐渐变厚，在光学窗口的末端开始转捩，逐渐发展成湍流边界层。由于来流马赫数增大，图 4.6 中的激波角小于图 4.4。图 4.6 中白线的交点表示湍流边界层一个小涡的涡心在该时刻的位置，经过 5 μs 的时间，该涡沿水平方向向下游移动 2.75 mm 的距离，涡

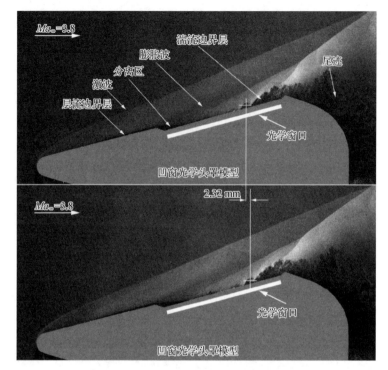

图 4.5 Ma_∞ = 3.8 流场中 0°攻角凹窗光学头罩 NPLS 图像（Δt = 5 μs）

的形状并没有明显变化,这说明湍流边界层中涡结构具有运动快、变形慢的特征。与图 4.4 比较,图 4.6 中模型表面边界层的转捩位置比较靠后,接近光学窗口的末端,这对气动光学性能是有利的。

3）10°攻角凹窗光学头罩

10°攻角下,光学窗口与弓形激波的夹角小于图 4.5,如图 4.7 所示,其中空间分辨率为 89.8 μm/pixel,对应的实际流场区域为 170 mm × 75 mm,从图 4.7 中可以辨识激波、膨胀波及分离区等流场结构。大量的试验结果表明,光学窗口上方并没有湍流边界层的存在,只在光学窗口的末端发现逆压梯度导致的边界层分离。这可能是由于光学窗口上方湍流边界层很薄,被凹槽遮住,但是通过其余大部分流场可以初步判断,10°攻角的凹窗光学头罩流场只影响波前的整体分布,不会对光线产生抖动的效果。至于 0°攻角的凹窗光学头罩流场,除了会影响波前的整体分布,湍流边界层的存在还会使光线产生抖动。Ma_∞ = 3.8 流场中,10°攻角凹窗光学头罩光学窗口与弓形激波的夹角比 0°攻角时要小,但波后密度比 0°攻角的凹窗光学头罩流场要高。因此,从 NPLS 图像中无法比较二者

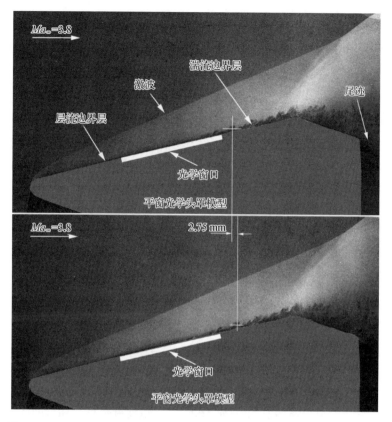

图 4.6 *Ma*_∞ = 3.8 流场中 0°攻角平窗光学头罩 NPLS 图像（Δ*t* = 5 μs）

的光学性能，只能通过分析其密度分布来比较相应的气动光学畸变。

4）10°攻角平窗光学头罩

攻角的增大，使得平窗光学头罩光学窗口与弓形激波的夹角变小，如图 4.8 所示，其中空间分辨率为 91.4 μm/pixel，对应的实际流场范围为 177 mm × 93 mm。从图 4.8 可以看出，超声速来流流经模型头部产生弓形激波，激波后模型表面的边界层逐渐变厚，但直到模型的尾部，边界层依然是层流状态，并没有发生转捩。光学窗口上方具有较为简单的流场结构，使得其密度分布较为均匀，不存在湍流的影响，因此可以初步断定，该状态下的超声速光学头罩流场只会对波前整体分布造成影响，不会产生抖动或者能量衰减等效应。

4.1.2 超声速光学头罩流场的速度分布

采用构建的超声速流动 PIV 系统，尽量降低超声速流动测量过程中可能存在

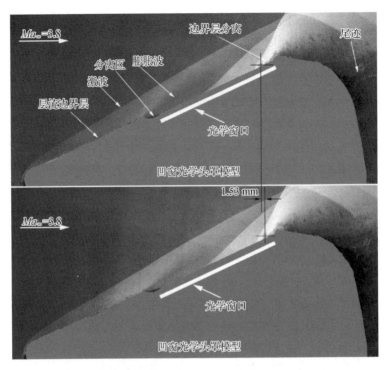

图 4.7　Ma_∞ = 3.8 流场中 10°攻角凹窗光学头罩 NPLS 图像 (Δt = 5 μs)

的误差,综合运用亚像素插值法、预估校正算法、超分辨率算法和查问区窗口变形算法等多种高精度 PIV 算法,对 Ma_∞ = 3.0 和 Ma_∞ = 3.8 流场中各种模型状态下多个截面的速度场进行了测量。如图 4.9 所示为 PIV 试验过程中坐标系的定义,该坐标系为右手坐标系,y 面和模型对称面重合,与来流方向相同,y 轴竖直向上。

1. Ma_∞ = 3.0 流场中超声速光学头罩的速度场结构

1) 0°攻角凹窗光学头罩

Ma_∞ = 3.0 流场中 0°攻角凹窗光学头罩模型对称面粒子图像见图 4.10。Ma_∞ = 3.0 流场中 0°攻角凹窗光学头罩对称面上的速度分布见图 4.11,其中图 4.11(a)为速度大小云图;图 4.11(b)为 x 方向速度分量 U 云图;图 4.11(c)为 y 方向速度分量 V 云图,图中直线表示粒子图像中激波的位置,与图 4.10 所示的激波位置重合得很好;图 4.11(d)为涡量云图;图 4.11(e)为速度矢量图;图 4.11(f)为对应的流线图。从图 4.11 中可以看出:弓形激波前来流区域的速度分布比较均匀;经过弓形激波,速度大小和方向突然变化,以 y 方向的速度分量 V 变化最为明显;模型表面的气流到达光学窗口凹槽开始膨胀,速度矢量偏向光学窗口,流线也逐渐向光学窗口靠拢;受到壁面剪切的作用,越靠近模型表面,气流

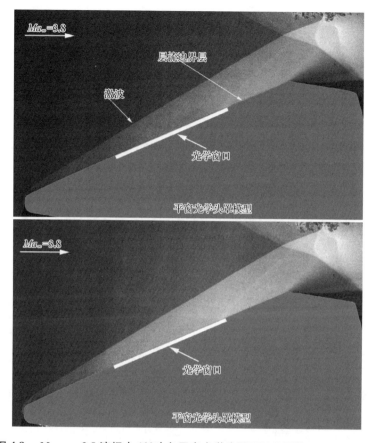

图 4.8　$Ma_\infty = 3.8$ 流场中 10° 攻角平窗光学头罩 NPLS 图像（$\Delta t = 5\ \mu s$）

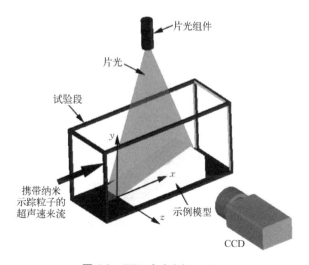

图 4.9　PIV 试验坐标系定义

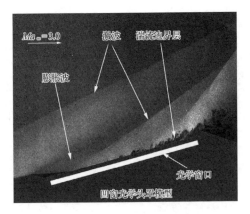

图 4.10 $Ma_\infty = 3.0$ 流场中 $0°$ 攻角凹窗光学头罩对称面粒子图像

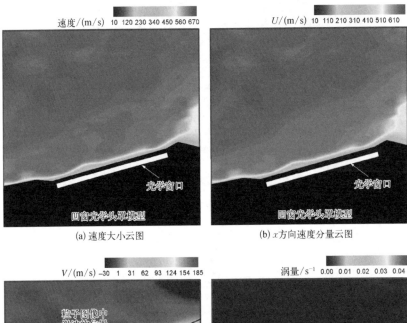

(a) 速度大小云图

(b) x 方向速度分量云图

(c) y 方向速度分量云图

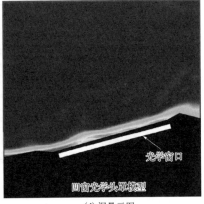

(d) 涡量云图

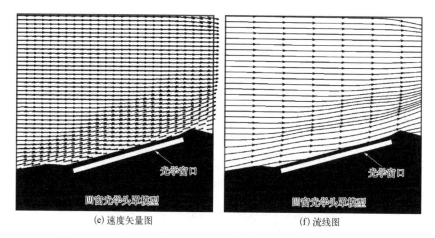

(e) 速度矢量图　　　　　　　　(f) 流线图

图 4.11　$Ma_\infty = 3.0$ 流场中 0° 攻角凹窗光学头罩对称面速度场

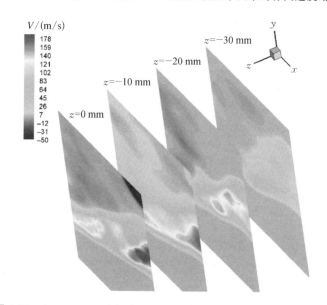

图 4.12　$Ma_\infty = 3.0$ 流场中 0° 攻角凹窗光学头罩多个截面的速度场

速度越小,速度梯度越大,导致模型表面涡量的大小明显大于外围涡量。图 4.11 (e)和(f)对应流场的右上角有一道斜激波,这是激波与试验段壁面边界层作用导致边界层分离后,诱导产生的激波。

$Ma_\infty = 3.0$ 流场中 0° 攻角凹窗光学头罩光学窗口上方 $z = 0$ mm, $z = -10$ mm, $z = -20$ mm 和 $z = -30$ mm 截面内,y 方向的速度分量 V 云图如图 4.12 所示。从图中可以看出,凹窗光学头罩模型的速度场具有明显的三维特性,每个截面内都有一个 V 值变化很明显的界面,离模型对称面越远,该界面倾角越大,起始位置越低,这可以用锥面激波的理论解释。

2) 0°攻角平窗光学头罩

$Ma_\infty = 3.0$ 流场中 0° 攻角平窗光学头罩对称面粒子图像见图 4.13。如图 4.14 所示,为 $Ma_\infty = 3.0$ 流场中 0° 攻角平窗光学头罩模型对称面上的速度分布。其中,图 4.14(a) 为速度大小云图;图 4.14(b) 为 x 方向速度分量 U 云图;图 4.14(c) 为 y 方向速度分量 V 云图,图中两条直线表示粒子图像中激波的位置,与图 4.13 中所示的激波位置重合较好;图 4.14(d) 为涡量云图;图 4.14(e) 为速度矢量图;图 4.14(f) 为对应的流线图。从图 4.14 中可以看出:激波前来流区域的速

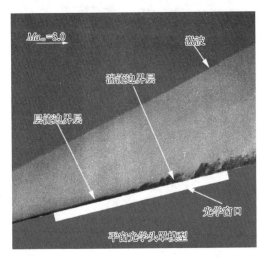

图 4.13　$Ma_\infty = 3.0$ 流场中 0° 攻角平窗光学头罩对称面粒子图像

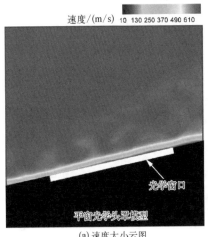

(a) 速度大小云图

(b) x 方向速度分量云图

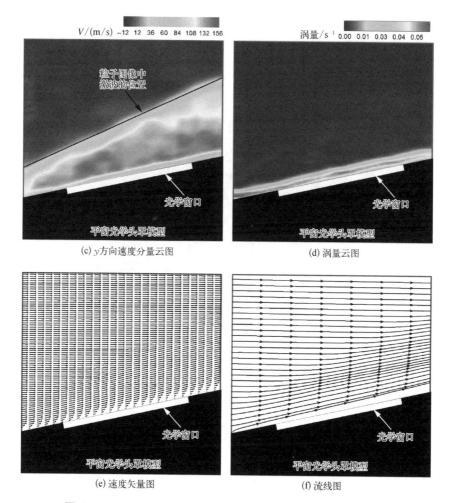

图 4.14　$Ma_\infty = 3.0$ 流场中 0° 攻角平窗光学头罩对称面速度场

度分布比较均匀;经过激波,速度大小和方向突然变化,y 方向速度分量 V 变化最为明显;在边界层以外的激波层内,越靠近模型表面,y 方向速度分量 V 值越大。图 4.14(f)中,顺着气流方向,流管越来越窄,受到的压缩增大,对应的超声速流动的速度越来越小,如图 4.14(a)所示。受壁面剪切的影响,模型表面边界层内的涡量明显高于边界层外的涡量,如图 4.14(d)所示。

　　图 4.15 所示,为流场中 0° 攻角平窗光学头罩光学窗口上方 $z = 0$ mm,$z = -10$ mm,$z = -20$ mm 和 $z = -30$ mm 截面内 y 方向速度分量 V 云图。从图中可以看出,风洞试验段来流区域速度分布较为均匀,经过激波后 y 方向速度分量 V 突然增大,而且越靠近模型表面,速度分量 V 越大。如图 4.15 所示,各截面速

度分布图差别较大,这是流场的三维特性引起的。从模型对称面向外,激波的倾角越来越大,起始位置越来越低。

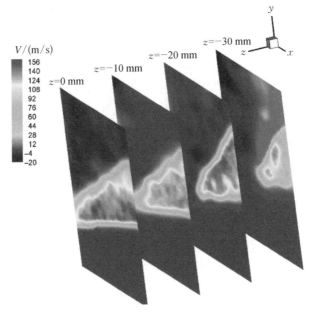

图 4.15　$Ma_\infty = 3.0$ 流场中 0° 攻角平窗光学头罩多个截面的速度场

2. $Ma_\infty = 3.8$ 流场中超声速光学头罩的速度场结构

1) 0° 攻角凹窗光学头罩

$Ma_\infty = 3.8$ 流场中 0° 攻角凹窗光学头罩对称面粒子图像如图 4.16 所示。

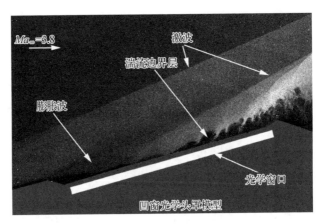

图 4.16　$Ma_\infty = 3.8$ 流场中 0° 攻角凹窗光学头罩对称面粒子图像

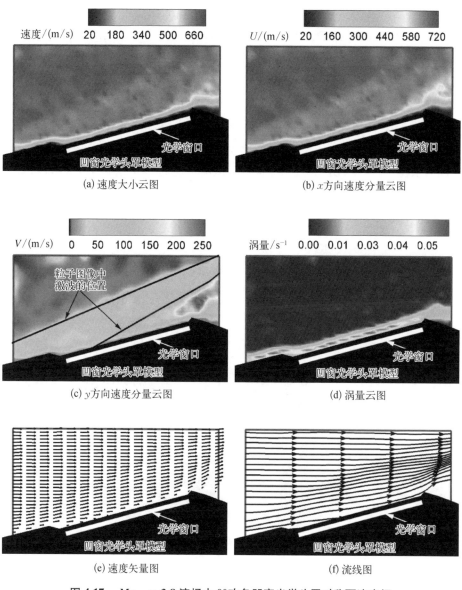

图4.17 Ma_∞ = 3.8 流场中 0°攻角凹窗光学头罩对称面速度场

Ma_∞ = 3.8 流场中 0°攻角凹窗光学头罩对称面上的速度分布见图4.17。其中,图4.17(a)为速度大小云图;图4.17(b)为方向速度分量 U 云图;图4.17(c)为 y 方向速度分量 V 云图,图中两条直线表示粒子图像中激波的位置,与图4.16所示的激波位置吻合得很好;图4.17(d)为涡量云图;图4.17(e)为速度矢量图;图4.17(f)为对应的流线图。从图4.17中可以看出:弓形激波前来流区域的速度分布比较均匀;经过弓形激波,速度大小和方向突然变化,以 y 方向的速度分量 V 变化最为明显;模型表面的气流到达光学窗口凹槽开始膨胀,速度矢量偏向光学窗口,流线也逐渐向光学窗口靠拢;到光学窗口中部,速度矢量和光学窗口平面平行;受到壁面剪切的作用,越靠近模型表面,气流速度越小,速度梯度越大,导致模型表面涡量的大小明显大于外围涡量;在光学窗口上方的湍流边界层内,并没有发现回流现象。

如图 4.18 所示为 $Ma_\infty = 3.8$ 流场中,0°攻角凹窗光学头罩模型光学窗口上方 $z = 0$ mm、$z = -10$ mm、$z = -20$ mm 和 $z = -30$ mm 截面内 y 方向的速度分量 V 云图。从图中可以看出,凹窗光学头罩模型的速度场具有明显的三维特性,每个截面内都有一个 V 值变化很明显的界面,离模型对称面越远,该界面的倾角越大,起始位置越低。

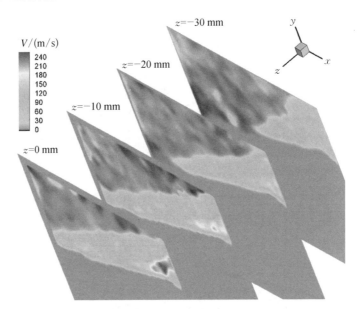

图 4.18 $Ma_\infty = 3.8$ 流场中 0°攻角凹窗光学头罩多个截面的速度场

2) 0°攻角平窗光学头罩

图 4.19 所示为 $Ma_\infty = 3.8$ 流场中 0°攻角平窗光学头罩对称面粒子图像,速度分布见图 4.20,其中图 4.20(a)为速度大小云图;图 4.20(b)为 x 方向速度分量 U 云图;图 4.20(c)为 y 方向速度分量 V 云图,图中两条直线表示粒子图像中激波的位置,与图 4.19 所示的激波位置吻合较好;图 4.20(d)为涡量云图;图 4.20(e)为速度矢量图;图 4.20(f)为对应的流线图。从图 4.20 中可以看出:弓形激波前来流区域的速度分布比较均匀;经过弓形激波,速度大小和方向突然变化,以 y 方向速度分

量 V 变化最为明显;在边界层以外的激波层内,越靠近模型表面, y 方向速度分量 V 越大。图 4.20(f)中,顺着气流方向,流管越来越窄,受到的压缩作用增大,对应的超声速流动的速度越来越小,如图 4.20(a)所示。受壁面剪切的影响,模型表面边界层内的涡量明显高于边界层外的涡量,如图 4.20(d)所示。

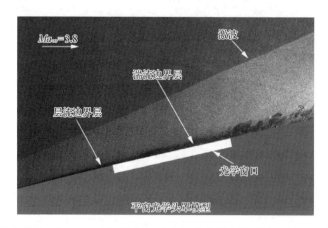

图 4.19　$Ma_\infty = 3.8$ 流场中 0° 攻角平窗光学头罩对称面粒子图像

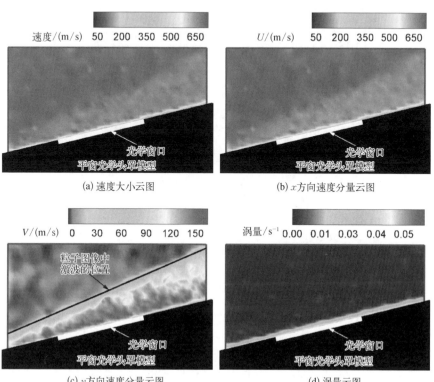

(a) 速度大小云图　　　　　　　　　　(b) x 方向速度分量云图

(c) y 方向速度分量云图　　　　　　　　(d) 涡量云图

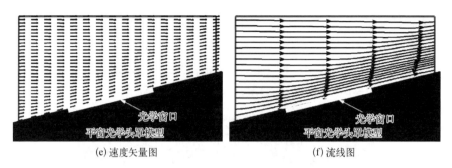

(e) 速度矢量图　　　　　　　　　　　(f) 流线图

图 4.20　Ma_∞ = 3.8 流场中 0° 攻角平窗光学头罩对称面速度场

图 4.21 所示为 Ma_∞ = 3.8 流场中 0° 攻角平窗光学头罩模型光学窗口上方 $z = 0$ mm，$z = -10$ mm，$z = -20$ mm 和 $z = -30$ mm 截面内 y 方向速度分量 V 云图。从图中可以看出，风洞试验段来流区域速度分布较为均匀，经过激波后 y 方向速度分量 V 突然增大，而且越靠近模型表面，V 越大。如图 4.21 所示，各截面速度分布图差别较大，这是流场的三维特性引起的。从模型对称面向外，激波的倾角越来越大，起始位置越来越低，这与锥面激波的理论是相符的。

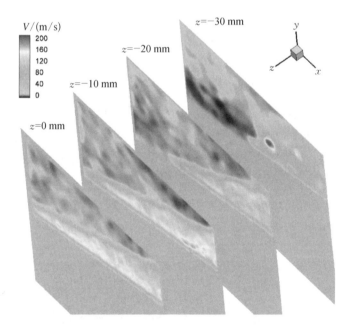

图 4.21　Ma_∞ = 3.8 流场中 0° 攻角平窗光学头罩多个截面的速度场

3）10° 攻角凹窗光学头罩

图 4.22 为 Ma_∞ = 3.8 流场中 10° 攻角凹窗光学头罩对称面粒子图像。

图 4.23 所示为 Ma_∞ = 3.8 流场中 10°攻角凹窗光学头罩对称面上的速度分布。其中,图 4.23(a)为速度大小云图;图 4.23(b)为 x 方向速度分量 U 云图;图 4.23(c)为 y 方向速度分量 V 云图,图中直线表示粒子图像中激波的位置,与图 4.22中所示的激波位置吻合得很好;图 4.23(d)为涡量云图;图 4.23(e)为速度矢量图;图 4.23(f)为对应的流线图。从图 4.23 中可以看出:弓形激波前来流区域的速度分布比较均匀;经过弓形激波,速度大小和方向突然变化,以 y 方向速度分量 V 变化最明显;模型表面的气流到达光学窗口凹槽开始膨胀,速度矢量偏向光学窗口,流线也逐渐向光学窗口靠拢;受到壁面剪切的作用,越靠近模型表面,气流速度越小,速度梯度越大,导致模型表面涡量的大小明显大于外围。

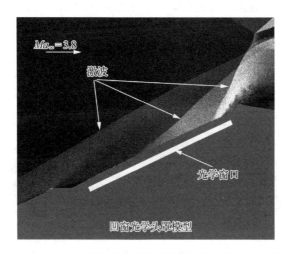

图 4.22　Ma_∞ = 3.8 流场中 10°攻角凹窗光学头罩对称面粒子图像

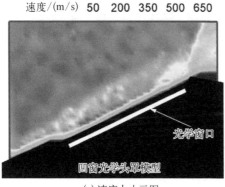

(a) 速度大小云图

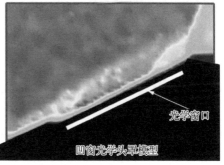

(b) x 方向速度分量云图

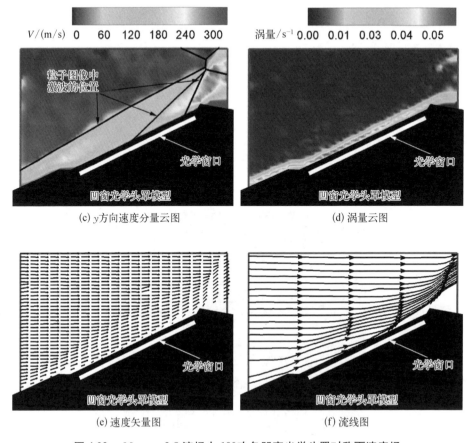

(c) y方向速度分量云图　　　　(d) 涡量云图

(e) 速度矢量图　　　　(f) 流线图

图 4.23　$Ma_\infty = 3.8$ 流场中 10°攻角凹窗光学头罩对称面速度场

图 4.24 所示为 $Ma_\infty = 3.8$ 流场中 10°攻角凹窗光学头罩模型光学窗口上方 $z = 0\ mm$、$z = -10\ mm$、$z = -20\ mm$ 和 $z = -30\ mm$ 截面内 y 方向速度分量 V 云图。从图中可以看出,凹窗光学头罩模型的速度场具有明显的三维特性。试验段来流区域的速度分布较为均匀,经过激波后,y 方向速度分量 V 突然增大。离模型对称面越远,激波倾角越大,起始位置越低。

4) 10°攻角平窗光学头罩

$Ma_\infty = 3.8$ 流场中 10°攻角凹窗光学头罩对称面粒子图像见图 4.25。图 4.26 所示为 $Ma_\infty = 3.8$ 流场中 10°攻角平窗光学头罩对称面上的速度分布。其中,图 4.26(a)为速度大小云图;图 4.26(b)为 x 方向速度分量 U 云图;图 4.26(c)为 y 方向速度分量 V 云图,图中两条直线表示粒子图像中激波的位置,与图 4.25 所示的激波位置重合较好;图 4.26(d)为涡量云图;图 4.26(e)为速度矢量图;图

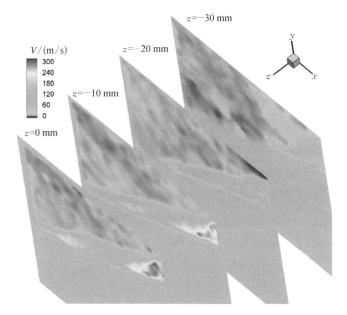

图 4.24　Ma_∞ = 3.8 流场中 10°攻角凹窗光学头罩多个截面的速度场

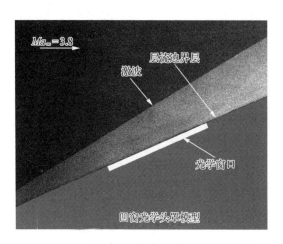

图 4.25　Ma_∞ = 3.8 流场中 10°攻角平窗光学头罩对称面粒子图像

4.26(f)为对应的流线图。从图 4.26 中可以看出：弓形激波前来流区域的速度分布比较均匀；经过弓形激波，速度大小和方向突然变化，以 y 方向的速度分量 V 变化最为明显；在边界层以外的激波层内，越靠近模型表面，y 方向速度分量 V 值越大。图 4.26(f)中，顺着气流方向，流管越来越窄，受到的压缩作用增大，对应的超声速流动的速度越来越小，如图 4.26(a)所示。受壁面剪切的影响，模型表面边界层内的涡量明显高于边界层外，如图 4.26(d)所示。

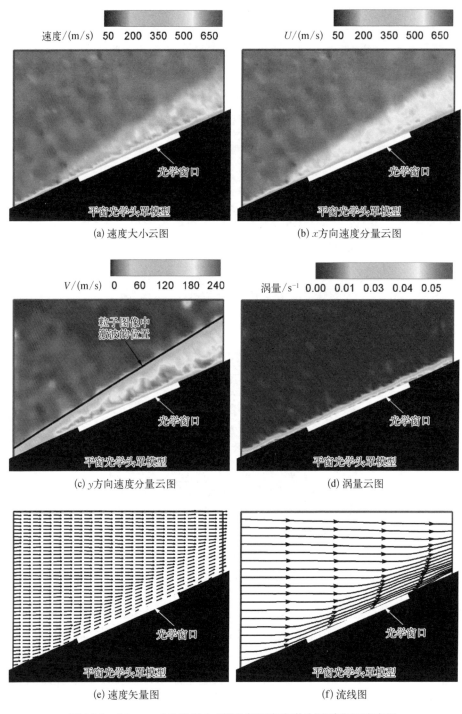

图 4.26 $Ma_\infty = 3.8$ 流场中 $10°$ 攻角平窗光学头罩对称面速度场

图 4.27 所示为 $Ma_\infty = 3.8$ 流场中 10°攻角平窗光学头罩模型光学窗口上方 $z = 0\,\text{mm}$, $z = -9\,\text{mm}$, $z = -18\,\text{mm}$ 和 $z = -27\,\text{mm}$ 截面内的 y 方向速度分量 V 云图。从图中可以看出,风洞试验段来流区域速度分布较为均匀,经过激波后,y 方向速度分量 V 突然增大,而且越靠近模型表面,V 越大。如图 4.27 所示,各截面速度分布图差别较大,这是流场的三维特性引起的。从模型对称面向外,激波的倾角越来越大,起始位置越来越低,这与锥面激波的理论是相符的。

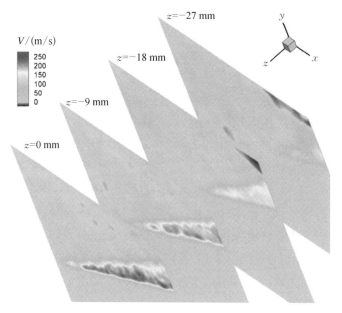

图 4.27　$Ma_\infty = 3.8$ 流场中 10°攻角平窗光学头罩多个截面的速度场

3. 小结

本节采用高时空分辨率、高信噪比、具有较强三维流场测试能力的 NPLS 技术,研究了超声速光学头罩流场的精细结构。NPLS 图像清晰地再现了超声速光学头罩流场中激波、膨胀波、分离区、层流边界层、湍流边界层、小激波和尾迹等精细流场结构,其空间分辨率可达到微米量级,时间相关分辨率最高可达 $0.2\,\mu\text{s}$。比较时间相关的流场 NPLS 图像,可发现流场随时间的演化规律:湍流边界层中的涡结构具有运动快、变形慢的特点。

采用超声速流动 PIV 系统,并综合选用预估校正算法、超分辨率算法、查问区窗口变形和亚像素插值法等高精度算法,研究了超声速光学头罩流场的速度分布。研究结果不仅较好地反映了超声速光学头罩流场的速度分布,揭示了超声速光学头罩流场的动力学特性,而且有助于研究气动光学畸变随时间的变化规律。

4.1.3 高超声速光学头罩流场结构显示

模型内部需要确保光路空间,因此模型体积设计得相对较大,开展试验前需要首先确认风洞的正常启动。同时,开展气动光学效应的研究也需要对窗口附近流场结构特征有清晰的认识。本节主要基于纹影流动显示技术对两个模型进行流动结构测试,一方面,可确保风洞正常运行;另一方面,以便于结合流场特征对气动光学效应进行分析。

1. $Ma_\infty = 6.0$ 二维斜劈模型流场结构

首先对二维头罩模型流场结构进行测试,图 4.28 和图 4.29 分别为二维模型攻角为 0° 和 2° 时纹影显示的流场结构图。在风洞启动的条件下,来流总压对纹影图像的显示没有本质影响,因此取中间状态,即选取总压 $P_0 = 1.3$ MPa 的试验状态作为典型状态进行测试。从图 4.28 和图 4.29 中可见,在高超声速条件下,模型前缘诱导出了明显激波结构,对比试验过程中采集的纹影图像序列可知,该波系是稳定的,所以风洞正常启动运行。图 4.28 中主激波为二维模型前缘产生的激波,由于模型本身斜劈角为 13°,根据斜激波关系可以计算出来流 $Ma_\infty = 6.0$ 时的激波角为 20.6°,而根据图 4.29 中实测的激波角约为 21.1°;模型 2° 攻角时的理论斜劈角为 22.7°,实测约为 23°。两种攻角下的激波层都较薄,仅有约 8° 的扇形区间,而近壁区的密度较低,因此波后密度梯度较大,纹影图像的对比度较高,所拍摄的波后灰度偏高而近壁区灰度偏低。此外,从流场中还可观察到在主激波后还存在第二道波系,该波系为光学窗口前缘接缝产生的扰动波,一般来

图 4.28　$Ma_\infty = 6.0$ 二维斜劈模型攻角 0° 流场结构

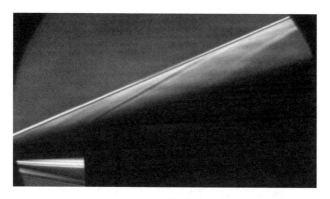

图 4.29　$Ma_\infty = 6.0$ 二维斜劈模型攻角 2°流场结构

说对流场的影响较小,主要是因为纹影反映的空间密度梯度变化是沿光轴方向(即流场横向)积分的结果,一个小扰动虽然强度较弱但如果在沿轴方向有空间分布,也可在纹影图中明显反映出来。

2. $Ma_\infty = 6.0$ 三维钝头罩模型流场结构

图 4.30 和图 4.31 分别为三维头罩模型在攻角为 0°和 2°时纹影显示的流场

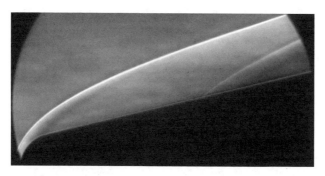

图 4.30　$Ma_\infty = 6.0$ 三维头罩模型攻角 0°流场结构

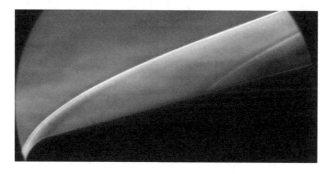

图 4.31　$Ma_\infty = 6.0$ 三维头罩模型攻角 2°流场结构

结构图,图中主激波为三维模型前缘产生的激波,模型为钝头体,因而诱导出脱体激波;第二道波系同样为光学窗口前缘产生的扰动波,与二维模型的情况相比,在相同的来流条件和模型参数下,弓形激波波后密度梯度相对弱一些,因而所拍摄的纹影图像对比度更适中,从图 4.30 和图 4.31 中可以清晰看出弓形激波后的流场,特别是近壁区的边界层。经过球头驻点区域后,边界层开始发展,保持层流形态,沿模型表面近似线性增长。

4.2　非致冷光学头罩一维畸变波前

本节采用基于 NPLS 的波前传感方法,研究超声速光学头罩流场导致的气动光学效应,计算平面光波在流场中传播时波前的变化及对应的 SR。本节对超声速光学头罩流场的气动光学扰动进行如下几个方面的分析:测量超声速光学头罩时间相关流场对应的波前畸变;测量平面光波到达流场不同位置时对应的气动光学扰动,分析不同流场结构对气动光学扰动的贡献;对同一流场,改变其密度场分辨率,分析平面光波通过后受到的气动光学扰动,分析流场中不同尺度流动结构对气动光学的影响;测量平面光波通过湍流边界层后的波前畸变;采用分形分析方法,分析该波前对尺度的依赖性;对波前分布进行快速傅里叶计算,分析波前随时间的演化特征。

4.2.1　超声速光学头罩流场波前畸变的时间演化特征

以 0° 攻角凹窗光学头罩模型为例,如图 4.32 所示,取平行和垂直于光学窗口的局部坐标 S 和 W,S、W 坐标与全局坐标、y 坐标均以 pixel 为单位;波长 $\lambda = 532$ nm 的平面光波初始位置为均匀来流区域,垂直于光学窗口方向入射。综合每条光线通过流场后产生的畸变,可测量流场对平面光波产生的扰动。其中,图 4.32 中画有剖面线的部分为光学头罩模型;右侧图例用不同的灰度等级表示流场密度大小。为方便表述,将 W 方向上光瞳范围内的流场区域记为 Z。光线追迹分析中,其他光学头罩的坐标系及平面光波的入射方式与图 4.32 相同,这里不再赘述。

受光学窗口及凹腔外形的影响,凹窗光学头罩光学窗口外的流场结构较为复杂,存在激波、膨胀波、分离区和湍流边界层等多种流动结构及其相互作用,导致相应流场区域的密度分布呈现出空间上的不均匀性;湍流边界层的存在导致

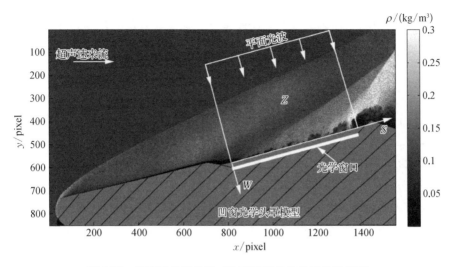

图 4.32　超声速光学头罩对称面流场的光线追迹示意图

了密度场脉动的产生。$Ma_\infty = 3.0$ 流场中 0°攻角凹窗光学头罩 Z 区域的瞬态密度场如图 4.33 所示,空间分辨率为 89.4 μm/pixel。光线穿过流场后的最大偏移量 $\text{offset}_{max} = 3.6$ μm,远远小于一个像素的大小。从图 4.33 中可以看出,在光学窗口的大部分范围内,表面都存在湍流边界层,边界层中涡的大小顺着流动方向逐渐增大,大尺度的涡会带来抖动效应,而较小尺度的涡会使接收到的图像产生模糊,这对光学传输十分不利。湍流边界层中 $t = 0$ μs 时刻的两个涡 Ⅰ 和 Ⅱ,经过 5 μs 时间分别发展成 Ⅰ′和Ⅱ′,整体运动表现为向下游的平移,而变形较小。

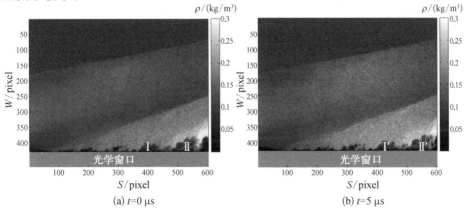

图 4.33　$Ma_\infty = 3.0$ 流场中 0°攻角凹窗光学头罩 Z 区域的瞬态密度场

平面光波通过图 4.33 所示的流场区域,密度场分布的时空不均匀性导致了波前畸变的产生,且波前畸变是随时间发展变化的。平面光波通过图 4.33 所示流场后的 OPD 分布曲线见图 4.34,两个图对应的 SR 分别为 0.387 74 和 0.109 57。图 4.33 中湍流边界层的两个涡 Ⅰ、Ⅱ、Ⅰ′和 Ⅱ′在空间位置上分别对应图 4.34 中的 A、B、A′和 B′,湍流边界层中较低的密度使得对应区域 A 和 B 的 OPD 相对较低。从图 4.34 中可以看出:下游激波层厚度较大,使得 OPD 的分布整体上呈现递增的趋势;靠近上游的流场中不存在湍流边界层,OPD 分布较为平缓;随着湍流边界层中的涡尺度逐渐增大,OPD 分布也呈现出局部相对降低的趋势,而且涡越大,对 OPD 局部分布的影响也越大。湍流边界层的运动和发展导致了 OPD 分布曲线的局部变化:经过 5 μs 的时间,OPD 整体分布趋势变化不大;湍流涡 Ⅰ 和 Ⅱ 的运动主要表现为平移,变形相对较小;A′和 B′区域的 OPD 分布整体表现为向下游平移,OPD 大小变化是湍流边界层平移和变形综合作用的结果。

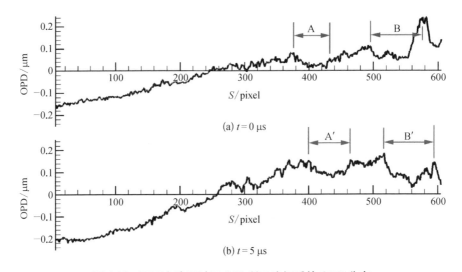

图 4.34　平面光波通过图 4.33 所示流场后的 OPD 分布

平窗光学头罩的外形结构使得其光学窗口上方的流场相对简单,只存在激波和边界层。光学窗口上方湍流边界层是导致光线抖动和成像模糊的关键因素,因此光学窗口上方边界层是否转捩成湍流边界层,对超声速光学头罩光学性能有很大影响。Ma_∞ = 3.0 流场中 0° 攻角平窗光学头罩 Z 区域的瞬态密度场如图 4.35 所示,空间分辨率为 90.2 μm/pixel。流场最左端的激波层厚度为 16.33 mm,最右端的激波层厚度为 26.16 mm,激波与 S 坐标

之间的夹角为 13°。图 4.35 中 I 和 I′是湍流边界层的一个涡在两个时刻
所处的状态。靠近上游的流场区域,边界层尚处于层流状态;在光学窗口中
部附近,边界层开始转捩;在光学窗口的后半段,边界层发展成湍流边界层。
经过 5 μs 的时间间隔,湍流边界层中涡的运动主要表现为向下游平移,而自
身变形相对较小。

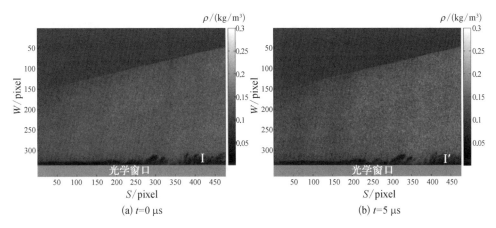

(a) $t=0$ μs   (b) $t=5$ μs

图 4.35 $Ma_\infty = 3.0$ 流场中 0° 攻角平窗光学头罩 Z 区域的瞬态密度场

与图 4.33 所示的流场密度分布相比,图 4.35 所示的密度场较为均匀,平面
光波透过流场后的 OPD 分布也较为平缓,如图 4.36 所示,对应的 SR 分别为
0.650 0 和 0.591 3。图 4.35 中的涡 I 和 I′在空间位置上对应图 4.36 中的 A
和 A′。光线穿过流场后的最大偏移 $\text{offset}_{\text{max}} = 1.75$ μm,远远小于一个像
素。流场下游较厚的激波层使得 OPD 分布曲线整体上呈现递增趋势,而湍
流边界层的存在使得 OPD 分布曲线呈现空间和时间上的局部变化。靠近
上游的流场区域,边界层处于层流状态,OPD 只受激波的影响,其分布较为
平缓;从光学窗口中部开始,边界层开始转捩并逐渐发展成湍流边界层,
OPD 分布的变化也逐渐增大。经过 5 μs 的时间,湍流涡 I 的一部分运动到
图 4.35 所示的流场区域之外。观察图 4.36 可发现,湍流涡 I 对 OPD 的影
响范围也从 A 缩小到 A′。

与 $Ma_\infty = 3.0$ 流场中的情况相比,$Ma_\infty = 3.8$ 流场中 0° 攻角凹窗光学头罩流
场的激波层变薄,如图 4.37 所示,空间分辨率为 91.2 μm/pixel。其中,I 和 I′分
别是湍流边界层中的一个涡在两个时刻的不同状态。凹窗光学头罩的复杂外形
导致光学窗口上方流场密度分布较为复杂,激波、膨胀波和湍流边界层的综合作

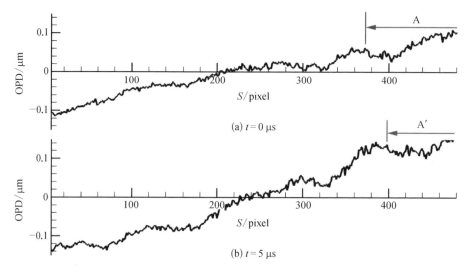

图 4.36　平面光波通过图 4.35 所示流场后的 OPD 分布

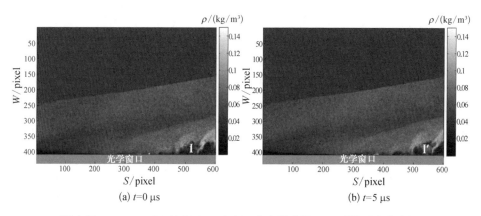

图 4.37　Ma_∞ = 3.8 流场中 0° 攻角凹窗光学头罩 Z 区域的瞬态密度场

用会导致复杂的气动光学扰动。图 4.33 所示流场中的湍流边界层覆盖了光学窗口的大部分区域,而图 4.37 所示流场中的湍流边界层仅出现在光学窗口末端,其他区域流场的时间分布较为均匀。因此,在光学窗口前端的大部分区域,流场导致的光学抖动和模糊不严重,光学性能较好。而光学窗口的末端,湍流边界层的存在将会导致较为严重的抖动和成像模糊现象。5 μs 的时间内,湍流边界层中涡 I 的平移运动较其变形明显得多。

　　Ma_∞ = 3.8 流场中,0° 攻角凹窗光学头罩的光学窗口上方流场的大部分区域均是层流,只在光学窗口的末端存在湍流边界层,这就导致了除光学窗口末端之外的大部分流场区域对应的 OPD 分布在时间上呈现出较好的均匀性,而光学窗口末端流场对应的 OPD 分布随时间变化明显,如图 4.38 所示,对应的 SR 分别为 0.845 0 和 0.88 19。图 4.37 中的涡 I 和 I ′在空间位置上分别对应图 4.38 中的 A 和 A′。沿 S 方向逐渐变厚的激波层使得 OPD 分布曲线呈现出整体的递增趋势,而湍流边界层中较低的密度使得 OPD 分布曲线呈局部下凹趋势。5 μs 的时间间隔内,湍流边界层中的涡 I 对 OPD 分布曲线的影响范围从 A 变为 A′。

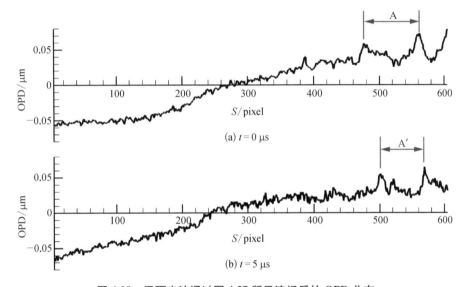

(a) $t = 0$ μs

(b) $t = 5$ μs

图 4.38　平面光波通过图 4.37 所示流场后的 OPD 分布

$Ma_\infty = 3.8$ 流场中,0°攻角平窗光学头罩的激波层比 $Ma_\infty = 3.0$ 流场薄,如图 4.39 所示,空间分辨率为 94.2 μm/pixel。流场最左端的激波层厚度为 12.72 mm,最右端的激波层厚度为 20.25 mm,激波与 S 之间的夹角为10.8°。从图 4.39 中可以看出,光学窗口前端的边界层处于层流状态,从光学窗口中部开始转捩,直至发展成湍流边界层。因此,光学窗口前半部分流场的气动光学性能优于后半部分流场。沿 S 方向逐渐增厚的激波层使得 OPD 分布曲线呈现整体递增的趋势,而光学窗口平面湍流边界层则会影响 OPD 分布曲线的局部。经过 5 μs,湍流边界层中涡结构的整体平移比自身变形要明显得多。湍流边界层随时间的变化导致 OPD 分布曲线在时间上的非均匀性,这也是产生光学抖动的主要原因。

　　相对均匀的密度分布,使得平面光波通过如图 4.39 所示流场后的 OPD 分

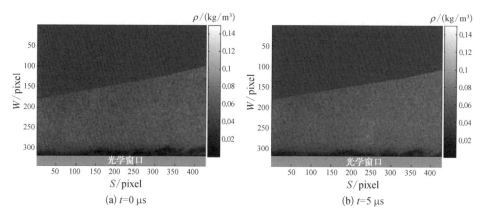

图 4.39　Ma_∞ = 3.8 流场中 0° 攻角平窗光学头罩 Z 区域的瞬态密度场

布相对较为平滑,如图 4.40 所示,对应的 SR 分别为 0.97 和 0.95。对比分析图 4.39 和图 4.40 可以发现,沿 S 方向变厚的激波层使得 OPD 分布曲线整体随 S 增大而上升,湍流边界层的存在,使得 OPD 分布呈局部降低趋势。光线追迹分析结果显示,通过流场后光线的最大偏移量 offset_{max} = 0.6 $\mu\mathrm{m}$,远远小于图 4.39 中一个像素的大小。和图 4.35 所示的流场相比,图 4.39 流场具有较薄的激波层和较低的流场密度,激波与 S 之间的夹角较小,这些都是图 4.40 所示 OPD 分布曲线较为平滑,SR 相对较高的原因。

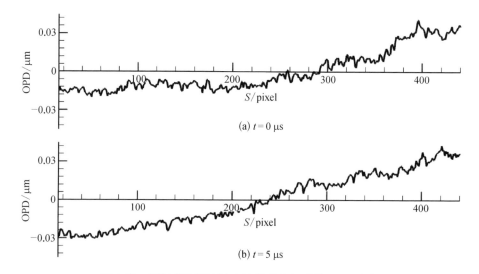

图 4.40　平面光波通过图 4.39 所示流场后的 OPD 分布

攻角的增大,使得 Ma_∞ = 3.8 流场中 10°攻角凹窗光学头罩流场中靠近光学窗口一侧的激波层厚度小于 0° 攻角的激波层,如图 4.41 所示,空间分辨率为 90 μm/pixel。从图中所示的流场中没有发现湍流边界层,但流场中激波和膨胀波的综合作用使得流场的密度分布较为复杂。与 0°攻角相比,10°攻角状态下膨胀波的作用区域较大,流场右下角的密度较大,这是光学窗口末端分离边界层的诱导激波造成的,分离边界层的不稳定性使得激波脚的位置随时间改变,强度也会随着分离边界层的发展而产生变化,因而导致该区域流场的密度在间隔 5 μs 的两个时刻内有所不同。

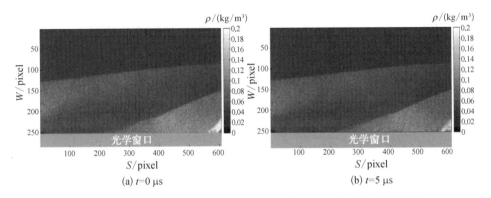

图 4.41　Ma_∞ = 3.8 流场中 10°攻角凹窗光学头罩 Z 区域的瞬态密度场

光学窗口上方大部分区域流场在时间上均匀分布,使得平面光波穿过流场后的 OPD 分布随时间变化很小,如图 4.42 所示,两个时刻对应的 SR 分别为 0.93 和 0.96。光线追迹分析的结果显示,透过流场后光线的最大偏移量 $\text{offset}_{\max}$ = 0.4 μm,远远小于密度场分布图像中一个像素的大小。光学窗口前半部分的流场区域,膨胀波的作用范围较大,致使 OPD 分布呈现随 S 递减的变化趋势;后半段的流场区域内,多道激波的作用及膨胀波作用范围的减小,使得 OPD 分布呈现随 S 递增的变化趋势;光学窗口上方所有流动结构的综合作用,导致 OPD 分布曲线整体呈现随 S 递增的变化趋势。光学窗口末端分离边界层诱导激波的位置和强度上随时间的变化,使得该区域的 OPD 分布在 5 μs 后发生变化。

较好的几何外形、较大的攻角,使得 Ma_∞ = 3.8 流场中 10°攻角平窗光学头罩光学窗口上方的流场较为简单,只存在激波和极薄的层流边界层,如图 4.43 所示,空间分辨率为 93.3 μm/pixel。光学窗口左端的激波层厚度为 8.5 mm,右端的激波层厚度为 14.65 mm,激波和 S 之间的夹角为 8.95°。光学窗口上方流场处于层流状态,这对光学传输非常有利,不会发生抖动和模糊等现象,只存在激

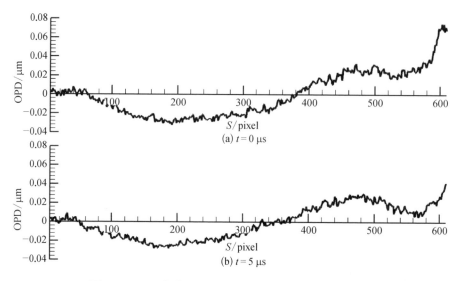

图 4.42 平面光波通过图 4.41 所示流场后的 OPD 分布

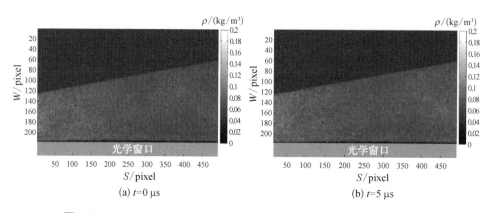

图 4.43 Ma_∞ = 3.8 流场中 10°攻角平窗光学头罩 Z 区域的瞬态密度场

波导致的光线偏折。

图 4.43 所示的流场处于定常流动状态,其密度分布不随时间发生改变,平面光波通过该流场后的 OPD 分布也是定常的,如图 4.44 所示,对应的 SR 分别为 0.78 和 0.78。沿 S 方向逐渐增厚的激波层使得 OPD 分布呈现沿 S 递增的变化趋势,OPD 分布曲线整体分布表现为线性增长趋势,而且随时间的变化很小。气动光学控制只需要校准 OPD 分布的斜率,就可以很容易地改善流场的气动光学性能。

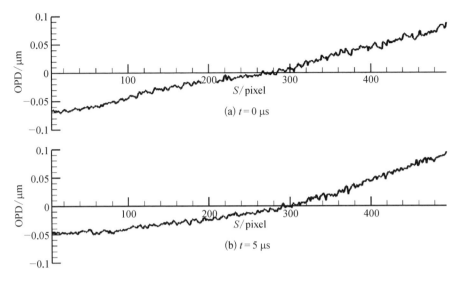

图 **4.44**　平面光波通过图 **4.43** 所示流场后的 OPD 分布

4.2.2　光束传播方向上波前畸变的积分效应

光波在流场中传播时,折射率变化导致的波前畸变是光束传播路径上的积分效果,不同流场结构对其产生不同程度的影响,因此需要一种方法来研究光束路径中不同位置上的气动光学作用。本节基于 NPLS 技术测得的超声速光学头罩密度场的瞬态分布,采用光学追迹算法测量光波到达流场不同位置时的 OPD 分布,可用于分析不同类型的流场结构对波前畸变的影响,进而可探知流场和光波互相作用的机理。

$Ma_\infty = 3.0$ 流场中,0°攻角凹窗光学头罩光学窗口上方流场结构复杂,存在激波、膨胀波和湍流边界层,其对光波的传输存在不同程度的影响。采用光线追迹理论测量了光波在图 4.33(a) 所示流场中的 OPD 分布,如图 4.45 所示。其中,图 4.45(a) 为流场密度分布图,白线表示流场中的不同位置,分别对应 $W = 50$ pixel、150 pixel、200 pixel、300 pixel、350 pixel 和 428 pixel;图 4.45(b) 为光波在流场中不同位置的 OPD 分布;图 4.45(c) 为图 4.45(a) 中各白线处对应的 OPD 分布,纵坐标主刻度的间距为 0.1 μm,虚线表示各种情况下 OPD = 0 的位置。从起始位置到 $W = 50$ pixel,光波始终处于均匀来流区域,均匀的密度分布没有对波前造成明显的影响;当光波传输到 $W = 150$ pixel 的位置时,激波 1 前后的密度差异导致波前发生明显变化,波前 OPD 分布没有改变,而波后 OPD 分布呈随 S 递增的变化趋势,这是因为随着 S 的增大,光波通过波后高密度区域的距离增大;光波完全透过激波 1,到达 $W = 200\,\text{pixel}$ 时,OPD 大致呈现出随 S 递增的分布特征,这是因为 S 越大,光线经过波后高密度区域的距离越大;在 $W = 300\,\text{pixel}$ 的流场位置,膨胀波的非均匀分布使得 OPD 在 $300 < S < 530$ 的范围内递减,而激波 2 的出现使得 OPD 在 $S \approx 530$ 处开始递增;光波在 $W = 300 \sim 350\,\text{pixel}$ 的传输过程中,膨胀波和激波 2 的影响均向前移,二者的综合作用使得 $W = 350\,\text{pixel}$ 处的 OPD 分布呈现出单调递增的趋势;光波完全透过图 4.33(a) 所示流场,到达 $W = 428\,\text{pixel}$ 后,OPD 的整体分布趋势和 $W = 350\,\text{pixel}$ 时大致相同,但湍流边界层的存在改变

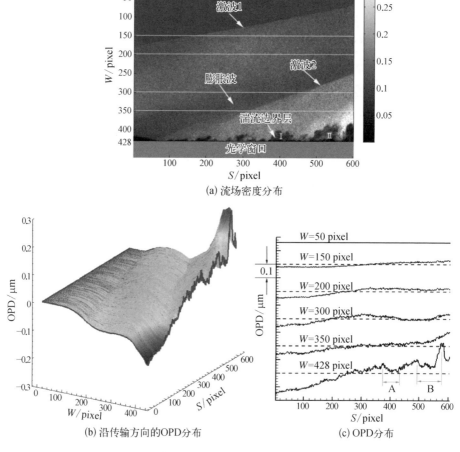

(a) 流场密度分布

(b) 沿传输方向的OPD分布

(c) OPD分布

图 4.45　光波在图 4.33(a) 所示流场中的 OPD 分布

了 OPD 的局部分布：图 4.45(a) 中湍流边界层中的两个涡 I 和 II 在空间位置上分别对应图 4.45(c) 中的 A 和 B 区域，涡内较低的密度使得这两个区域内的 OPD 较小，且尺度较大的涡 II 对 OPD 的影响要比尺度较小的涡 I 大。

图 4.46 所示为光波在图 4.35(a) 所示流场中传播时的 OPD 分布图，各分图的意义和图 4.45 中类似，其中图 4.46(a) 各中条白线表示的空间位置分别为 $W = 45\ \text{pixel}$、100 pixel、200 pixel、250 pixel、300 pixel 和 335 pixel，图 4.46(c) 纵坐标的主刻度间距为 0.1 μm。平面光波从初始位置到达 $W = 45\ \text{pixel}$ 的过程中，尚处于均匀来流区域，均匀的密度分布没有对波前造成明显的变化；当光波传输到 $W = 100\ \text{pixel}$ 的位置时，激波前后的密度差导致光学波前发生明显变化，

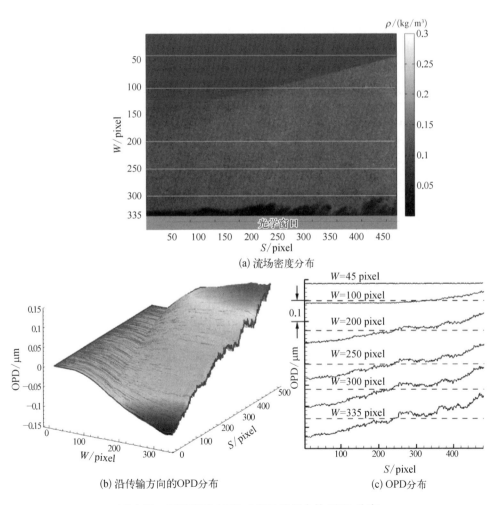

(a) 流场密度分布

(b) 沿传输方向的OPD分布

(c) OPD分布

图 4.46　光波在图 4.35(a) 所示流场中的 OPD 分布

波后 OPD 高于波前 OPD;光波完全透过激波,到达 $W = 200$ pixel 后,OPD 分布大致呈现出随着 S 递增的变化趋势,这是由于随着 S 的增大,光线经过波后高密度区域的距离较大;激波后的密度分布较为均匀,使得光波在 $W = 250$ pixel,300 pixel 处的 OPD 分布和 $W = 200$ pixel 处相比没有明显变化;光波继续传输,穿过湍流边界层到达光学窗口平面后,OPD 分布曲线局部出现较为明显的向下凹趋势,这是由于湍流边界层内的密度较低。

如上所述,在 $Ma_\infty = 3.8$ 流场中,0° 攻角凹窗光学头罩的激波层比 $Ma_\infty = 3.0$ 流场中薄,光学窗口上方的膨胀波范围较大,湍流边界层只存在于光学窗口的末端。流场结构空间分布上的差异,导致光波在 $Ma_\infty = 3.8$ 流场中受到的扰动与 $Ma_\infty = 3.0$ 流场中不尽相同。图 4.47 所示为光波在图 4.37(a) 所示流场的 OPD 分布。其中,图 4.47(a) 中白线标识的流场位置分别为 $W = 100$ pixel、200 pixel、250 pixel、300 pixel、350 pixel 和 405 pixel;图 4.47(c) 中纵坐标主刻度间距为 0.02 μm。从起始位置到 $W = 100$ pixel 的传播过程中,平面光波始终处于均匀来流区域,均匀的密度分布没有改变波前的形状;光波到达 $W = 200$ pixel 处,激波 1 的存在使得 OPD 分布在波前的流动区域内没有变化,而波后 OPD 随 S 递增;穿过激波,到达 $W = 250$ pixel 的流场区域,激波的作用使得 OPD 整体随 S 递增,$S \approx 540$ pixel 之后的递减分布是膨胀波作用的结果;光波到达 $W = 300$ pixel 处,在 300 pixel $\leqslant S \leqslant 540$ pixel 范围内,膨胀波的存在使得 OPD 的整体分布比 $W = 250$ pixel 处平缓,激波 2 的存在使 $S \approx 540$ pixel 之后的 OPD 不再呈递减趋势;光波到达 $W = 350$ pixel 时,膨胀波和湍流边界层诱导的小激波结构使得 OPD 分布发生明显变化;$W = 350 \sim 405$ pixel 的传播过程中,光波经过湍流边界层,其 OPD 分布局部也发生了极大改变:图 4.47(a) 中湍流边界层的两个涡 Ⅰ 和 Ⅱ 分别对应图 4.47(c) 中 OPD 分布曲线的 A、B 区域,涡内较低的密度导致 OPD 分布曲线局部存在凹陷。

较好的光学头罩外形使得平窗光学头罩光学窗口上方的流场较为简单,仅存在激波和湍流边界层,如图 4.48(a) 所示。图 4.48(a) 中白线表示的流场位置分别为 $W = 50$ pixel、150 pixel、200 pixel、250 pixel 和 315 pixel;图 4.48(c) 中纵坐标主刻度间距为 0.02 μm。$W = 0$ pixel 和 $W = 50$ pixel 之间,平面光波均位于均匀来流区域,受到的气动光学扰动很小,波前没有发生明显变化;到达流场中 $W = 150$ pixel 处,流场上下游分别位于激波前后,其前后的密度场导致波前发生明显变化:波前均匀来流区域对应的 OPD 分布曲线仍保持水平,波后 OPD 随 S 递增,这是波后区域厚度随 S 增加的结果;完全穿过激波后,波后流场厚度的分

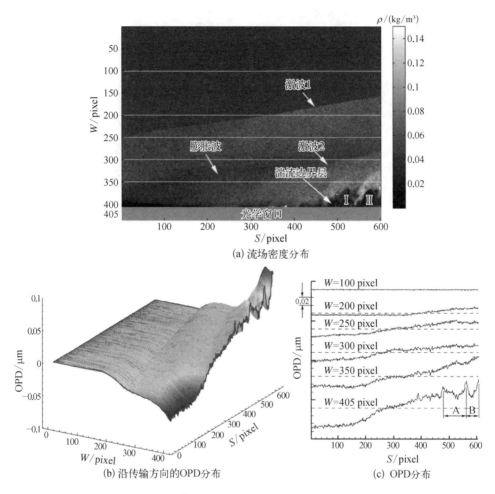

(a) 流场密度分布

(b) 沿传输方向的OPD分布

(c) OPD分布

图 4.47　光波在图 4.37(a) 所示流场中的 OPD 分布

布特点,导致 **OPD** 随 S 递增;W = 200 ~ 250 pixel 的流场区域,密度分布较为均匀,OPD 分布曲线没有明显变化;平面光波完全穿过流场后,湍流边界层的作用使得 OPD 分布曲线局部发生改变,但整体趋势不变。

Ma_∞ = 3.8 流场中,10°攻角的凹窗光学头罩光学窗口上方流场不存在湍流边界层,仅在光学窗口末端存在边界层诱导激波,如图 4.49(a) 所示。其中,图 4.49(a) 中的白线位置分别为 W = 50 pixel、110 pixel、150 pixel、200 pixel 和 254 pixel,图 4.49(c) 纵坐标主刻度间距为 0.05 μm。从初始位置到 W = 50 pixel 的传播过程中,均匀来流并未对 OPD 的分布造成影响。光波到达 W =

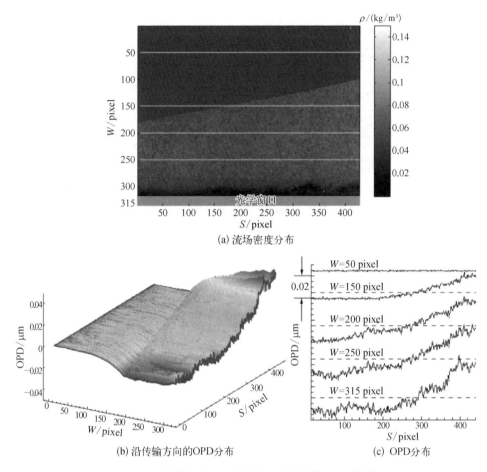

(a) 流场密度分布

(b) 沿传输方向的OPD分布

(c) OPD分布

图 4.48　光波在图 4.39(a)所示流场中的 OPD 分布

110 pixel,斜激波 1 的存在使得波后 OPD 随 S 递增,在 $S \approx 530\ \mathrm{pixel}$ 之后变得比较平缓,是激波和膨胀波综合作用的结果。在 $W = 150\ \mathrm{pixel}$ 处,大范围的膨胀波对 OPD 分布的影响很大,致使 $S \approx 300\ \mathrm{pixel}$ 之后的 OPD 逐渐减小。然而,激波 2 在 $W = 200\ \mathrm{pixel}$ 位置出现,使得 OPD 从 $S \approx 440\ \mathrm{pixel}$ 之后开始递增;膨胀波作用范围的提前,也使得 OPD 分布曲线开始递减的位置前移。光波从 $W = 200\ \mathrm{pixel}$ 到完全穿过流场的过程中,除了膨胀波和激波 2 的位置前移,诱导激波的出现也是 OPD 分布发生明显改变的原因。

$Ma_\infty = 3.8$ 流场中,10°攻角平窗光学头罩光学窗口上方的流场均处于层流状态,而且不随时间变化,光波在相应流场中的 OPD 分布如图 4.50 所示。其中,图 4.50(a)中白线对应的流场位置分别为 $W = 50\ \mathrm{pixel}$、100 pixel、

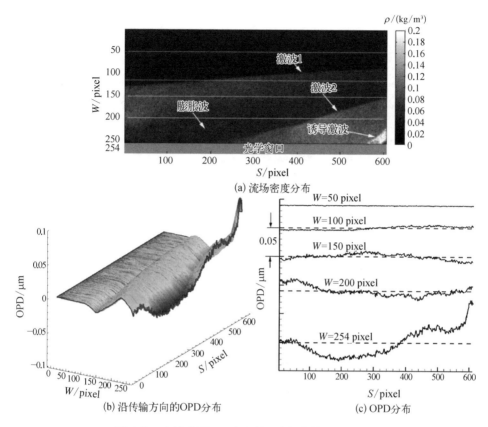

(a) 流场密度分布

(b) 沿传输方向的OPD分布

(c) OPD分布

图 4.49　光波在图 4.41(a)所示流场中的 OPD 分布

150 pixel 和 225 pixel, 图 4.50(c)中纵坐标主刻度的间距为 0.1 μm。从图 4.50 中看出,均匀来流区域并未对 OPD 分布曲线造成明显的影响,$W = 100$ pixel 处,斜激波的出现导致波后 OPD 随 S 递增。完全穿过斜激波到达 $W = 150$ pixel 处,波后高密度区域厚度的非均匀分布导致 OPD 分布呈现沿 S 递增的变化趋势。当光波完全穿过流场时,OPD 的分布仍然呈现线性递增的变化规律,斜激波的存在是主要原因。

4.2.3　超声速光学头罩流场波前畸变的多分辨率分析

　　超声速光学头罩流场中存在各种尺度的流场结构,它们对其气动光学性能会产生不同程度的影响。改变密度场图像分辨率,采用光线追迹方法测量相应的 OPD 分布,来衡量不同尺度流场结构对气动光学作用的影响。

　　分辨率的降低将流场中的小尺度结构平均化,如图 4.51 ~ 图 4.56 所示。

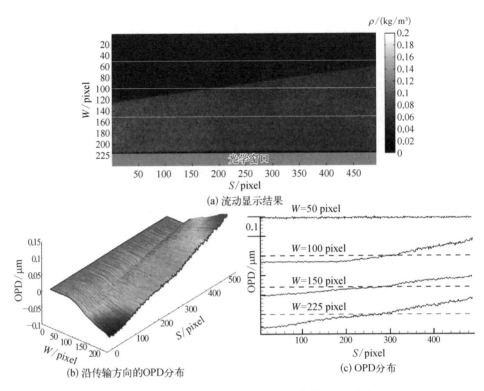

图 4.50 光波在图 4.43(a) 所示流场中的 OPD 分布

其中,图(a)~(d)是基于 NPLS 技术测得的原始分辨率的密度场图像;从图(a)~图(d),分辨率依次降低,激波越来越厚,湍流边界层中的小涡逐渐被掩盖;图(d)中,边界层中涡的内部精细结构和较小的湍流涡消失,只有膨胀波、模糊的激波和较大的湍流边界层涡结构还可以辨识。虽然密度场分辨率的降低掩盖了小尺度结构,模糊了大尺度结构,但图(a)~(d)对应的 OPD 分布整体变化不大,这也说明了对气动光学作用起支配作用的是流场中的大尺度结构,小尺度结构并不能改变 OPD 的整体分布。观察图 4.51~图 4.56 可以发现,流场分辨率越高,OPD 分布显示的细节信息越多;流场分辨率越低,OPD分布越光滑,显示的细节信息越少,但整体分布变化不大。分析不同分辨率流场对应的气动光学畸变可以发现,波前畸变对流场分辨率并不敏感,对波前畸变产生较大影响的是流场中的大尺度结构,这一结论对于气动光学控制有重要意义:破坏流场中的大尺度结构,能够有效地提高流场的气动光学性能。

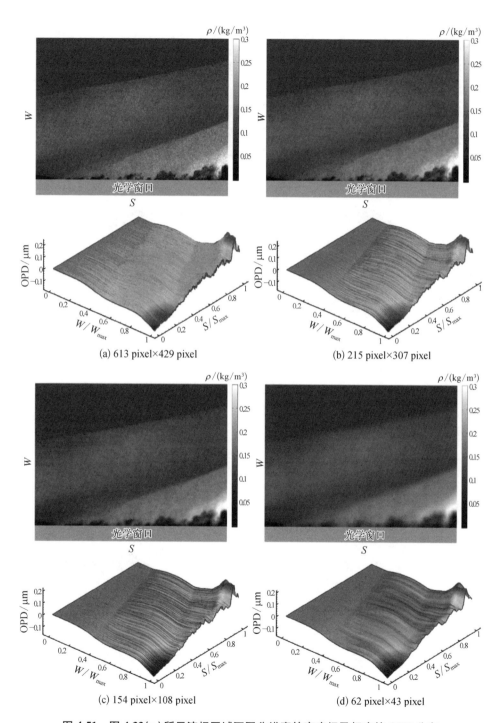

图 **4.51**　图 4.33(a) 所示流场区域不同分辨率的密度场及相应的 **OPD** 分布

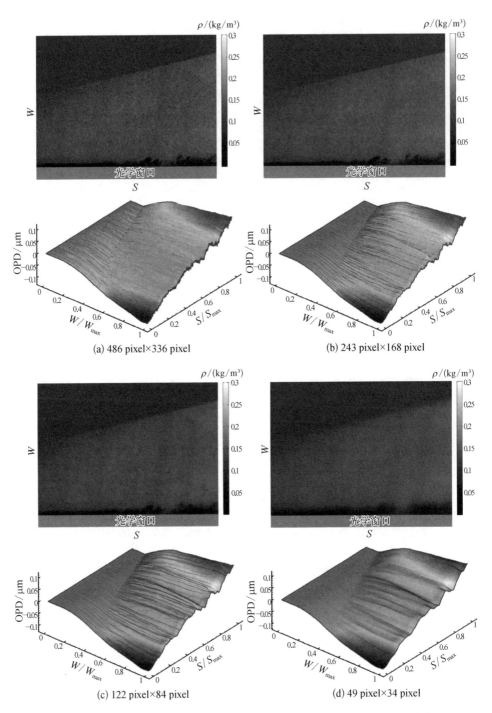

图 4.52   图 4.35(a) 所示流场区域不同分辨率的密度场及相应的 OPD 分布

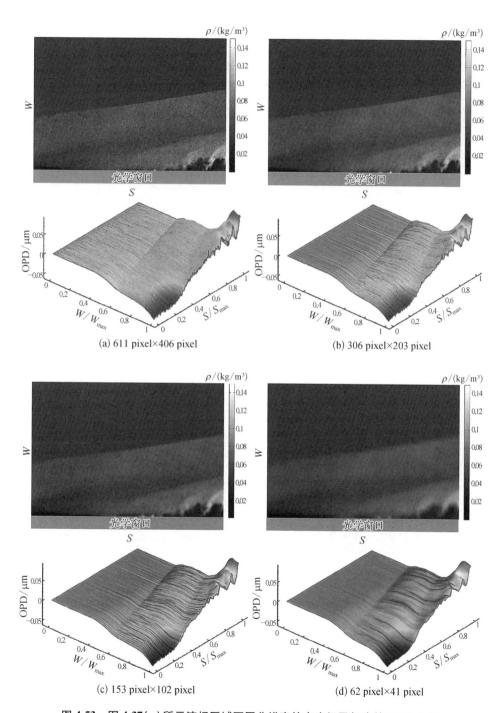

图 4.53 图 4.37(a)所示流场区域不同分辨率的密度场及相应的 **OPD** 分布

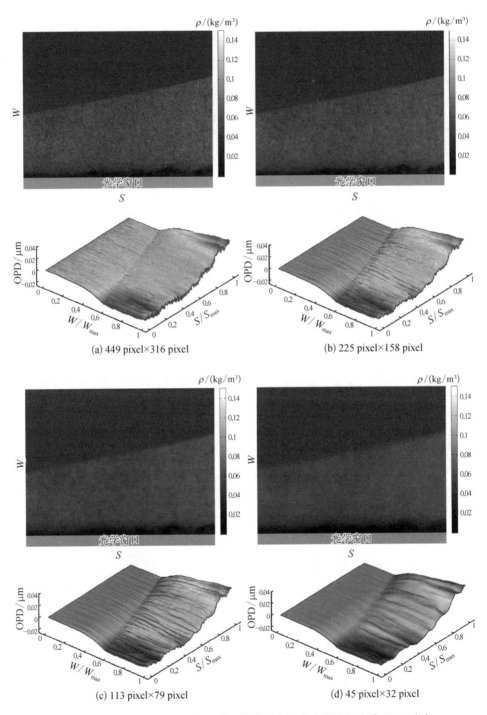

图 4.54　图 4.39(a) 所示流场区域不同分辨率的密度场及相应的 OPD 分布

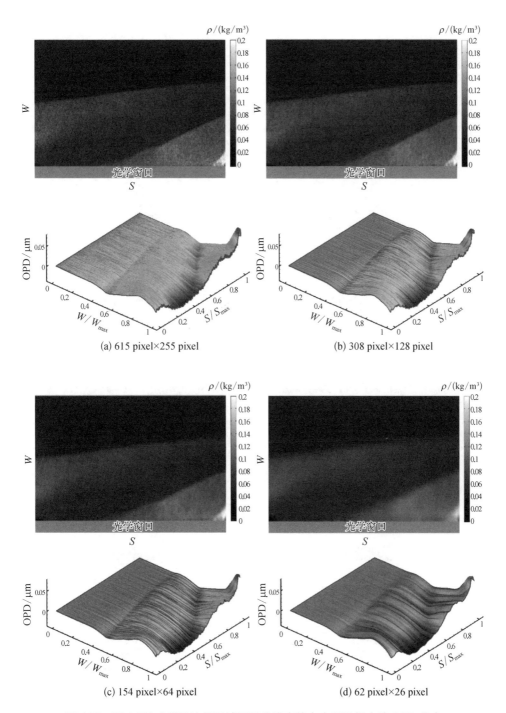

图 4.55　**图 4.41(a)所示流场区域不同分辨率的密度场及相应的 OPD 分布**

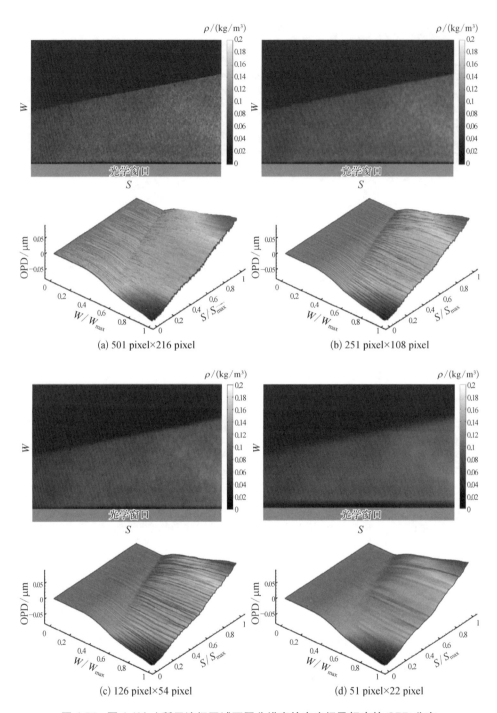

图 4.56　图 4.43(a)所示流场区域不同分辨率的密度场及相应的 OPD 分布

4.3　非致冷光学头罩二维畸变波前

基于 BOS 的波前传感原理,本节构建了一套基于 BOS 的波前传感系统,如图 4.57 所示。该系统以双腔 Nd:YAG 激光器为光源,其单脉冲宽度为 6 ns,单脉冲最高能量可达500 mJ,波长 $\lambda = 532$ nm。采用双曝光功能的高分辨率 CCD 相机,相邻两次曝光的时间间隔最短可达到 200 ns,分辨率为 2 000 pixel × 2 000 pixel。CCD 相机和激光器之间通过同步控制器控制,以确保两束激光照射下的背景分别成像在两幅图像中,进而分析波前随时间的演化规律,同步控制器精度高达 250 ps。以上硬件参数决定了基于 BOS 的波前传感系统的性能,其时间分辨率为 6 ns,时间相关分辨率最高可达 0.2 μs,空间分辨率在 ms 量级。

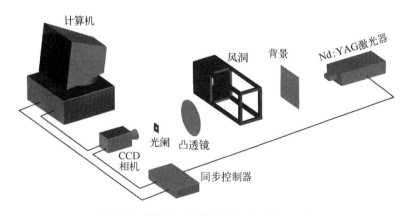

图 4.57　基于 BOS 的波前传感系统示意图

采用如图 4.57 所示的基于 BOS 的波前传感系统,分别对 $Ma_\infty = 3.0$ 流场中 0°攻角凹窗和 0°攻角平窗光学头罩对应的光学波前畸变进行测量,两束脉冲激光的时间间隔为 0.5 μs,分别采用 PIV 算法和 Southwell 算法计算背景图像的位移和波前重构。

如图 4.58 所示为采用基于 BOS 的波前传感方法测量超声速光学头罩流场波前的示意图。背景图像放在试验段上方,CCD 相机置于风洞试验段下方,CCD 相机和超声速光学头罩模型光学窗口中心的连线垂直于来流方向。风洞试验段的整个上壁面用光学玻璃制成,光学窗口下方的试验段底板开有透光槽,便于试验的开展。0°攻角平窗光学头罩流场的基于 BOS 的波前传感试验配置与图4.58类似,这里不再赘述。

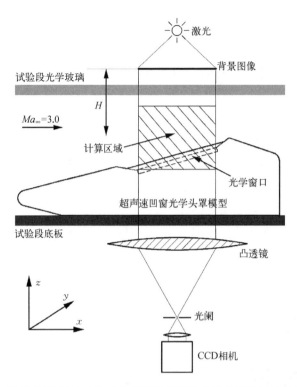

图 4.58　基于 BOS 的波前传感方法测量超声速光学头罩流场的波前示意图

4.3.1　非致冷超声速光学头罩流场的 OPD 分布

1. $Ma_\infty = 3.0$ 流场中 0° 攻角凹窗光学头罩流场的 OPD 分布

将多次波前测量结果进行平均处理,得到 $Ma_\infty = 3.0$ 流场中 0° 攻角凹窗光学头罩对应的平均 OPD 分布,如图 4.59(a) 所示。其中,x、y 坐标以试验段来流方向上光学窗口的长度 L 归一化,方向为试验段来流方向。从图中看出,OPD 分布存在很明显的二维特征,且 OPD 沿流向呈递增趋势。图 4.59(b)、(d) 是相隔 0.5 μs 的瞬态 OPD 分布,与图 4.59(a) 中 OPD 的分布趋势大体一致。图 4.59(c)、(e) 分别是图 4.59(b)、(d) 对应的 OPD 脉动,从图 4.59 中可以看出,OPD′分布的二维特征并不明显,这是凹窗光学头罩光学窗口上方流场脉动折射率场较强的三维特征决定的,但没有对 OPD 分布产生显著影响;经过 0.5 μs 的时间,OPD′的分布主要表现为向下游平移,而整体的分布形式变化不是很明显。

波前测量方法的不同,决定了测量结果之间存在差异,这和测量方法的特点有关。如图 4.60 所示,分别为采用 Fluent 数值模拟(CFD)、基于 NPLS 的波前传感和基于 BOS 的波前传感测得的 $Ma_\infty = 3.0$ 流场中,平面光波从背景图像到达

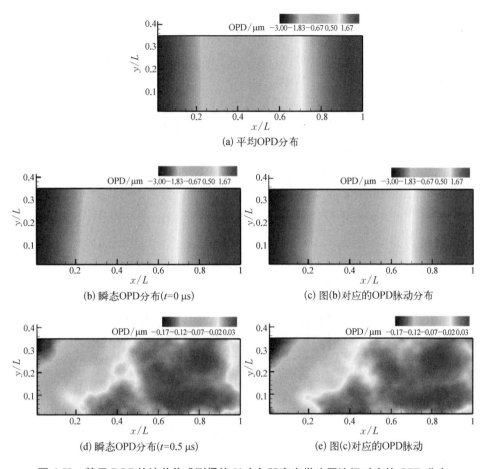

(a) 平均OPD分布

(b) 瞬态OPD分布($t=0\ \mu s$)

(c) 图(b)对应的OPD脉动分布

(d) 瞬态OPD分布($t=0.5\ \mu s$)

(e) 图(c)对应的OPD脉动

图 4.59　基于 BOS 的波前传感测得的 0° 攻角凹窗光学头罩流场对应的 OPD 分布

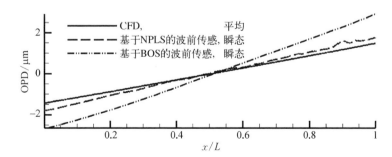

图 4.60　平面光波通过 0° 攻角凹窗光学头罩流场后的 OPD 分布

CCD 相机阵列面时的波前分布。其中,数值模拟和基于 NPLS 的波前传感方法的计算区域如图 4.58 所示,避免了风洞壁面边界层对测量的影响,测得的波前曲线较为接近;基于 BOS 的波前传感方法测量波前的试验过程中,不可避免地受到风洞壁面边界层及外部环境的干扰,这些是导致基于 BOS 的波前传感测量结果与其他两种方法测量结果相差较为明显的主要原因。

2. $Ma_\infty = 3.0$ 流场中 0°攻角平窗光学头罩流场的 OPD 分布

如上所述,0°攻角平窗光学头罩具有相对良好的几何外形,使得光学窗口上方的流场较为简单,对透过其中的平面光波的影响也相对较小,基于 BOS 的波前传感方法的波前测量同样证实了这一点。图 4.61 所示为 $Ma_\infty = 3.0$ 流场中 0°攻角平窗光学头罩对应的 OPD 分布,其中图 4.61(a)为平均 OPD 分布,图 4.61

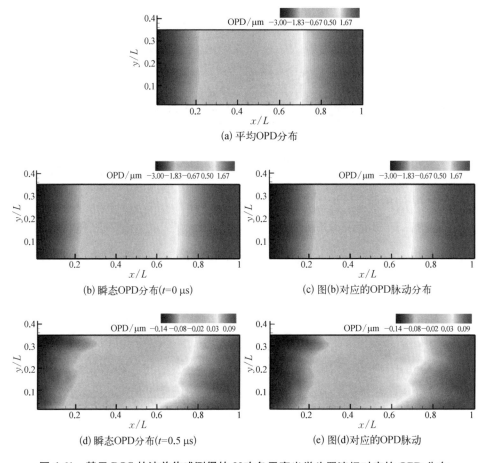

图 4.61 基于 BOS 的波前传感测得的 0°攻角平窗光学头罩流场对应的 OPD 分布

（b）、（d）是相隔 0.5 μs 的瞬态 OPD 分布,图 4.61(c)、(e)分别是图 4.61(b)、(d)对应的 OPD 脉动分布。从图 4.61 中可以看出,与图 4.59 相比,平均 OPD 和瞬态 OPD 的大小和分布趋势相差不大,但 OPD 脉动分布的二维特性更为明显,这是因为流场结构简单,折射率脉动空间分布的三维特性较弱。

如图 4.62 所示,为采用数值模拟方法（CFD）、基于 NPLS 的波前传感方法和基于 BOS 的波前传感方法测得的 $Ma_\infty = 3.0$ 流场中 0° 攻角平窗光学头罩对称面的 OPD 分布。其中,数值模拟和基于 NPLS 的波前传感方法的计算区域如图 4.58 所示,避免了环境和风洞壁面边界层对测量的影响,测得的波前曲线也较为接近;本节基于 BOS 的波前传感方法测量波前的试验过程,不可避免地受到风洞壁面边界层及外部环境的干扰,这些是导致基于 BOS 的波前传感测量结果与其他两种方法测量结果相差较为明显的主要原因。

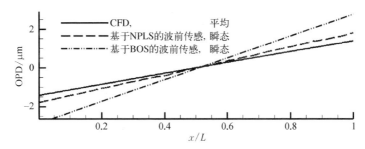

图 4.62　平面光波通过 0° 攻角平窗光学头罩流场后的 OPD 分布

3. 小结

基于纹影模式 BOS 的气动光学原理,本节创造性地开发了一种新的二维光学波前测量方法,即基于 BOS 的波前传感方法。该方法的时间分辨率为 6 ns,时间相关分辨率最高可达 0.2 μs。基于 BOS 的波前传感方法,研究了 $Ma_\infty = 3.0$ 流场中凹窗和平窗光学头罩流场诱导的气动光学波前畸变。将基于 BOS 的波前传感方法与基于 NPLS 的波前传感、数值模拟方法的研究结果进行对比,发现后两种方法测得的 OPD 相差不大,而基于 BOS 的波前传感方法的测量结果与后两种方法相差较大。究其原因,是因为基于 BOS 的波前传感方法不可避免地受到了环境和风洞壁面边界层的影响。

4.3.2　非致冷高超声速光学头罩流场的 OPD 分布

1. 试验模型与试验状态

试验模型设计参考典型制导飞行器外形,为了便于进行对比研究,设计了两套模型,一套为二维头罩模型,其基本外形为斜劈,模型表面有一光学窗口,另一套为三维头罩,基本外形为一双锥钝头体,模型表面有一个切平面,其相对模型轴线的夹角与二维模型的斜劈角相同,光学窗口位于该平面上。两个模型的窗口外形和尺寸完全相同,与模型前缘距离也相同。二维模型内部被掏空,并与具有封闭腔体的立刀连接,连通至风洞侧壁的观察窗口。三维模型内部同样被掏空。模型内部的成像系统通过光学窗口对目标进行成像制导。两个模型照片分别如图 4.63 和图 4.64 所示:

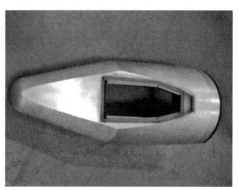

图 4.63　二维头罩模型照片　　　　图 4.64　三维头罩模型照片

根据实际飞行环境和试验系统现有条件,选取来流马赫数为 $Ma_\infty = 6.0$ 的运行状态,总温 T_0 约 420 K,总压 P_0 变化范围为 1~1.6 MPa,单位雷诺数变化范围为 $10.5 \times 10^6 \sim 16.8 \times 10^6/m$,可模拟高度为 22~24 km 的飞行环境。本节中主要涉及的来流状态参数如表 4.1 所示,表 4.2 为测试内容,主要包括不同的攻角状态和曝光时间。

表 4.1　高超声速风洞来流参数

Ma_∞	T_0/K	P_0/MPa
6	420	1.0
		1.3
		1.6

表 4.2　高超声速光学头罩气动光学畸变测试内容

模　型	攻　角	光　源	试 验 内 容
二维模型	0°, 2°	连续 LED * 光源,脉冲激光	流动结构,波前畸变
三维模型	0°, 2°	连续 LED 光源,脉冲激光	流动结构,波前畸变

　　本小节试验主要是基于 BOS 的波前传感技术对二维和三维头罩模型表面光学窗口附近流场开展气动光学效应研究。由第 3 章内容可知,基于 BOS 的波前传感系统组成主要包括用于量化光线偏折的背景点阵,对光线进行准直的凸透镜和光阑,以及用于对点阵进行成像的 CCD 相机。待测流场位于背景点阵和准直透镜之间,因此点阵和光路系统需要分别布置在风洞两侧。由于飞行器在制导过程中的实际观察角较小,而试验过程中,因空间约束难以直接通过模型和风洞的窗口进行观察,一方面,将模型安装在后侧窗口,透过风洞前窗对点阵进行成像;另一方面,在模型内部安装反射镜,测试光路经过反射镜后经过模型窗口,来对点阵成像。采用表面镀锌的反射镜,这种表面镀膜式反射镜不同于常规的背面镀膜反射镜,不会造成成像的重影和像差。基于 BOS 的波前传感系统的测试光路示意图如图 4.65 所示。

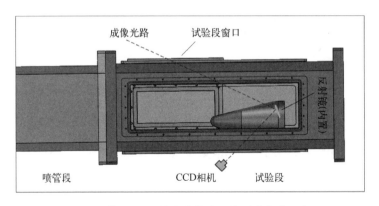

图 4.65　基于 BOS 的波前传感系统测试光路示意图

　　图 4.66 为基于 BOS 的波前传感系统在高超声速低噪声风洞中的实际布置照片,其中图 4.66(a)为背照明式的背景点阵,采用黑底白点的形式有利于提高信噪比;图 4.66(b)为模型内部空腔及其中安装的反射镜;图 4.66(c)为另一侧布置的成像光路,包括 70 mm 焦距 1×10^3 mm 的平凸镜,安装在透镜焦点的光

---

　　*　表示发光二极管。

(a) 背照明式背景点阵　　　　　　　　　(b) 模型内部空腔及成像反射镜

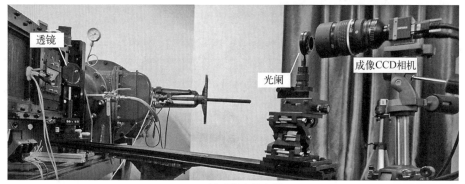

(c) 成像光路布置

图 4.66　基于 BOS 的波前传感系统在高超声速低噪声风洞中的实际布置照片

阑,以及光阑后进行成像的 CCD 相机。本节试验所用的镜头焦距为 105 mm。

2. 高超声速三维头罩模型气动光学效应

本小节对如图 4.64 所示的三维头罩模型开展气动光学效应研究。采用纹影模式下基于 BOS 的波前传感系统,采用两种不同的光源对背景进行照明:照明时间为 0.1 ms、波长 $\lambda = 532$ nm 的脉冲激光及照明时间为 50 ms 的 LED 光源。测试的来流状态同样为 $Ma_\infty = 6.0$,总温 $T_0 = 420$ K,总压为 $P_0 = 1.0 \sim 1.6$MPa。

1) 三维钝头体模型流场气动光学效应基本特征

对时间平均的气动光学效应进行测量,采用 LED 光源进行长时照明,CCD 相机的曝光时间为 50 ms,同时对所测得的时间序列的 OPD 取平均,分析三维头罩表面窗口流场气动光学效应的基本特征。采用基于 BOS 的波前传感方法测得的来流总压为 1.35 MPa、总温为 420 K 时窗口流场的三维 OPD 分布如图 4.67 所示,由 50 幅长时曝光下测量的波前数据求平均得到。x、y 坐标同样采用 x 向

测量范围无量纲化,纵坐标为 OPD,
单位为 μm,并根据图例标示对 OPD
波面染色。从图 4.67 中可以看出,窗
口平面流场的 OPD 分布在展向具有
一定的二维结构特征;沿流向的 OPD
逐渐增大,同时也可看出波前曲面的
斜率也沿流向逐渐增大,说明随着流
动发展,气动光学畸变逐渐增强,这
可能是因为窗口平面的边界层和激
波层沿流向都逐渐增厚,光线偏折率
逐渐增大。

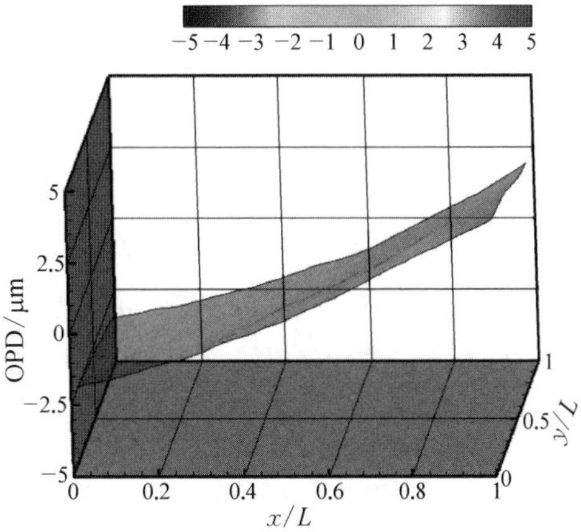

图 4.67　长曝光下的平均 OPD 分布
($P_0 = 1.35$ MPa)

2) 曝光时间对波前畸变的影响

虽然试验时来流是定常的,但模型诱导产生的激波实际上可能存在轻微的
抖动;同时,当模型窗口平面的边界层发生转捩或发展为湍流时,流场也存在折
射率的脉动。因此,进行波前测量时,曝光时间的不同可能也会导致测试结果不
同。本小节分别采用曝光时间为 6 ns 的脉冲激光和曝光时间为 50 ms 的 LED 光
源进行波前测量,对曝光时间的影响进行研究。

采用脉冲激光进行照明时,激光光源采用的是 NPLS 系统的光源,该系统产
生的初始光源为圆形光斑,经过偏光镜可以转化为开展流动显示试验所需的
片光,而经过锥光镜可以转化为不断扩散的圆形光斑。试验时通过调整锥光
镜头到点阵的距离来控制光照范围,并保证光照强度。每次激光出的光强及
其分布并非完全稳定的,而且扩束后的光斑会在背景上形成摩尔纹,给试验带
来一定误差。因此,在进行互相关处理时,通过选取大尺寸的查问区来降低误
差的影响。

图 4.68 为采用脉冲激光照明时所采集的两幅波前图像,试验状态参数为来
流总压 1.29 MPa,总温 420 K。在脉冲激光照明条件下,由于出光时间短,光源能
量高,需要按照合理的时序对激光器出光和相机曝光进行控制,控制方式类似于
PIV 系统的时序控制,通过同步控制器协调各设备运行。图 4.68 中两幅图像为
时间相关的两幅背景图像所对应的波前畸变图,跨帧时间为 10 μs,即两路间隔
10 μs 的脉冲激光照明下的波前畸变图像。由于脉冲激光的出光时间极短,仅为
6 ns,在出光时间内,可以认为流动是冻结的,此时获取的流场波前畸变即瞬态畸
变。为便于对比,给出了单次采集的长曝光 50 ms 下的流场波前畸变图

（图4.69），试验状态参数为来流总压 1.35 MPa，总温 420 K，两幅图为同一次试验过程中采集的相邻两幅图像计算的结果。对比瞬态波前和长曝光波前，两组结果的分布规律基本相似，皆为倾斜的曲面，分布范围也较接近，皆为-2.5～4。主要的不同点在于，长曝光条件下，OPD 分布曲面更平滑，局部波动变化较小，而两幅图中的瞬态波前皆明显表现出局部波动。长曝光下得到的相邻两幅波前的实际时间间隔虽然有约 100 ms，但波面基本相同，反映出流场导致的波前畸变在时间积分上的不变性；而两幅脉冲激光照明的瞬态波前虽然整体变化规律一致，但仍存在明显的局部差别，反映出瞬态流场脉动对波前畸变的影响。

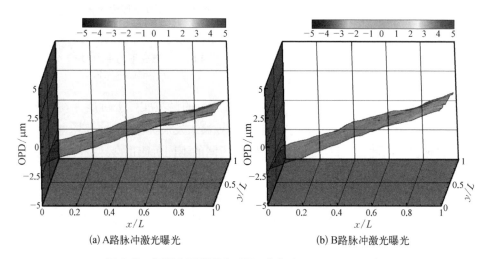

(a) A 路脉冲激光曝光　　　　　　(b) B 路脉冲激光曝光

图 4.68　短曝光下的瞬态 OPD 分布（P_0 = 1.29 MPa）

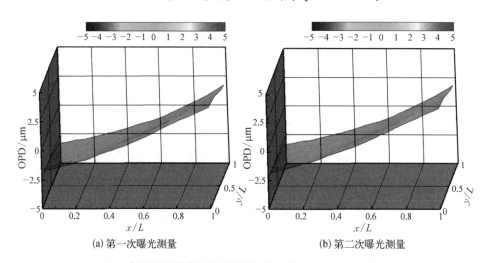

(a) 第一次曝光测量　　　　　　(b) 第二次曝光测量

图 4.69　长曝光下相邻两次测量的 OPD 分布（P_0 = 1.35 MPa）

取窗口中轴面上的 OPD 分布曲线进行对比,如图 4.70 所示,从图中可以看出,在长曝光模式下,相邻两次测量结果的重复性较好,曲线基本吻合,这主要是由于曝光时间较长,测试结果反映的是流场时均的气动光学畸变特征,表明了时均气动光学效应的不变性;短曝光模式下,相邻两次测量结果总体分布一致,但仍有一定差异性,这种差异主要是流场的瞬态特征,包括边界层脉动和激波的抖动引起的。同时,这种瞬态特征也造成了短曝光测量结果与长曝光测量结果的差异。

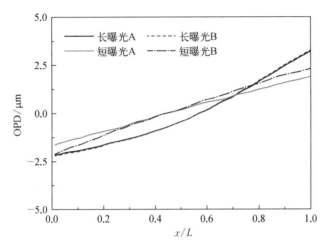

图 4.70　长曝光和短曝光下窗口中轴面的 OPD 分布

3）流场参数对波前畸变的影响

本小节主要研究流场参数对气动光学效应的影响,考虑来流总压和模型攻角的影响。在来流马赫数和总温不变的情况下,改变来流总压等价于改变来流密度;改变模型攻角会改变模型诱导的激波强度,从而改变波后流动结构和流场参数,这些都可能对流场的气动光学效应产生影响。根据试验条件,本节主要考虑 1.08 MPa、1.29 MPa 和 1.60 MPa 三种来流总压状态,以及 0° 和 2° 的模型攻角状态。为了保证一般性,本小节后的所有波前数据皆取各状态下的试验平均值进行对比分析。

图 4.71 为采用脉冲激光照明点阵背景时,在不同来流总压下测量的三维模型流场平均 OPD 分布,该 OPD 分布由 100 幅同车次连续采集的瞬态 OPD 平均得到。其中,图 4.71(a)为总压 P_0 = 1.08 MPa 时测得的 OPD,图 4.71(b)为总压 P_0 = 1.29 MPa 时测得的 OPD,图 4.71(c)为总压 P_0 = 1.60 MPa 时测得的 OPD,

图 4.71(d)为各来流总压下窗口中轴面的 OPD 分布曲线对比。从图 4.71 中可见,各状态下的瞬态(短曝光)平均 OPD 与长曝光平均 OPD 分布规律基本相同,且随着来流总压增加,OPD 的畸变程度有一定增加;与长曝光平均 OPD 分布相比,瞬态流场 OPD 在取平均后仍然存在一定局部脉动。

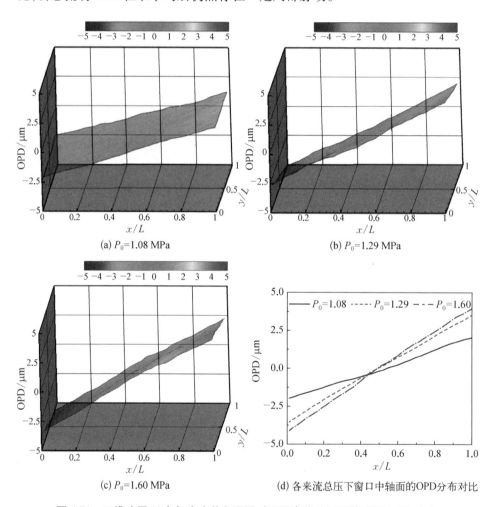

(a) P_0=1.08 MPa

(b) P_0=1.29 MPa

(c) P_0=1.60 MPa

(d) 各来流总压下窗口中轴面的OPD分布对比

图 4.71 三维头罩 0°攻角脉冲激光照明时不同来流总压下的流场 OPD 分布

图 4.72 为长曝光照明时在不同来流总压下测量的三维模型流场平均 OPD 分布,通过 50 幅曝光时间为 50 ms 的测量结果取平均而得。其中,图 4.72(a)为总压 P_0 = 1.0 MPa 时测得的 OPD 分布;图 4.72(b)为总压 P_0 = 1.35 MPa 时测得的 OPD 分布;图 4.72(c)为总压 P_0 = 1.60 MPa 时测得的 OPD 分布;图 4.72(d)为各状态下窗口中轴面上的 OPD 分布曲线。从图 4.72 中可见,三种状态下的

OPD 分布规律基本一致,畸变程度同样随着来流总压升高而逐渐增加;相对于脉冲激光照明时的情况,连续光源长时照明的流场 OPD 波前畸变在展向的对称性特征较明显,波前曲面沿流向变化的光滑性也较好,体现出流场时均密度场沿流向的空间密度梯度是均匀的。

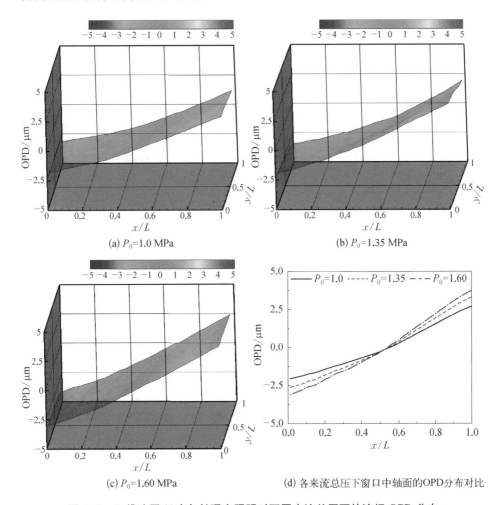

(a) P_0=1.0 MPa

(b) P_0=1.35 MPa

(c) P_0=1.60 MPa

(d) 各来流总压下窗口中轴面的OPD分布对比

图 4.72　三维头罩 0° 攻角长曝光照明时不同来流总压下的流场 OPD 分布

图 4.73 为模型 2° 攻角时长曝光照明时在不同来流总压下测量的三维模型流场平均 OPD 分布,同样是通过 50 幅曝光时间为 50 ms 的测量结果取平均得到。其中,图 4.73(a) 为总压 P_0 = 1.09 MPa 时测得的 OPD 分布;图 4.73(b) 为总压 P_0 = 1.30 MPa 时测得的 OPD 分布;图 4.73(c) 为总压 P_0 = 1.60 MPa 时测得的 OPD 分布;图 4.73(d) 为各状态下窗口中轴面上 OPD 分布曲线。首先,从图

4.73可以看出,模型2°攻角下,窗口流场波前畸变结构特征与图4.72中0°攻角下相应状态的波前结构基本相似,都是沿流向倾斜、展向对称的波前曲面;同样,随着来流总压升高,波前畸变程度逐渐增加。不同之处在于,2°攻角下,相近总压状态下的波前畸变的程度更强,这主要是因为攻角增加后,模型诱导出的弓形激波更强,波后密度增加,导致其畸变程度增加。

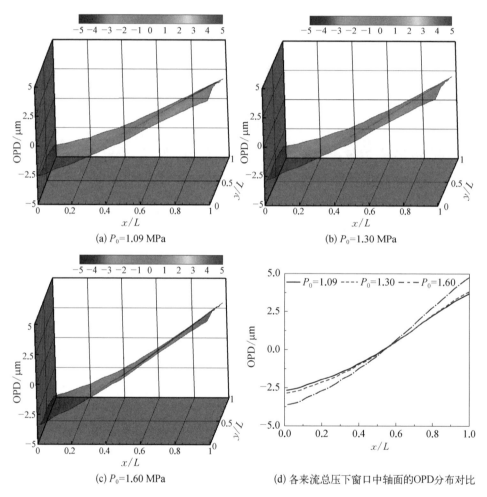

(a) P_0=1.09 MPa

(b) P_0=1.30 MPa

(c) P_0=1.60 MPa

(d) 各来流总压下窗口中轴面的OPD分布对比

图 4.73   三维头罩 2°攻角长曝光照明时不同来流总压下的流场 OPD 分布

综上,本小节探索了不同来流参数和模型参数对三维头罩模型光学窗口流场的气动光学畸变的影响。首先,在保持总温不变情况下测试了三种总压状态下的波前分布,结果表明,改变来流总压会改变流场密度,继而改变折射率分布,气动光学效应随来流总压的升高而增强;然后对比了模型2°攻角下相对0°攻角时各状态下的畸变程度,结果表明增大模型攻角也会导致畸变增强。

3. 高超声速二维头罩模型气动光学效应

进一步采用基于 BOS 的波前传感技术对如图 4.63 所示的二维斜劈模型开展气动光学效应研究,主要目的是进一步确认头罩流场的气动光学效应特征,将二维头罩的测试结果与三维头罩进行对比验证。试验主要基于长曝光模式,测试的来流状态与三维模型相同,$Ma_\infty = 6.0$,总温 $T_0 = 420$ K、总压 $P_0 = 1.0 \sim 1.6$ MPa。

1) 二维斜劈模型流场气动光学效应基本特征

与前述三维头罩的情况类似,首先测试了来流总压 1.37 MPa、总温 420 K 时模型窗口流场的三维波前结构,分析二维头罩表面窗口流场气动光学效应的基本特征。采用长曝光模式,CCD 相机的曝光时间与三维头罩模型的情况相同,为 50 ms。将所测得的时间序列的 OPD 分布取平均,基于 BOS 的波前传感测得的由 50 幅长曝光下测量的波前数据求平均得到的结果如图 4.74 所示。其中,x, y 坐标同样皆用 x 向测量范围无量纲化,纵坐标为 OPD,单位为 μm,并根据彩色条码对 OPD 波面染色。图 4.75 为来流总压接近 $P_0 = 1.35$ MPa 时二维、三维模型窗口中轴面的 OPD 分布。将二维头罩模型波前畸变图像与三维头罩模型在相近状态下的测量结果进行比较,可见二者的相似之处在于,二维模型窗口平面流场的 OPD 分布在展向同样具有一定的二维结构特征;沿流向,OPD 逐渐增大,同时也可看出波前曲面的斜率沿流向逐渐增大,说明随着流动发展,气动光学畸变逐渐增强,这是沿流向窗口平面的边界层和激波层都逐渐增厚,光线偏折

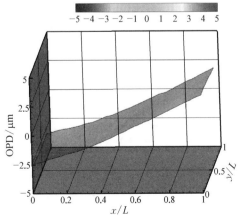

图 4.74　二维模型长曝光照明时的平均
波前分布 ($P_0 = 1.37$ MPa)

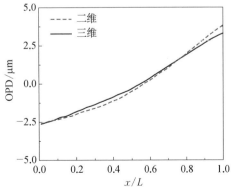

图 4.75　相同来流总压下二维、三维头罩
窗口中轴面 OPD 分布

逐渐增大导致的。而不同之处在于,从图 4.75 可以看出,在相近的状态下,二维模型的 OPD 分布总体要稍微大于三维头罩模型,这主要是由于二维模型为尖前缘,其诱导出的激波为斜激波,稍强于三维头罩模型诱导的弓形激波,激波层更薄,相同来流条件下的波后密度稍高,导致气动光学效应更强。

2) 流场参数对波前畸变的影响

图 4.76 为二维模型在 0° 攻角长曝光照明时在不同来流总压下测量的窗口流场平均 OPD,其中图 4.76(a) 为总压 $P_0 = 1.02$ MPa 时测得的 OPD 分布,图 4.76(b) 为总压 $P_0 = 1.34$ MPa 时测得的 OPD 分布,图 4.76(c) 为总压 $P_0 = 1.60$ MPa 时测得的 OPD 分布,图 4.76(d) 为在各来流总压条件下窗口中轴面测得的 OPD 分布曲线

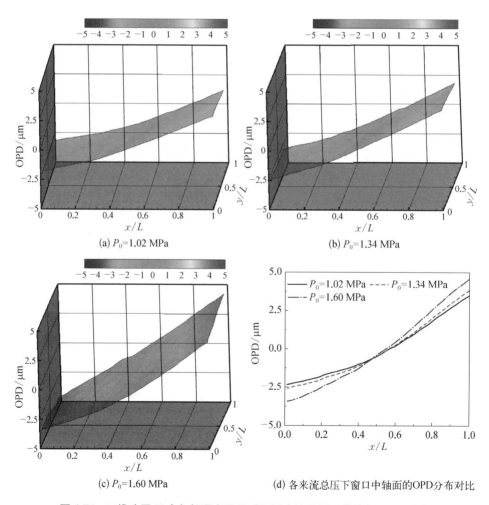

(a) P_0=1.02 MPa

(b) P_0=1.34 MPa

(c) P_0=1.60 MPa

(d) 各来流总压下窗口中轴面的OPD分布对比

图 4.76　二维头罩 0° 攻角长曝光照明时不同来流总压下的流场 OPD 分布

对比。由图 4.76 可见,三种状态下的 OPD 分布规律与三维头罩模型基本一致,畸变主要受流向结构的影响,展向 OPD 分布具有对称性,OPD 分布表现为沿流向变化的曲面;随着来流总压的提升,OPD 畸变程度逐渐增强,这一点在图 4.76(d)中各来流总压下窗口中轴面的 OPD 分布图中可以明显看到。

　　进一步测试了 2° 攻角下二维模型的窗口波前畸变,同样测试了三种总压状态,三种不同压力状态下光学窗口周围流场的光学畸变图像如图 4.77 所示。其中,图 4.77(a)为总压 $P_0 = 1.05$ MPa 时测得的 OPD,图 4.77(b)为总压 $P_0 = 1.30$ MPa 时测得的 OPD,图 4.77(c)为总压 $P_0 = 1.64$ MPa 时测得的 OPD,图 4.77(d)为各来流总压条件下窗口中轴面测得的 OPD 分布曲线对比。同样地,可以

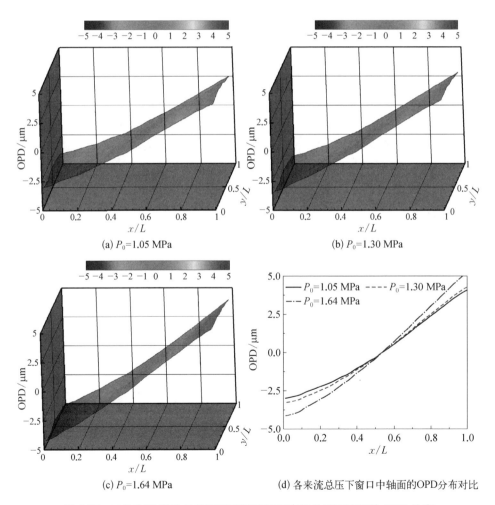

(a) P_0=1.05 MPa

(b) P_0=1.30 MPa

(c) P_0=1.64 MPa

(d) 各来流总压下窗口中轴面的OPD分布对比

图 4.77　二维头罩 2° 攻角长曝光照明时不同来流总压下流场的 OPD 分布

从图4.77中看出,畸变主要受流向结构的影响,展向OPD分布具有对称性,OPD分布表现为沿流向变化的曲面;随着来流总压的提升,OPD畸变程度逐渐增强,这一点可以在图4.76(d)中各来流总压状态下的窗口中轴面OPD分布图中明显看到。

4.4 小结

光学头罩流场结构研究是气动光学效应机理研究的重要组成部分,不仅能够揭示流场的动力学特性,而且有助于研究气动光学畸变随时间的变化规律。本章采用高时空分辨率、高信噪比的NPLS技术,研究了超声速光学头罩流场的精细结构,以分析流场结构的空间分布规律和时间演化特性。采用高性能的超声速流动PIV系统,研究了超声速光学头罩光学窗口附近流场的速度分布,分析了流场的动力学特性。采用基于BOS的波前传感技术,对头罩模型开展了气动光学效应的试验研究,探索了三维头罩模型光学窗口附近流场气动光学效应的基本特征,并分析了曝光时间对光学畸变测量的影响,流场参数对光学畸变的影响,包括来流总压和模型攻角。

参考文献

[1] 陈懋章.粘性流体动力学基础[M].北京:高等教育出版社,1983.
[2] Smits A J, Dussauge J P. Turbulent Shear Layers in Supersonic Flow [M]. New York: Springer Science and Business Media, 2006.
[3] 刘陵.超音速燃烧与超音速燃烧冲压发动机[M].西安:西北工业大学出版社,1993.
[4] 易仕和,侯中喜,赵玉新.超声速自由旋涡气动窗口及其光学质量[M].长沙:国防科学技术大学出版社,2005.

第5章

喷流致冷超声速光学头罩气动光学效应

本章利用高时空分辨的 NPLS 技术获取多种状态下喷流致冷超声速光学头罩窗口附近的流动显示结果。结合波前测试技术,系统研究了喷流致冷超声速光学头罩的气动光学效应。

5.1 超声速光学头罩流场时空精细结构

精确制导导弹超声速飞行时,其光学头罩周围会出现激波、膨胀波及湍流边界层等复杂流动,同时也会产生极其复杂的气动热环境,造成严重的气动光学效应,给导引头接收与分析目标光学信号带来极大困难。另外,光学窗口平面温度很高,给窗口材料的性能提出很高要求,增加成本,因此光学窗口需要冷却。复杂流场结构影响光线传输,为探究气动光学机理,有必要对超声速光学头罩流场的时空精细结构进行研究,另外在有喷流情况下,流场结构将变得更为复杂,对气动光学效应将造成何种影响,需要高时空分辨率的流动图像。本节即采用具有高时空分辨率的 NPLS 技术获得带冷却喷流的超声速光学头罩流场的精细图像。为便于比较,研究了三种不同状态的流场:状态 I 为无喷流;状态 II 为喷流出口压力等于模型头部弓形激波后外部绕流压力;状态 III 为喷流出口压力大于模型头部弓形激波后外部绕流压力。

本节采用的带喷流的超声速光学头罩模型侧视图如图 5.1 所示,模型是个半球双钝锥体,其内部设计有出口与光学窗口平面垂直的小喷管,并开有驻室以稳定气流,喷流出射

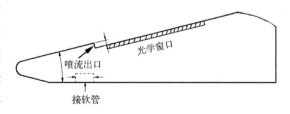

图 5.1 带喷流的超声速光学头罩模型侧视图

方向与光学窗口平面平行,喷流气源通过底部软管与风洞稳定段连接,软管上设计有总压调节器以调节喷流流量。具体试验参数见表5.1,三种状态下的模型攻角均为0°。

表 5.1   带喷流的超声速光学头罩模型试验参数

试 验 参 数	状态 I	状态 II	状态 III
来流马赫数 Ma_∞	3.8	3.8	3.8
来流总压 P_0/MPa	0.1	0.1	0.1
来流总温 T_0/K	300	300	300
来流静压 P/Pa	862	862	862
来流静温 T/K	77.2	77.2	77.2
喷流马赫数 Ma_j	0	2.5	2.5
喷流总压 $P_{0,j}$/MPa	—	<0.1	0.1
喷流总温 $T_{0,j}$/K	—	300	300
喷流静压 P_j/Pa	—	<5 853	5 853
喷流静温 T_j/K	—	133.3	133.3
喷缝高度 h/mm	3	3	3

5.1.1   状态 I 超声速光学头罩流场的精细结构

如图 5.2 所示为状态 I,即无喷流时的超声速光学头罩对称面内的瞬态流场 NPLS 图像,试验段来流 Ma_∞ = 3.8,NPLS 图像分辨率为 94 μm/pixel,对应的实际流场范围为 192 mm × 91 mm。 观察图 5.2 可以发现,在 Ma_∞ = 3.8 超声速来流的作用下,光学头罩头部产生脱体的弓形激波,弓形激波后的流动方向改变,光学窗口之前的边界层处于层流状态。NPLS 系统采用的纳米粒子的跟随性良好,激波后密度突增,粒子浓度增大,粒子的散射光强相应增强,因此从图中可以发现波后图像灰度变大。由于没有喷流,3 mm 的喷口相当于一个后台阶,波后气流在经过喷口时,由于流道突然扩张,在这里产生一系列膨胀波,超声速气流膨胀是一个加速过程,密度降低,对应于图像中的灰度降低,同时流动方向改变。气流经过台阶在光学窗口上再附,形成典型的回流区和再附区流动特征,流动再附时受到光学窗口壁面压缩影响,产生一系列压缩波,最后这些压缩波汇聚形成一道明显的斜激波。流动在光学窗口壁面上再附之后,可以看到最初相对较薄的层流边界层逐渐失稳,出现 K‐H 不稳定涡等大尺度结构,紧接着大尺度结构逐渐增长破碎,流动由层流发展为湍流,光学窗口下游形成相对较厚的湍流边界层。另外,在光学头罩模型尾部还可以捕捉到尾迹流等典型流动。

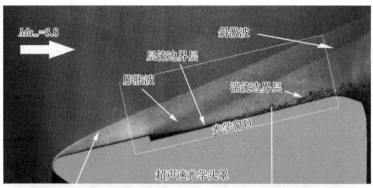

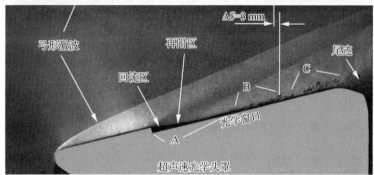

图 5.2　状态 I 超声速光学头罩瞬态流场 NPLS 图像($\Delta t = 5$ μs)

图 5.2 上方为某一时刻的流场 NPLS 图像,经过 $\Delta t = 5$ μs 后的流场 NPLS 图像如下方所示。图中白色竖直线所指位置为流场中某一涡结构,观察两幅图像可以发现,5 μs 之后,该涡向下游水平位移的距离为 $\Delta S = 3$ mm,但是其自身形状并未有大的变化,由此可以得知大尺度涡结构具有运动快、变形慢的特点,湍流边界层并不是完全随机、杂乱无章、毫无规律可循的。湍流边界层是产生气动光学效应的重要因素,如图 5.2 所示,尽管光学窗口平面有相当一段层流,但是湍流边界层仍然占据了大部分区域,再加上激波、膨胀波的影响,透过该区域的目标光束会产生偏折、抖动与图像模糊等气动光学效应。

如图 5.3 所示为本模型在无喷流时的纹影试验结果,其中波系结构显得极其复杂,但可以观察到与图 5.2 中类似的激波、膨胀波等波系结构,然而与之相比,NPLS 系统得到的图像则精细得多,其中激波很薄,且湍流边界层中各种大小涡结构都清晰可见,这是因为传统的纹影方法得到的是整个流场的积分效应作用下的图像,而超声速光学头罩流场具有很强的三维特征,仅凭纹影图像无法判别流场中波系的空间位置,如图5.3中的箭头所指的激波。

图 5.3　状态 I 超声速光学头罩瞬态流场纹影图像

如图5.4所示,为在同一试验条件下获得的50幅流场NPLS图像的时间平均结果,从中可以发现,同一状态下流场中的激波与膨胀波位置比较稳定,几乎没有什么变化,而湍流边界层的非定常性则表现得十分明显。图5.4中A为波后气流受台阶扰动产生膨胀波的起始位置,其相对于光学窗口平面的夹角为14.1°;B为流动受膨胀波作用之后的流动方向,相对光学窗口平面的夹角为-5.9°;C为压缩波汇聚的激波,夹角为12.9°;D为边界层由层两逐渐转捩为湍流边界层的增长线,其增长角(边界层边缘与光学窗口平面的夹角)为4.7°。考察大量NPLS图像的平均结果发现,$Ma_\infty = 3.8$条件下无喷流时的超声速光学头罩绕流流场结构特征明显,有一定规律可循,流动经过喷口产生分离并再附形成层流边界层,有一段边界层厚度保持均匀,之后转捩边界层厚度增加,发展到下游

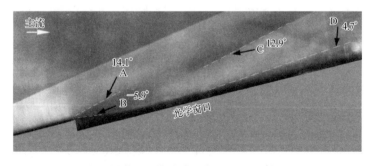

图 5.4　状态 I 超声速光学头罩瞬态流场时间平均 NPLS 图像

完全成为湍流边界层。

1. $Ma_\infty = 3.0$ 无喷流超声速光学头罩流场精细结构

马赫数 3.0 来流条件下的再附点位置约为 $x = 4h$，较马赫数 3.8 来流条件下明显更靠上游，说明后台阶流动中的马赫数越高，再附位置越靠下游。再附激波脚位置 $x_1 = 2h$，这比马赫数 3.8 工况下（$x = 6h$）明显更靠上游。由于马赫数 3.0 来流的单位雷诺数要大于马赫数 3.8 的来流，马赫数 3.0 时的流动转捩明显早于马赫数 3.8。如图 5.5 所示，没有喷流时，再附后重新发展的边界层在约 $x = 9h$ 位置处的转捩增大，再附激波相对于窗口平面的角度为 17.5°。马赫数 3.8 条件下的拟序结构区域较长，马赫数 3.0 条件下，边界层很快失稳并转捩为湍流。可以发现，由于马赫数 3.0 来流的单位雷诺数较高，其重新发展边界层增长角度为 3.4°，发展速率高于马赫数 3.8 来流，该条件下的时间平均 NPLS 图像如图 5.6 所示。

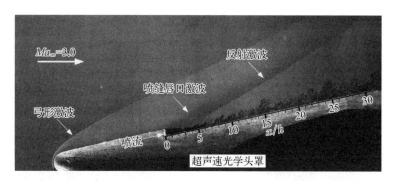

图 5.5　$Ma_\infty = 3.0$ 无喷流超声速光学头罩流场瞬态 NPLS 图像

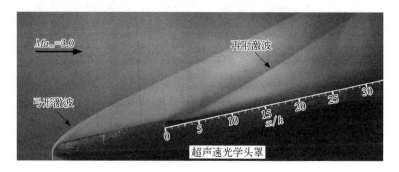

图 5.6　$Ma_\infty = 3.0$ 无喷流超声速光学头罩流场时间平均 NPLS 图像

2. $Ma_\infty = 3.4$ 无喷流超声速光学头罩流场精细结构

马赫数 3.4 来流中无喷流超声速光学头罩流场瞬态 NPLS 图像如图 5.7 所

示,其图像分辨率为 78 μm/pixel,图像的空间尺寸为 117 mm × 68 mm,图中显示的台阶下游长度为 98.1 mm = 32.7h,为使流场结构看起来更加方便,对图像进行对比度和亮度调整处理,调整后的模型壁面灰度有局部饱和现象,但不影响流场结构的观测。该来流状态下,流动经过台阶处的膨胀产生膨胀波系,流动转向台阶下壁面,在 $x \approx 4h$ 处,流动开始发生再附,因受到壁面压缩作用形成一系列压缩波,逐渐在下游汇聚成一道强再附激波,如图 5.7 所示,再附激波反向延长线与壁面的交点位置约为 $x = 3h$ 处,该位置介于马赫数 3.0 和 3.8 工况下的(2~6)h 之间。流动再附之后,相对马赫数 3.8 工况来说,转捩更快,大尺度结构迅速破碎形成湍流,越靠下游湍流发展越充分,并可以观察到湍流现象间歇性存在,大量小尺度涡汇集成的大尺度湍流结构呈锯齿状分布。另外,在 $x \approx 10h$ 附近上方,再附激波根部局部有弯曲现象,如图中虚线椭圆框所示,这是激波受到突然增长的大涡结构影响的结果。

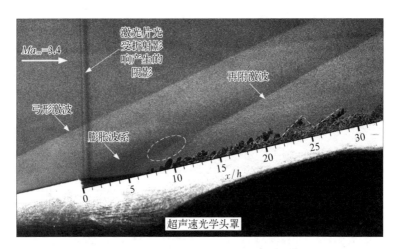

图 5.7 Ma_∞ = 3.4 无喷流超声速光学头罩流场瞬态 NPLS 图像

图 5.8 所示为时间平均的 NPLS 图像,给出了流场的平均结构信息,从图中可以看到,对 NPLS 图像作了时间平均处理后,激波和膨胀波更加锐利和显著,而壁面边界层,尤其是台阶下游远处的湍流边界层变得模糊,这说明尽管流动边界层内涡结构在不断快速变化,但激波和膨胀波系结构主要受到模型整体结构的影响,边界层内的局部涡结构难以影响全场波系结构,也就是说这里的波系结构时空尺度大于边界层内部涡结构,相对宏观。通过时间平均结果可知,流动经过台阶后相对于台阶下游面的折转角约为 8.2°,再附后重新发展的边界层的初期增长角度为 5.1°,边界层在短距离内迅速增厚,而随着边界层发展,其后期增长角度变小,约为 2.4°。

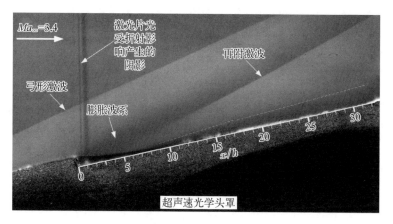

图 5.8　Ma_∞ = 3.4 无喷超声速光学头罩流场时间平均 NPLS 图像

3. Ma_∞ = 3.8 无喷流超声速光学头罩流场精细结构

来流马赫数 3.8 条件下, 无喷流的瞬态 NPLS 图像如图 5.9 所示, 其空间分辨率为 94 μm/pixel, 对应的实际流场范围为 153 mm × 63 mm。无喷流时, 流动属于超声速后台阶流动范畴[1,2]。从图中可以发现, 模型头部产生一道弓形激波, 波后气流在经过喷缝 (相当于后向台阶) 处产生一系列膨胀波, 流动方向改变, 速度增加, 密度减小, 对应的 NPLS 图像灰度降低。在喷缝唇口到下游约 6h 处产生回流区, 分离流和回流与主流之间形成剪切层。在回流区内, 模型表面热流较小, 而再附点之后的热流将迅速增大[3]。再附作用段, 流动遇到壁面产生一系列压缩波汇聚成一道斜激波, 称为再附激波, 其相对于模型上壁面的角度为 12.8°, 再附激波直线部分的反向延长线与台阶下游面相交于 $x \approx 6h$ 处。再附点之后流动形成新的边界层, 其厚度从 $x = 10h$ 处的 1.05 mm 发展到 $x = 30h$ 处的

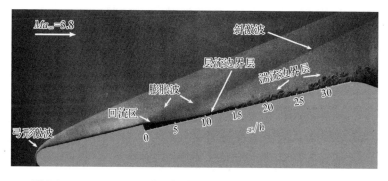

图 5.9　Ma_∞ = 3.8 无喷流超声速光学头罩流场瞬态 NPLS 图像

4.92 mm。$x = (6 \sim 15)h$ 范围内,出现湍流拟序结构并逐渐发展,$x = 18h$ 之后,边界层发展为完全湍流,在边界层从可以清晰观察到发卡涡等精细结构。Mapbool[3] 获得了类似条件下的纹影图像,如图 5.10 所示,从图中可以看到类似的波系,但是难以精确测知边界层中的流场精细结构。

图 5.10 Maqbool 获得的无喷流纹影图像[3]

基于无喷流状态下大量 NPLS 图像的时间平均结果见图 5.11。由于后向台阶的影响,经过此处的气流发生膨胀,密度减小,对应图像中膨胀波区域的灰度较低,角度为 20.3°。再附激波相对于模型壁面的角度为 12.8°,比喷流匹配状态下的反射激波角小 7.9%。再附点之后,超声速边界层厚度以 2.4° 的角度增长。

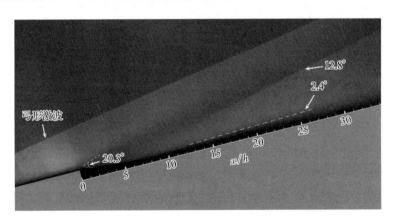

图 5.11 $Ma_{\infty} = 3.8$ 无喷流超声速光学头罩流场时间平均 NPLS 图像

5.1.2 状态 II 超声速光学头罩流场的精细结构

打开控制喷流气源的阀门,同时调节喷流总压调节器,使得喷流出射边界与光学窗口平行,即喷流出口压力与弓形激波后光学头罩外部绕流压力匹配,在该状态下获得的模型对称面内的瞬态流场精细结构如图 5.12 所示,其中两幅图像所记录的流场时间间隔为 $\Delta t = 5\ \mu s$,空间分辨率为 94 μm/pixel,对应的实际流场范围为 192 mm × 91 mm。$Ma_{\infty} = 3.8$ 水平向右的超声速来流在遇到光学头罩模型时同样产生一道弓形激波,波后区域密度增加,相应的图像灰度较大。与状态 I 明显不同的是,该状态下有了 $Ma_j = 2.5$ 的冷却喷流,喷流出口处的压力和与之相邻的外部线流压力相匹配,两股流动之间发生强烈的动量和能量交换。观察 NPLS 图像可以发现,出射喷流与头罩外部线流在出口进行剪切作用,形成层流区很小的薄剪切层,该剪切层随时间发展逐渐失稳,产生 K-H 不稳定涡,形成典型的超-超混合层,此阶段喷流与外部线流尚未完全混合,称为初始区,如图 5.13 所示,此时喷流能够完全覆盖住光学窗口,将外部高温气流与窗口隔离开来,可以起到较好的冷却作用。

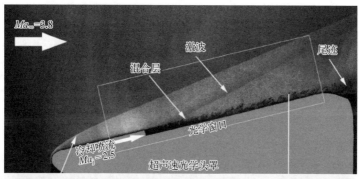

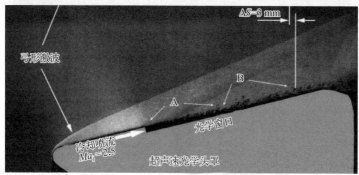

图 5.12　状态 II 超声速光学头罩流场瞬态 NPLS 图像($\Delta t = 5\ \mu s$)

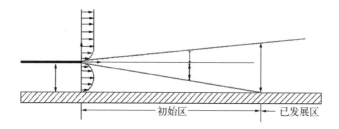

图 5.13　喷流与外部线流混合过程示意图[4]

图 5.14 所示为图 5.12 中 A 区域处的瞬态细节图像,其空间分辨率为 56 μm/pixel,对应的实际流场范围为 34 mm × 17 mm。 图 5.14 中箭头 A 指大尺度涡结构诱导产生的压缩波,B 指喷口上边缘扰动产生的微弱马赫波。从图 5.14 中可以更为清晰地看到喷流与外部线流混合层随时间演化的过程,混合层在距离出口大约 2h 处开始失稳,出现拟序结构,从涡卷起的方向可以判断上层流速大于外部线流流速[5];再经过大约 3h 的距离,发展为湍流混合层,随着混合层逐渐增长,喷流区域则逐渐减小,两股气流完成动量能量交换,则喷流消失,取而代之的是完全发展的湍流边界层,即已发展区(图 5.13)。

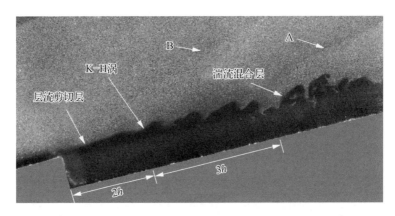

图 5.14　图 5.12 中 A 区域的瞬态细节图像

图 5.15 所示为图 5.12 中 B 区域的瞬态细节图像,其空间分辨率为 56 μm/pixel,对应的实际流场范围为 46 mm × 19 mm。 这段区域内,喷流与外部线流完全混合,发展为湍流边界层,边界层中大量大小涡结构均清晰可辨,从在该状态下大量 NPLS 图像的时间平均结果(图 5.16)来看,喷流后段的湍流边界

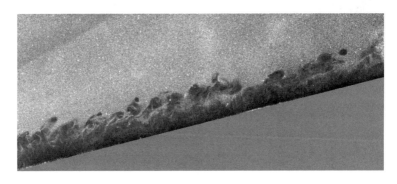

图 5.15　图 5.12 中 B 区域的瞬态细节图像

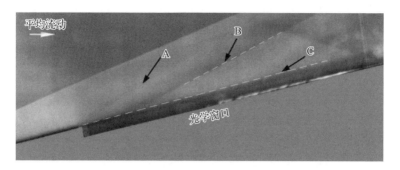

图 5.16 状态 II 超声速光学头罩流场的时间平均 NPLS 图像

层厚度比较均匀,大致等于喷管高度 h。

在喷流出口压力与外部线流匹配的情况下,喷流层流区较小,湍流区域占据绝大部分,为气动光学效应的分析与校正带来了极大困难,因此分析湍流混合层及湍流边界层中各种尺度结构对气动光学效应的影响很有必要。图 5.12 中的白色直线分别为流场中某一大尺度涡结构在 $t = 0$ 时刻及 $t = 5 \mu s$ 时刻的位置,在 $5 \mu s$ 时间内,涡结构向下游水平位移了 3 mm,但是其自身形状并未发生太大变化,这也说明了湍流边界层中的涡结构具有运动快、变形慢的特点。

图 5.17 为状态 II 下流场的纹影图像,从图中可以看到各种波系结构,除了弹头弓形激波、微弱马赫波及诱导激波之外,还可以发现一道激波,如箭头所指,这是因为光学头罩模型是个钝双锥体,其流场是个典型的三维流场,激波是由纹影的空间积分效应造成的,在其对称面内的流场 NPLS 图像中则没有发现该激波存在。

图 5.17 状态 II 超声速光学头罩流场纹影图像

从以上分析可以初步判断,在有喷流情况下,光学窗口能够较好地被冷却喷流所保护,但同时其流场结构却变得更为复杂,湍流特征更多,流场的密度变化大,相比无喷流情况,光学窗口的气动光学性能将更加恶化。要定量比较两种情况下的气动光学性能,还需要进行更深入的研究,这是本章节后续要研究的内容。

有喷流的试验工况为喷流出口压力与外部主流压力匹配,称为喷流匹配。由于有喷流时会出现超声速混合层,这里有必要对混合层发展速率及对流马赫数作简要介绍。发展速率是描述混合层的重要参数,1963 年,Abramovich[6] 首次给出了可压缩条件下的混合层发展速率经验公式:

$$\frac{\mathrm{d}\delta}{\mathrm{d}x} = C_\delta \frac{1-r}{1+r} \tag{5.1}$$

式中,δ 为混合层厚度;$r = U_2/U_1$,为速度比;C_δ 为常数,其大小由剪切层厚度定义给定。然而,1973 年,Brich 等[7] 经过拟合当时的试验数据得出以上经验式中没有考虑密度比的影响,因此将密度比 $s = \rho_2/\rho_1$ 加入可压缩混合层厚度,其计算式如下:

$$\frac{\mathrm{d}\delta}{\mathrm{d}x} = C_\delta \frac{(1-r)\left(1+\sqrt{s}\right)}{1+r\sqrt{s}} \tag{5.2}$$

式中, $C_\delta = 0.17$ 时能够得到最符合试验的结果[8]。

1983 年,Bogdanoff[9] 给出了对流马赫数 Ma_c 的概念。如果混合层内拟序结构的对流速度为 U_c,以其为参考系,则高速层和低速层的对流马赫数分别为

$$Ma_{c_1} = \frac{U_1 - U_c}{a_1}, \quad Ma_{c_2} = \frac{U_2 - U_c}{a_2} \tag{5.3}$$

式中,U_1、U_2、a_1、a_2 分别为高速层和低速层的速度和声速。

根据压力匹配条件和等熵条件:

$$\left(1 + \frac{\gamma_1 - 1}{2} Ma_{c_1}^2\right)^{\left(\frac{\gamma_1}{\gamma_1 - 1}\right)} = \left(1 + \frac{\gamma_2 - 1}{2} Ma_{c_2}^2\right)^{\left(\frac{\gamma_2}{\gamma_2 - 1}\right)} \tag{5.4}$$

若高低速层的气体比热比相同,则有

$$Ma_{c_1} = Ma_{c_2} = \frac{U_1 - U_2}{a_1 + a_2} \tag{5.5}$$

而通常采用平均对流马赫数来评价混合层可压缩性：

$$Ma_c = \frac{Ma_{c_1} + Ma_{c_2}}{2} \tag{5.6}$$

根据赵玉新[10]整理的前人关于混合层发展速率的研究结果,随着对流马赫数增大,混合层发展速率的整体呈逐渐减小的变化趋势,但不排除同一对流马赫数下某些测量结果差异很大。

喷流匹配状态下的流场瞬态 NPLS 图像如图 5.18 所示。该状态下,喷流马赫数为 2.5,出口压力为 2 926 Pa,与其外部主流压力相匹配。NPLS 图像的空间分辨率为 94 μm/pixel,对应的实际流场范围为 192 mm × 91 mm,图 5.12 中两幅图像的时间间隔为 5 μs。

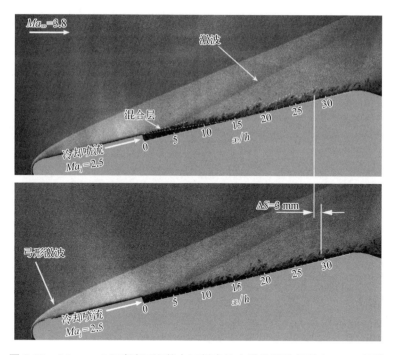

图 5.18　Ma_∞ = 3.8 喷流匹配状态下超声速光学头罩流场瞬态 NPLS 图像

NPLS 图像揭示了流动的精细结构,在马赫数 3.8 的来流作用下,与无喷流相比,模型的头部同样产生一道弓形激波,激波后流场密度突然增加,对应的图像灰度突然增大[11]。模型头部上方为层流边界层,在喷缝处,其厚度大约为 0.2h。该状态下喷流与外部主流压力匹配,但喷流下侧唇口激波受到模型壁面作用,在 $x \approx 5h$ 处产生一道反射激波,该反射激波相对于窗口平面的角度 θ_{rf} 为 13.9°。从 Maqbool[3] 和 Juhany 等[12] 研究的喷流冷却纹影图像结果中也可见到类似的激波结构,如图 5.19 所示。相比 NPLS 图像,纹影图像的分辨率更低,且激波层更厚。在 NPLS 图像中,可以清晰地看到喷流与主流始自喷缝唇口的相互作用,形成典型的超-超混合层流动。$x = 0 \sim 2.5h$ 这段为区域层流剪切层,自 $x = 2.5h$,混合层开始失稳并继续发展,可以捕捉到 K-H 不稳定涡结构,到了下游,K-H 不稳定涡不断增长,最后破碎,这时两股流动完全混合并转变为湍流边界层。混合层的上层发展速率为 3.4%,下层发展速率为 -8.7%。通过 NPLS 图像测量可知,气膜的完全覆盖长度约为 15h,这段距离内壁面可以得到最佳的冷却,此后湍流边界层发展并具有间歇性特征。另外,也可由 NPLS 图像精确测量大尺度结构特征,而这在纹影图像中却很难实现。在 5 μs 的时间内,白色竖直线所指示的某一涡结构向下游水平平移了 3 mm,而其自身形状并未发生大的变化,这说明了超声速湍流涡结构具有运动快、变形慢的特点。

图 5.19　Maqbool 和 Juhany 等获得的有喷流纹影图像[3,12]

基于该状态下获得的大量 NPLS 图像可以得到其时间平均流场图像,如图 5.20 所示。尽管流场的一些瞬态特征在时间平均后被抹掉了,但同时也消除了流动的非稳定特征,这有利于研究流场的时间平均结构特征。从图 5.20 中可以发现,模型头部上方的层流边界层很薄(约 0.2h)。另外,由于唇口扰动,尽管喷流已经与外部主流压力匹配,但仍可以发现一道稍弱的唇口激波,由于模型的三维特性,该唇口激波相对于窗口平面的角度从最初的 20.4° 发展为下游的 15.5°,但是该现象在瞬态 NPLS 图像中并不明显。混合层的上层增长角度为 1.83°,反射激波相对于光学窗口平面的角度 $\theta_{rf} = 13.9°$,激波脚位置 $x_1 = 0.5h$。时间平均 NPLS 图像中,流场精细结构被模糊掉,但是可以明显测得湍流边界层发展的边缘基本平行于壁面。

来流马赫数 3.0 喷流匹配状态下的流场瞬态 NPLS 图像如图 5.21 所示。该

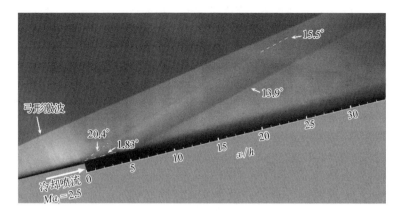

图 5.20　*Ma*∞ = 3.8 喷流匹配状态下超声速光学头罩流场时间平均 **NPLS** 图像

状态下,喷流出口压力与其外部主流压力相匹配。NPLS 图像的空间分辨率为 83 μm/pixel,对应的实际观测范围为 161 mm × 67 mm。图 5.22 为喷流出口压力与外部主流压力匹配条件下的光学头罩流场时间平均结果。与马赫数 3.8 来流

图 5.21　*Ma*∞ = 3.0 喷流匹配状态下超声速光学头罩流场瞬态 **NPLS** 图像

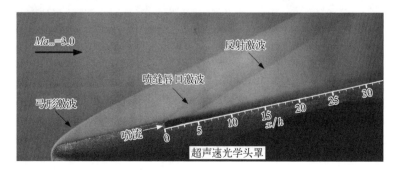

图 5.22　*Ma*∞ = 3.0 喷流匹配状态下超声速光学头罩流场时间平均 **NPLS** 图像

情况不同,马赫数降低后,光学头罩模型头部弓形激波半锥角增大,喷流下游反射激波角增大。由于该来流条件下单位雷诺数较高,喷流与主流混合转捩速度快,湍流发展充分。从时间平均的 NPLS 图像中测得喷流下游反射激波相对于窗口平面的角度 θ_{rf} 为 19.4°,激波脚位置 $x_1 = 1.4h$,混合层上沿的增长角度为 0.66°。

图 5.23 所示为马赫数 3.4 来流中有喷流光学头罩流场瞬态 NPLS 图像,图像分辨率为 83 μm/pixel,图像空间物理尺寸为 122 mm × 62 mm,台阶下游长度为 99 mm = 33h。马赫数 3.4 有喷流光学头罩下游的喷流下侧唇口激波受到壁面影响形成反射激波,该反射激波相对于窗口平面的角度为 17.4°,激波脚位置 $x_1 = 2.8h$。图 5.23 状态下的时间平均结果见图 5.24。

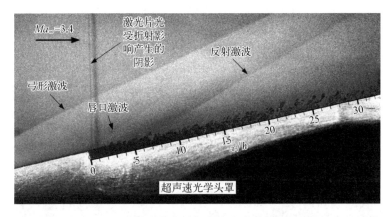

图 5.23 Ma_∞ = 3.4 有喷流状态下超声速光学头罩流场瞬态 NPLS 图像

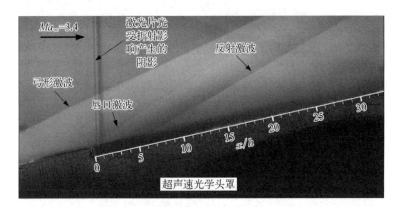

图 5.24 Ma_∞ = 3.4 有喷流状态下超声速光学头罩流场的时间平均 NPLS 图像

不同马赫数下有喷流超声速光学头罩流场的反射激波角及其激波脚位置见

表 5.2。

表 5.2　不同马赫数下有喷流超声速光学头罩流场的反射激波角及其激波脚位置

Ma_∞	3.0	3.4	3.8
$\theta_{rf}/(°)$	19.4	17.4	13.9
x_1/h	1.4	2.8	0.5

5.1.3　状态Ⅲ超声速光学头罩流场的精细结构

将喷管驻室压力调节至最大,即喷流总压为 0.1 MPa,此时喷口压力大于外部线流压力,在此状态下得到的瞬态流场 NPLS 图像如图 5.25 所示。两幅图像的时间间隔为 5 μs,空间分辨率为 94 μm/pixel,对应的实际流场范围为 192 mm ×91 mm。观察 NPLS 图像可知,由于喷流出口处的压力大于弓形激波后模型外部绕流的压力,喷口处产生一道激波,喷流与外部线流之间形成超-超混合层,且混合层有整体上扬的趋势。在下游,外部绕流受到混合层中大尺度涡结构的

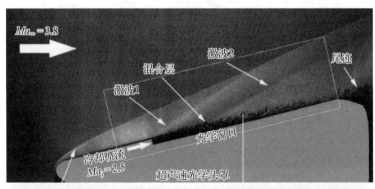

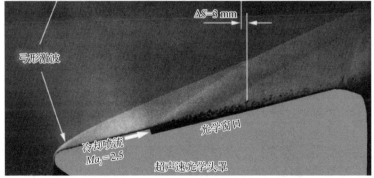

图 5.25　状态Ⅲ超声速光学头罩瞬态流场 NPLS 图像($\Delta t = 5$ μs)

影响,产生一系列压缩波,这些压缩波最后在下游汇聚形成一道诱导激波(图 5.25 所示的激波 2),状态Ⅲ下的喷流流量大于状态Ⅱ,完全喷流长度也大于状态Ⅱ,因此激波 2 的位置比状态Ⅱ更为靠后。关于诱导激波的机理有待于深入研究,可以参考文献[13]。图 5.25 中白色竖直线指示的是流场中某一大尺度结构的位置,从图中可以发现,在经过 5 μs 时间后,该大尺度结构并未发生太大形变,而是向下游水平平移了 3 mm,这可以说明湍流并不是毫无规律的,在一定的时间间隔内,其大尺度结构具有运动快、变形慢的特点。

图 5.26 所示为该状态下流场的纹影图像。纹影对于波系结构十分敏感,从图中可以看出流场中的波系结构很复杂,喷流出口处明显有道斜激波,纹影仪刀口为自上向下切,图中的亮条纹表示其下方密度大于上方密度。对大量 NPLS 图像取平均得到如图 5.27 所示的时间平均 NPLS 图像,图像空间分辨率为 56 μm/pixel,对应的实际流场范围为 115 mm × 45 mm。 从时间平均结果来看,

图 5.26　状态Ⅲ超声速光学头罩流场纹影图像

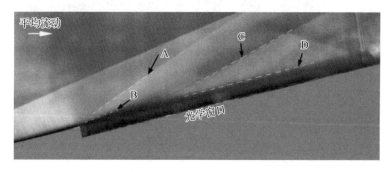

图 5.27　状态Ⅲ超声速光学头罩流场时间平均 NPLS 图像

尽管流动是非定常流动,但是流场中的激波位置几乎不受时间影响,如图 5.27 中 A、B 箭头所指的激波。另外,如图 5.27 中的箭头 B 所示,喷流与外部线流的混合层中心线与光学窗口平面的夹角为7.5°。

　　本节对无喷流、喷流出口压力与模型头部弓形激波后外部绕流压力匹配、喷流出口压力大于模型头部弓形激波后外部绕流压力三种状态下的超声速光学头罩流场精细结构进行了试验研究,再现了流场中激波、膨胀波、层流边界层、湍流边界层、混合层等典型流场结构,并分别与流场的纹影图像进行了对比。研究发现,无喷流时,流动经过喷口处出现回流区及再附区,流动再附后有一段相对较长的层流区,湍流边界层相对偏向光学窗口下游,流场结构相对较为简单,气动光学效应相对较弱;有喷流时,喷流能够覆盖住光学窗口相当长一段距离,可以使窗口上方高温气流与窗口隔开,对窗口起到冷却作用,但是光学窗口上方流动结构却变得相对复杂,出现剪切层及混合层,层流区较小,而湍流混合层及湍流边界层则覆盖了光学窗口上方的大部分区域,将使气动光学效应增加;喷流出口压力大于外部线流压力时的流场波系结构比压力匹配情况下更为复杂,且喷流与外部线流混合层的层流区减小,给气动光学校正带来了更大困难。

5.2　超声速光学头罩流场速度分布

5.2.1　状态 I 超声速光学头罩速度场

　　图 5.28 所示为状态 I 下获得的两幅时间相关的粒子图像,其中图 5.28(a)为第一帧粒子图像,图 5.28(b)为第二帧粒子图像,两帧图像的时间间隔为 0.5 μs,分辨率为 56 μm/pixel。对两帧图像综合运用亚像素插值法、预估校正算法、超分辨率算法和查问区窗口变形算法等多种高精度 PIV 算法进行互相关运算,运算所选取的查问区窗口大小为 32 pixel × 16 pixel,对应的空间范围为 1.8 mm × 0.9 mm,得到瞬态的速度场,将大量瞬态速度场结果取平均得到平均速度场,如图 5.29 所示,其中图 5.29(a)为合速度分布云图,图 5.29(b)为流线图,图 5.29(c)为 x 方向速度分布云图,图 5.29(d)为 y 方向速度分布云图,图 5.29(e)为速度矢量图,图 5.29(f)为涡量绝对值云图。从图 5.29 中可以看出,弓形激波前的来流区域的速度分布比较均匀;经过弓形激波,速度大小和方向突然变化,从 y 方向速度分量图中可以明显看出;比较速度分量分布云图和合速

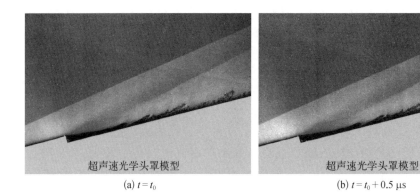

(a) $t = t_0$ (b) $t = t_0 + 0.5\ \mu s$

图 5.28 状态 I 超声速光学头罩模型对称面粒子图像

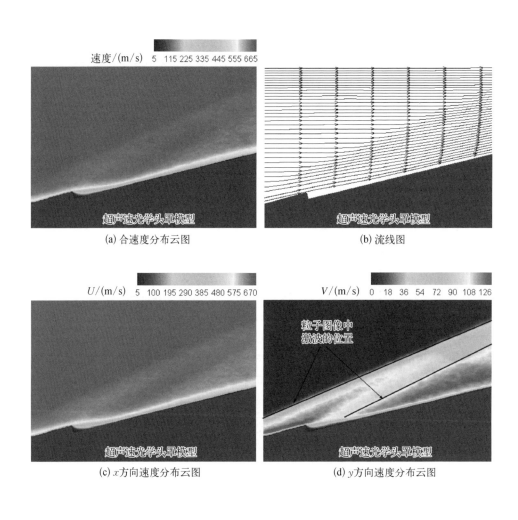

速度/(m/s)　5　115 225 335 445 555 665

(a) 合速度分布云图 (b) 流线图

U/(m/s)　5　100 195 290 385 480 575 670

V/(m/s)　0　18　36　54　72　90　108 126

粒子图像中
激波的位置

(c) x 方向速度分布云图 (d) y 方向速度分布云图

涡量/s⁻¹　5000　220000　435000

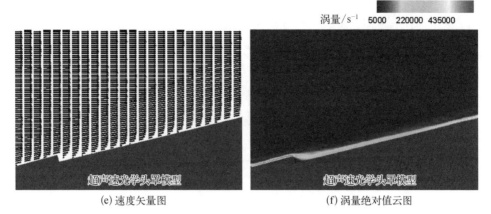

(e) 速度矢量图　　　　　　　　　(f) 涡量绝对值云图

图 5.29　状态 I 超声速光学头罩模型对称面平均速度场

度分布云图,发现二者相差较小,这说明速度在 y 方向的分量很小;模型表面的气流在喷口处开始膨胀,速度矢量偏向光学窗口,流线也逐渐向光学窗口靠拢;受壁面剪切作用的影响,越靠近模型表面,速度越小,而速度梯度越大,模型表面涡量明显大于外围涡量。

为便于进行对比研究,若以光学窗口平面与模型对称面的交线作为新轴,方向向右,y 轴位于模型对称面内且正交于轴向上,原点为小喷口平面与模型对称面交线的下端点,建立新的坐标系如图 5.30 所示。将速度场及 NPLS 流动显示图像顺时针旋转13.54°,并且以小喷口高度 h 作为特征长度对 x、y 轴进行无量纲化,得到局部速度场如图 5.31 所示,其中图 5.31(a)为状态 I 瞬态 NPLS 流场结构图像,图 5.31(b)为合速度大小云图及速度矢量图,图 5.31(c)为 x 方向速度 U 分布云图,图 5.31(d)为 y 方向速度 V 分布云图,图 5.31(e)为涡量云图。流动经过台阶后在 $1h$ 处有回流的趋势,速度剖面上存在拐点,从速度矢量图可以看出边界层的增长过程,越靠近表面,速度越小,远离壁面速度增加,约在 $y=$

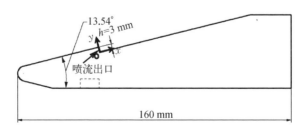

图 5.30　超声速光学头罩坐标系示意图

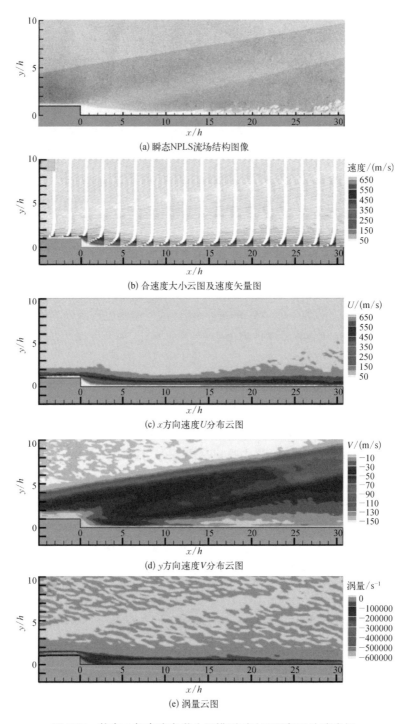

(a) 瞬态NPLS流场结构图像

(b) 合速度大小云图及速度矢量图

(c) x 方向速度 U 分布云图

(d) y 方向速度 V 分布云图

(e) 涡量云图

图 5.31 状态 I 超声速光学头罩模型对称面局部平均速度场

$1h$ 处,速度恢复到主流速度,流动在台阶下游 $x = 5h$ 处再附,层流边界层区域直至 $x = 14h$ 处开始转捩,观察速度矢量图发现,层流边界层中的壁面附近速度梯度要大于湍流边界层的情况,层流壁面剪切力比湍流边界层大。从涡量云图可以发现,远离壁面的主流区域的涡量值在 0 附近,而靠近壁面区域的涡量值较大,且变化明显,大量涡为顺时针旋转方向,由于有头部弓形激波存在,涡量值在激波前后有明显变化。由于模型的三维效应,流场中的流动方向逐渐向壁面靠拢,V 值整体呈负值;在图 5.31(d)中可以发现再附激波的激波角位置大约在距离喷口下游 $5h$ 的地方,这里恰好是流动经过台阶再附的位置。

5.2.2　状态 II 超声速光学头罩速度场

在状态 II 下,有喷流且喷流出口压力与外部绕流压力匹配,采用基于 NPLS 的超声速速度场测量技术获得超声速光学头罩模型对称面内的速度场。图 5.32 为该状态下获得的两幅时间相关的粒子图像,两帧图像时间间隔为 0.5 μs,分辨率为 56 μm/pixel,对应的实际流场范围为 115 mm × 78 mm。对两幅时间相关的粒子图像进行相关运算得到瞬态速度场,为研究流场的平均速度特征,对大量瞬态速度场取平均得到平均速度场,如图 5.33 所示,其中图 5.33(a)为合速度分布云图,图 5.33(b)为流线图,图 5.33(c)为 x 方向速度分布云图,图 5.33(d)为 y 方向速度分布云图,图 5.33(e)为速度矢量图,图 5.33(f)为涡量绝对值云图。从平均速度分布结果来看,弓形激波前来流区域的速度分布比较均匀;经过激波后,速度大小和方向突然变化,y 方向速度分量 V 变化较明显,且 V 的变化剧烈处与粒子图像中的激波位置吻合得很好;但是 V 的绝对值相对于来流速度大小要小得多,因为观察 x 方向速度 U 分布云图与合速度分布云图发现二者很相近;

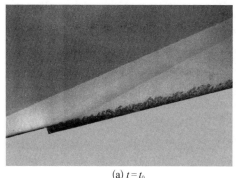
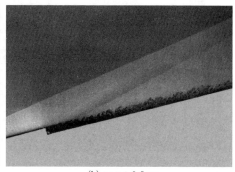

(a) $t = t_0$　　　　　　　　　　　　　　(b) $t = t_0 + 0.5\ \mu s$

图 5.32　状态 II 超声速光学头罩模型对称面粒子图像

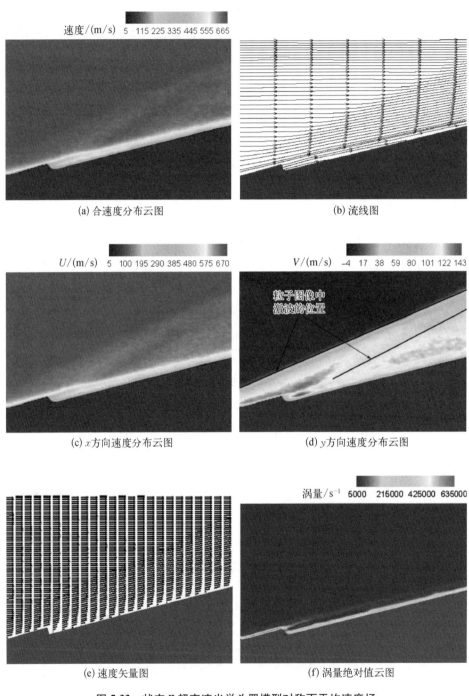

速度/(m/s)　5　115 225 335 445 555 665

(a) 合速度分布云图

(b) 流线图

U/(m/s)　5　100 195 290 385 480 575 670

V/(m/s)　−4　17　38　59　80　101 122 143

粒子图像中
激波的位置

(c) x 方向速度分布云图

(d) y 方向速度分布云图

涡量/s^{-1}　5000　215000 425000 635000

(e) 速度矢量图

(f) 涡量绝对值云图

图 5.33　状态 II 超声速光学头罩模型对称面平均速度场

来流区域的流线为稳定的水平方向,经过激波后,流线向激波偏转,但是由于模型的三维效应,越靠下游,流线逐渐靠近光学窗口壁面;由于喷流作用,在这种状态下,光学窗口平面绕流流线被外推,喷流覆盖住部分光学窗口,对窗口起到冷却作用;从速度矢量图可以发现喷流与外部线流的剪切作用,且光学窗口平面的涡量分布更为均匀。

为便于进行定量研究,对速度场进行坐标系转换(图 5.30)并利用喷口高度 h 作为特征长度对坐标进行无量纲化,得到如图 5.34 所示的局部平均速度分布,其中图 5.34(a)为状态 II 瞬态 NPLS 流场结构图像,图 5.34(b)为合速度分布云图及速度矢量图,图 5.34(c)为 x 方向速度 U 分布云图,图 5.34(d)为 y 方向速度 V 分布云图,图 5.34(e)为涡量云图。图 5.34 中,x 方向测量范围为($-5 \sim 31$)h,y 方向测量范围为($-2 \sim 10$)h。

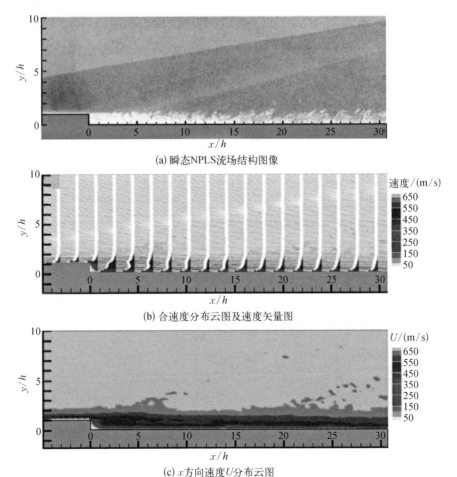

(a) 瞬态 NPLS 流场结构图像

(b) 合速度分布云图及速度矢量图

(c) x 方向速度 U 分布云图

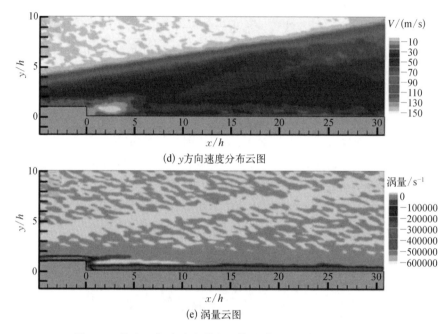

(d) y 方向速度分布云图

(e) 涡量云图

图 5.34 状态 Ⅱ 超声速光学头罩模型对称面局部平均速度场

有喷流时喷流与主流相互作用的示意图如图 5.35 所示。喷流与模型外部绕流发生剪切,形成混合层,从速度矢量图中可以看出剪切作用的过程,自 $x = 0$ 处开始,混合层逐渐增长,从速度剖面的发展可以观察到该现象。并且在涡量云图中可以观察到,混合层区域上层气流与下层气流的涡量差别明显,在 $x = 0 \sim 15h$ 这段区域和 $y = 0 \sim 2h$ 高度范围内,涡量呈反对称分布特征;在喷口下游约 $15h$ 处,混合层完全发展成湍流边界层流动;距离喷流出口约 $5h$ 长度范围内,由于喷流作用,y 向速度分量 V 为正值,而在其他绝大部分区域则为负值。

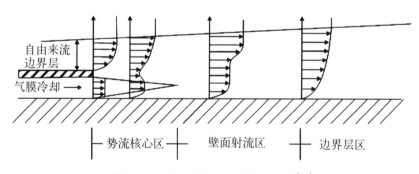

图 5.35 喷流与主流相互作用示意图[14]

5.2.3　状态Ⅲ超声速光学头罩速度场

调节喷流总压,使得喷流总压最大,此时喷流出口压力大于外部绕流压力,利用基于 NPLS 的速度场测量技术,首先得到两幅时间相关的模型对称面粒子图像,如图 5.36 所示,这两幅图像的时间间隔为 0.5 μs,空间分辨率为 56 μm/pixel,对应的实际流场范围是 115 mm × 78 mm。从粒子图像中可以观察到流场中的激波、膨胀波、混合层及湍流边界层等流场结构,在 0.5 μs 的时间内,流场结构变化不明显,且粒子的相关性很好。选择查问区窗口为 32 pixel × 16 pixel,对应的实际流场范围为 1.8 mm × 0.9 mm,对两幅相关图像进行互相关运算得到瞬态速度场,然后对大量瞬态速度场取平均得到平均速度场,如图 5.37 所示。由于喷流出口压力大于外部绕流压力,出口处喷流层变厚,覆盖住光学窗口的喷流长度增加,在出口处产生一道激波,在 y 方向速度 V 分布云图中可以看出,图中速度分量 V 变化明显处与粒子图像中的激波位置吻合得很好,速度在 y 方向上变化明显,且多数为正值,不同于无喷流情况(负值占多数)。从流线图中可以发现,激波后流动越往下游,流管越窄,受到的压缩效应越强,相应的超声速流动的速度越来越小。观察图 5.37(a)和(c)可以发现,合速度分布云图与 U 分布云图极为类似,这说明 x 方向速度分量 U 占优势,而 y 方向速度分量 V 在整体中所占的百分比不大,但对照图 5.37(d)可知,V 的梯度更大。涡量绝对值云图表明,在喷流与外部线流混合区域,涡量值大于外部绕流,形成一条明显的喷流与外部线流混合的曲线,此曲线相对于状态Ⅱ,即压力匹配情况下有所外推,在喷流上游区域有一定的外凸弧度,由此扰动产生一道激波,激波后的密度和压力增加,流动再附到平行于壁面,因此出现相应的膨胀波和再附激波,另外模型表面的涡量值明显大于外围涡量值,这是壁面剪切作用造成的。

(a) $t = t_0$

(b) $t = t_0 + 0.5$ μs

图 5.36　状态Ⅲ超声速光学头罩模型对称面粒子图像

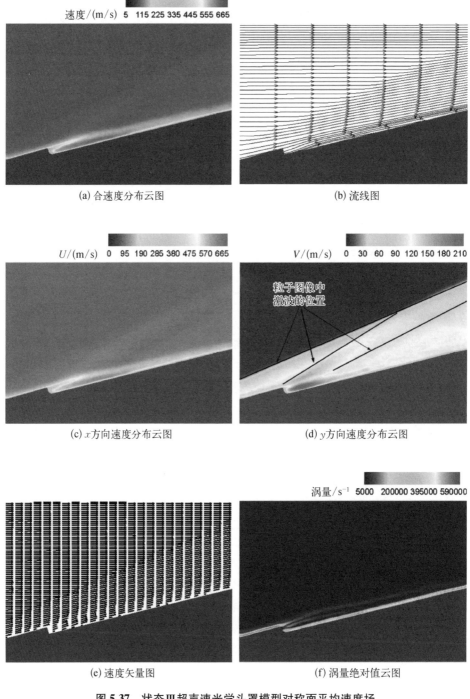

速度/(m/s) 5 115 225 335 445 555 665

(a) 合速度分布云图

(b) 流线图

U/(m/s) 0 95 190 285 380 475 570 665

(c) x方向速度分布云图

V/(m/s) 0 30 60 90 120 150 180 210

粒子图像中
激波的位置

(d) y方向速度分布云图

(e) 速度矢量图

涡量/s^{-1} 5000 200000 395000 590000

(f) 涡量绝对值云图

图 5.37　状态Ⅲ超声速光学头罩模型对称面平均速度场

为了便于对有喷流影响情况下的速度场进行研究,将速度场坐标系进行转换,在模型对称面内以喷口与光学窗口平面的交点为原点 O,以喷流方向为 x 轴,y 轴垂直于轴向,如图 5.30 所示,在此坐标系下得到相应的局部平均速度场如图 5.38 所示,其中图 5.38(a)为状态 III 下流场瞬态 NPLS 图像,图 5.38(b)为合速度分布云图及速度矢量图,图 5.38(c)为垂直于光学窗口平面的 x 方向速度 U 分布云图,图 5.38(d)为喷流方向(y 方向)速度 V 分布云图,图 5.38(e)为涡量云图。图 5.38 中的坐标值均已以喷口高度 h 为特征长度进行了无量纲化处理,图中所示的流场范围为 $x = (-5 \sim 31)h$,$y = (-2 \sim 10)h$。从图 5.38(a)发现,混合层层流段更短,很快转捩为湍流,结合图 5.38(b)所示的速度剖面演化可以发现,混合层的长度在喷流出口压力大于外部线流的情况下更长;如图 5.38

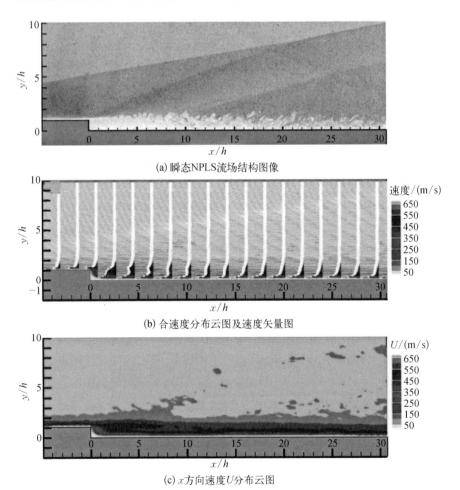

(a) 瞬态 NPLS 流场结构图像

(b) 合速度分布云图及速度矢量图

(c) x 方向速度 U 分布云图

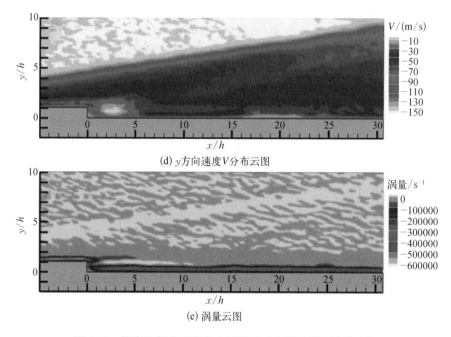

(d) y 方向速度 V 分布云图

(e) 涡量云图

图 5.38　状态Ⅲ超声速光学头罩模型对称面局部平均速度场

(c)所示,垂直于光学窗口平面的 x 方向速度分量 U 在集中喷流出口附近($x = 0 \sim 5h$,$y = 0 \sim 2h$ 区域)。在 $x = -5h \sim 0$ 及 $x = 15 \sim 25h$ 的边界层增长区域内,U 呈现正值特征,其他绝大部分区域为负值特征,这对应于图 5.38(b)中的速度矢量分布;观察涡量云图[图 5.38(e)]发现,在 $x = 0 \sim 11h$ 范围内,涡量在喷流混合层上下呈近似反对称分布,在远离壁面的流场区域,涡量值均在 0 附近。

本节采用基于 NPLS 的超声速速度场测量技术,分别对无喷流(状态Ⅰ)、喷流出口压力与外部线流压力匹配(状态Ⅱ)、喷流出口压力大于外部线流压力(状态Ⅲ)三种状态下的超声速光学头罩模型对称面的速度分布进行了试验研究,在对两幅时间间隔为 0.5 μs 的流场粒子图像进行互相关运算时综合采用了预估校正算法、超分辨率算法、查问区窗口变形算法和亚像素插值法等高精度算法,得到的速度场结果很好地反映了各种状态下的超声速光学头罩对称面内的流场分布特征,为揭示有无喷流超声速光学头罩流场的动力学特性提供了重要依据,并且有助于研究气动光学畸变随时间的变化规律。

5.3　超声速光学头罩流场密度分布

超声速光学头罩流场密度场的时空分布,直接影响其气动光学性能,而带超声速喷流的光学头罩,其周围不仅存在激波、膨胀波等复杂结构,同时有混合层和湍流边界层的影响,因此密度场在空间和时间上呈现出更明显的不均匀性与非定常性,对其密度场进行高时空分辨率研究面临很大挑战。本节采用基于NPLS 的密度场测量技术,对无喷流(状态 Ⅰ)、喷流出口压力与外部线流压力匹配(状态 Ⅱ)、喷流出口压力大于外部线流压力(状态 Ⅲ)三种状态下超声速光学头罩对称面内的密度场进行高时空分辨率定量研究,分别得出时间相关的瞬态密度场、脉动密度场和时间平均密度场。得到的密度场图像与 NPLS 图像很相似,这是因为 NPLS 图像本身就是尚未校准的密度图像。但是与 NPLS 图像相比,密度场图像消除了 NPLS 图像中片光强度分布不均匀的影响,更加真实地反映了密度分布。本节定量给出有无喷流的超声速光学头罩密度场,为后续进行该光学头罩流场的气动光学效应研究做足准备。

5.3.1　状态 Ⅰ 超声速光学头罩密度场

采用基于 NPLS 的超声速密度场测量技术,得到如图 5.39 所示的来流 $Ma_\infty = 3.8$ 条件下无喷流超声速光学头罩对称面流场的瞬态密度分布,图5.39(a)为 $t = 0$ 时刻流场的瞬态密度场,图 5.39(b)为 $t = 5~\mu s$ 时刻流场的瞬态密度场,其空间分辨率均为 56 $\mu m/pixel$。右侧的图例表示图中不同等级灰度对应的流场密度大小,图中白色箭头指不同时刻湍流边界层中某涡的位置,经过 5 μs 时间,该涡向下游产生的水平位移为 2.3 mm。从瞬态密度场图像可以看出:来流灰度分布比较均匀,证明来流密度均匀;超声速来流经过激波后,密度明显升高,经过膨胀波后,密度逐渐降低;而回流区及其湍流边界层的密度较低,甚至低于来流密度;流动在光学窗口平面再附后形成再附激波,该激波后密度又明显增大。观察光学窗口上方流场密度的空间分布,发现在光学窗口前部有一段回流区和一段相当长的层流边界层,对光线抖动和模糊的影响不大,后部边界层开始转捩并逐渐发展为湍流边界层,这里的密度分布不均匀性较强,大尺度结构对光线抖动和模糊的影响比较明显。从时间上来看,经过 5 μs 时间,湍流边界层中的涡运动和变形导致密度场改变,密度场的非定常性较为明显,气动光学性能受

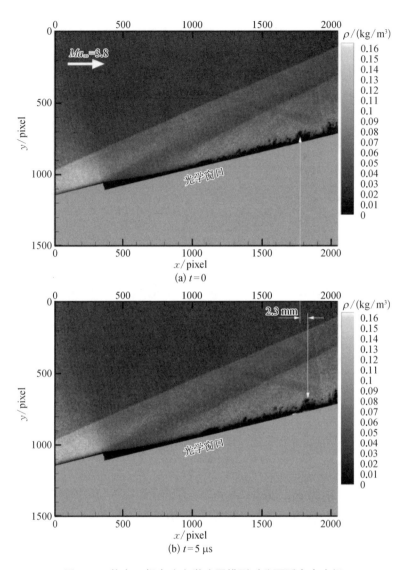

图 5.39 状态 I 超声速光学头罩模型对称面瞬态密度场

时间的影响较大,但是并不是没有规律的。

对不同时刻得到的瞬态密度场进行平均,得到状态 I 超声速光学头罩模型对称面时间平均密度场,如图 5.40 所示。从平均密度场可以看出,湍流边界层造成的密度分布不均匀性被抹平,模型弓形激波前密度分布较为均匀,经过激波后的密度增加,喷口影响形成的膨胀波致使密度降低,随时间推移,密度变化较小,光学窗口上方前半部分密度分布也有较明显的规律可循,这可以从第 6 章关

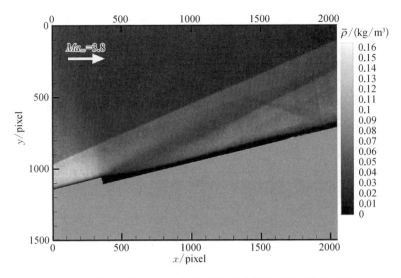

图 5.40　状态 I 超声速光学头罩模型对称面时间平均密度场

于光学波前畸变的讨论中得出。

　　如图 5.41 所示为图 5.39 所对应的无喷流状态下模型对称面内的密度脉动结果,从中发现,光学头罩流场中大部分区域的密度脉动为 0,这也说明了流场密度分布的整体随时间较为稳定。但是由于湍流边界层中密度场的非定常性很强,其密度脉动较大,从密度脉动图中可以清晰看到湍流边界层中的大尺度结构等。另外,由于流场非定常,激波位置并非一成不变,体现为激波位置附近的密度脉动较强,但激波位置波动的范围极小,因为密度脉动形成的"激波脉动线"很薄。

　　在获得高时空分辨率的不同状态下超声速光学头罩流场密度分布的前提下,采用光线追踪方法得到不同状态下超声速光学头罩流场的气动光学波前畸变。如图 5.42 所示,局部坐标轴 S 和 W 分别平行和垂直于光学窗口,S、W 与 x、y 均以 pixel 为单位,入射光为平面光波,波长 $\lambda = 532$ nm,入射方向垂直于光学窗口,光波起始位置为均匀来流区域,W 方向上平面光波穿过的流场区域记为 Z,区域大小为 1600 pixel × 560 pixel,实际流场范围为 89.6 mm × 31.4 mm。

　　如图 5.43 所示为无喷流状态下超声速光学头罩流场 Z 区域的瞬态密度场,空间分辨率为 56 μm/pixel,光线穿过流场后的最大偏移量 $\text{offset}_{\max} = 2.15$ μm,远小于一个像素,最大折转角为 115×10^{-6} rad。湍流边界层中 $t = 0$ 时刻的涡结构 A 经过 5 μs 时间发展成 A′,整体运动表现为向下游平移而自身变形较小。平

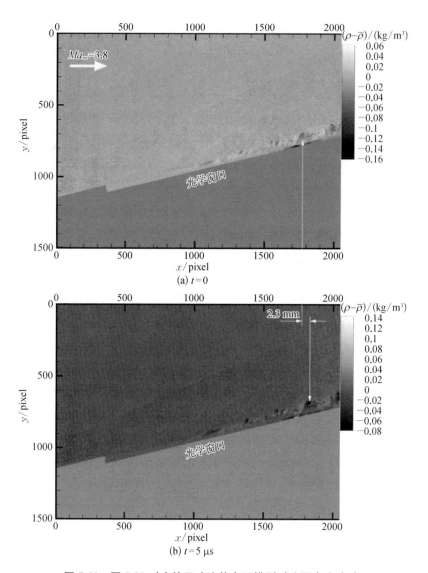

图 5.41   图 5.39 对应的无喷流状态下模型对称面密度脉动

面光波通过图 5.43 所示的流场区域后的 OPD 分布曲线如图 5.44 所示,对应的
SR 分别为 0.91 和 0.84。由于没有喷流,$S = 0 \sim 400$ pixel 这段区域包含了喷口
下游的回流区及再附区流动,同时光线要穿过膨胀波,光线通过的这段区域以低
密度为主,而激波后的密度高区域逐渐增加,故 OPD 分布曲线整体趋势为先降
低后增加;在 $S \approx 800$ pixel 处,层流边界层开始转捩,对应于 OPD 的分布曲线出
现相对降低的趋势;$S > 800$ pixel 之后,由于边界层转捩,大尺度结构逐渐增加,

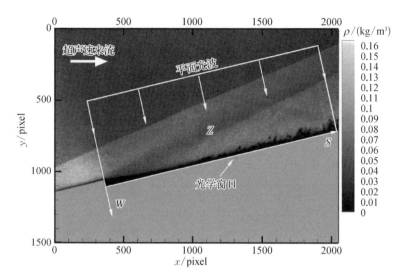

图 5.42 超声速光学头罩模型对称面流场光线追迹示意图

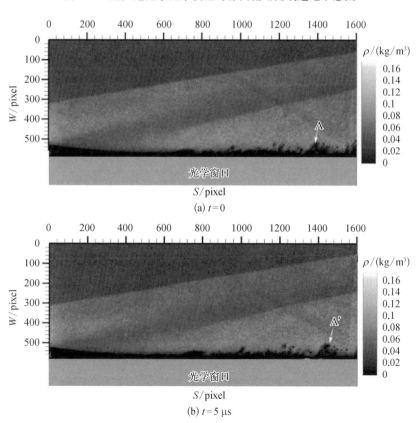

(a) $t=0$

(b) $t=5\ \mu s$

图 5.43 状态 I 超声速光学头罩流场 Z 区域瞬态密度场

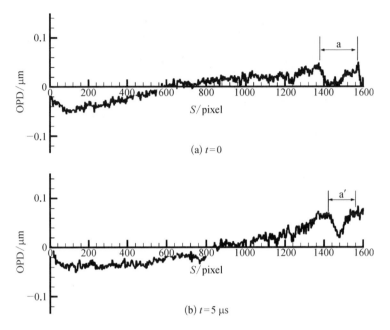

图 5.44 平面光波通过图 5.43 所示流场区域后的 OPD 分布

对应的 OPD 分布曲线则出现波动较大的趋势,图 5.43 中的大尺度涡结构 A 和 A′分别对应 OPD 曲线中的 a 和 a′区域。总的来说,下游的激波层厚度较大,高密度区域占优势,这使得 OPD 分布整体上呈现递增趋势;在靠近上游流场中,低密度区域占优势,且流场中不存在湍流结构,OPD 整体偏低且变化较为平缓。比较不同时刻的 OPD 分布曲线可以发现,OPD 的分布趋势是类似的。

状态 I 超声速光学头罩模型对称面 Z 区域时间平均密度场如图 5.45 所示,

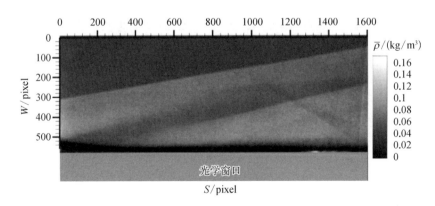

图 5.45 状态 I 超声速光学头罩模型对称面 Z 区域时间平均密度场

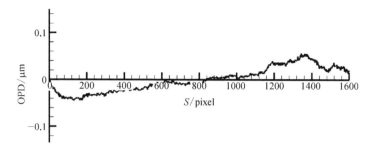

图 5.46　平面光波通过状态 I 时间平均密度场 Z 区域的 OPD 分布

光线通过时间平均密度场 Z 区域的 OPD 分布曲线如图 5.46 所示,对应的 SR 为 0.91。从图 5.46 中发现,OPD 分布曲线的整体趋势与瞬态 OPD 分布曲线很相近。图 5.43 对应的密度脉动引起的 OPD 脉动如图 5.47 所示,结果表明,由于密度脉动引起的 OPD 脉动整体量级不大,且其分布趋势基本吻合,在湍流边界层区域,OPD 脉动的绝对值较大,这说明湍流对 OPD 的影响较大,OPD 脉动的均方根值分别为 0.013 μm 和 0.015 μm。

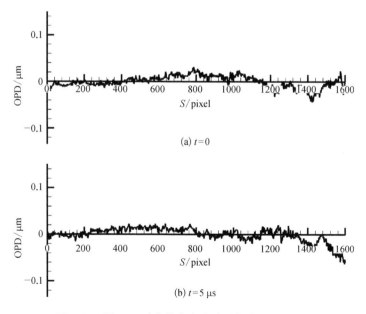

图 5.47　图 5.43 对应的密度脉动引起的 OPD 脉动

为研究光学窗口上方的湍流边界层对 OPD 的影响,将平面光波的起始位置定为 $W = 460\,\text{pixel}$, $W = 460 \sim 560\,\text{pixel}$ 区域的密度场图像及光线通过该区域流场的 OPD 分布曲线分别如图 5.48 和图 5.49 所示。

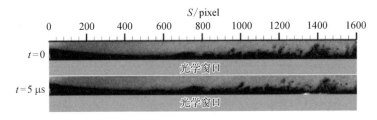

图 5.48 状态 I $W = 460 \sim 560 \, \text{pixel}$ 区域的密度场

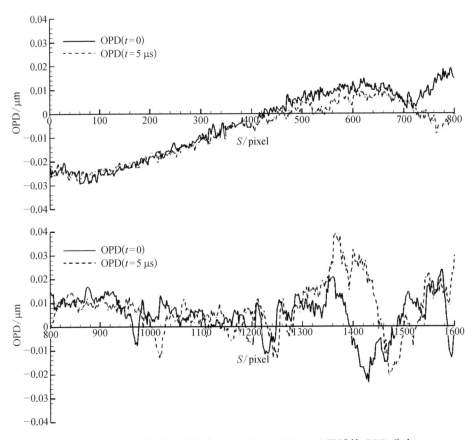

图 5.49 状态 I 平面光波通过 $W = 460 \sim 560 \, \text{pixel}$ 区域的 OPD 分布

在 $S = 500 \, \text{pixel}$ 前,该区域流场中尚没有大尺度结构出现,故反映在 OPD 分布曲线上为 OPD 的整体分布较为平缓,呈整体上升趋势,只有高频的低振幅波动,这主要造成目标图像的模糊现象[15];而在 $S = 800 \, \text{pixel}$ 以后,流场中开始有大尺度结构出现,OPD 分布则开始出现较大的起伏,随着大尺度结构的逐渐发

展,其对 OPD 的影响也越来越明显,最大的涡结构存在于 $S = 1\,400 \sim 1\,600\,\text{pixel}$ 区域内,OPD 呈大幅度下降趋势,这些低频的高振幅波动主要造成目标图像的抖动[15],因此要降低目标图像的抖动效应,则应设法减少大尺度结构的出现,使大尺度结构破坏。从 OPD 的分布与流场结构图像对应起来考察发现,OPD 分布曲线的下降处即代表涡结构存在。经过 $5\,\mu\text{s}$,OPD 分布曲线表现为整体向下游平移,而自身变化趋势并未发生太大变化。

5.3.2　状态 II 超声速光学头罩密度场

在光学窗口前方射入喷流且喷流出口压力与外部绕流压力匹配时,得到的超声速光学头罩模型对称面瞬态密度场如图 5.50 所示。该状态下,来流 $Ma_{\infty} = 3.8$,喷流 $Ma_j = 2.5$,上半部分图为 $t = 0$ 时的流场密度分布,下半部分为 $t = 5\,\mu\text{s}$ 时的流场密度分布,空间分辨率为 $56\,\mu\text{m}/\text{pixel}$,白色箭头指喷流与外部线流的超-超混合层中的某个涡的位置,经过 $5\,\mu\text{s}$ 时间,涡向下游产生的水平位移为 $3.3\,\text{mm}$。密度场图像与 NPLS 图像很相似,因为 NPLS 图像本身就是一个未经校准的密度场图像。来流密度较均匀,经过弓形激波后,密度突然增加;经过喷流与外部线流混合层中大涡结构诱导的激波后,密度又增大。相比无喷流情况,有喷流时,光学窗口平面前段覆盖住一层低密度的喷流气膜,将外部高温气流与窗口隔开,可以对窗口起到冷却作用,而在该状态下,不仅有窗口后段的湍流边界层,且由于喷流与外部线流形成混合层,光学窗口上方的密度分布比无喷流情况更加复杂,给气动光学校正带来更大困难。

对多组密度场数据进行时间平均得到的时间平均密度场如图 5.51 所示,喷流和湍流边界层区域的密度均较低,与其外部流动的密度差别明显,密度的变化将导致穿过流场光线的 OPD 产生变化。图 5.50 所示的瞬态密度场对应的密度脉动分布如图 5.52 所示。密度的脉动分布,暴露了光学窗口上方的混合层及湍流边界层中的大尺度结构特征,这些地方的密度脉动相对较大。相比言,在来流区域及波后的绕流区域,密度脉动都相对较小,均在 0 附近。考察密度脉动的情况,可以对其造成的气动光学波前畸变进行深入探讨。

如图 5.53 所示为喷流出口压力与外部绕流压力匹配状态(状态 II)下 Z 区域的瞬态密度场,空间分辨率为 $56\,\mu\text{m}/\text{pixel}$,图 5.53(a)中某大尺度结构 A 经过 $5\,\mu\text{s}$ 时间运动到图 5.53(b)中的 A' 处,其自身的变形较小。光线通过该流场后的最大偏移量 $\text{offset}_{\max} = 2.76\,\mu\text{m}$,远小于一个像素,最大折转角为 $144 \times 10^{-6}\,\text{rad}$,比较而言,有喷流情况下的光线偏移量大于无喷流情况。有喷流时,

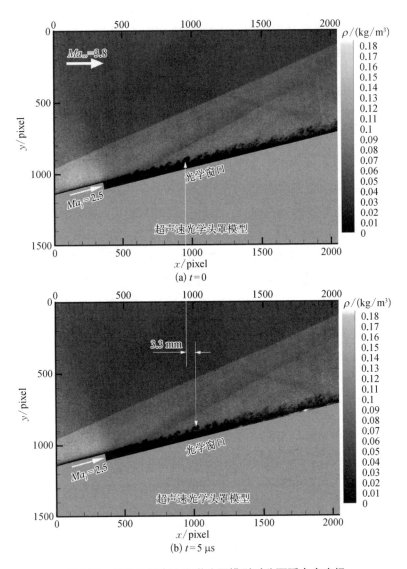

(a) $t=0$

(b) $t=5\ \mu s$

图 5.50 状态 II 超声速光学头罩模型对称面瞬态密度场

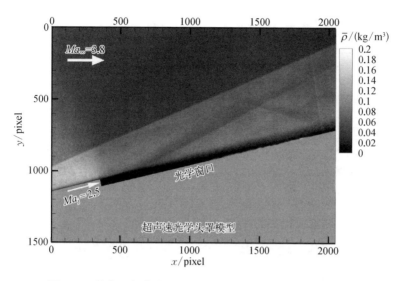

图 5.51　状态 Ⅱ 超声速光学头罩模型对称面时间平均密度场

光学窗口上方不仅存在激波、膨胀波等波系结构,而且很长的距离内均有大量的大尺度涡结构,在喷流与外部线流混合过程中,密度很不均匀,喷流与外部线流之间的密度梯度较大,这会带来更强的气动光学效应。垂直于光学窗口入射的平面光波通过该瞬态流场后的 OPD 分布曲线如图 5.54 所示,对应的 SR 分别为 0.88 和 0.72。OPD 的整体分布比无喷流情况时变得更为复杂,大尺度结构的增加使密度梯度增大,从而加剧了 OPD 分布的不光滑性。在 $S < 800\,\mathrm{pixel}$ 的区域内,OPD 整体呈现为负值,且曲线波动范围较小,波动的中心线大致平行于 S 轴,初步认为是由于在这段区域内的主要流动行为为喷流与外部线流剪切混合,且该段激波层的厚度较小,曲线波动较大处对应喷流与外部线流混合层中的大尺度结构。$S > 800\,\mathrm{pixel}$ 后,激波层的厚度增加,高密度区域比例增大,喷流的影响基本消失,混合层与光学窗口壁面的边界层充分发展,到下游完全发展为湍流边界层,其中小涡结构迅速增加且外形更为复杂,并在下游有尺度更大的结构出现,这在 OPD 分布曲线上的表现为 OPD 呈上升趋势,且局部波动频率增大,下游波动幅度增大。

对比 $t = 0$ 和 $t = 5\,\mathrm{\mu s}$ 两个时刻的 OPD 分布曲线可以发现,二者局部有变化,但是整体趋势相近,图 5.53 中的 A 和 A′ 所指的湍流涡结构主要表现为向下游平移,在 OPD 分布曲线上分别对应于图 5.54 中的 a 和 a′ 处,也表现为向下游平移,而 OPD 分布曲线的局部变化是大尺度结构平移和变形综合作用的结果。图 5.55

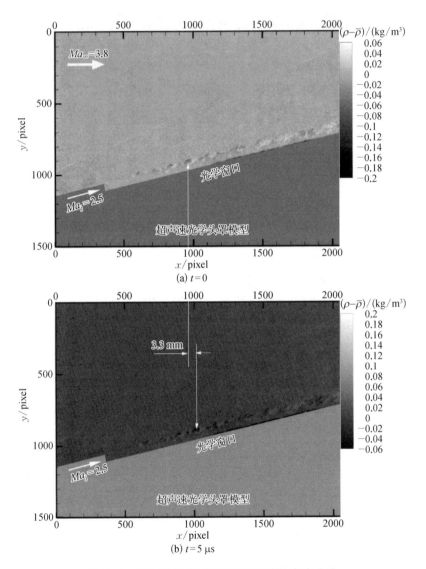

(a) $t=0$

(b) $t=5\ \mu s$

图 5.52 图 5.50 所示瞬态密度场对应的密度脉动

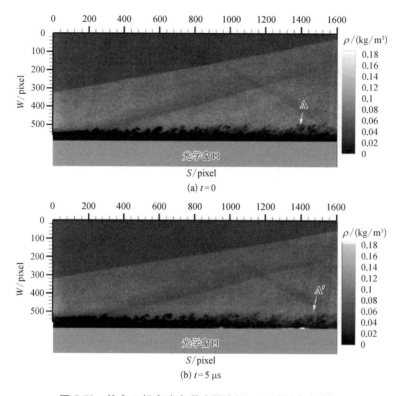

图 5.53　状态 II 超声速光学头罩流场 Z 区域瞬态密度场

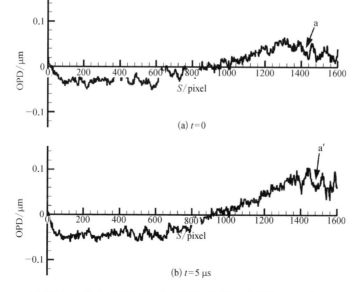

图 5.54　平面光波通过图 5.53 所示流场区域后的 OPD 分布

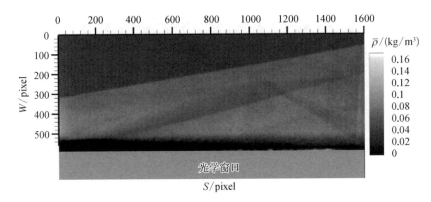

图 5.55　状态 II 超声速光学头罩流场 Z 区域时间平均密度场

所示为状态 II 下超声速光学头罩流场 Z 区域的时间平均密度场,对应的 OPD 平均分布如图 5.56 所示,对应的 SR 为 0.823 8。图 5.50 所示流场的密度脉动引起的 OPD 脉动如图 5.57 所示,OPD 的均方根分别为 0.013 4 μm 和 0.015 2 μm,观察曲线分布情况可以发现,在光学窗口下游 $S = 1\,300 \sim 1\,600$ pixel 的范围内,OPD 的脉动较大,上游区域的脉动则相对较小。

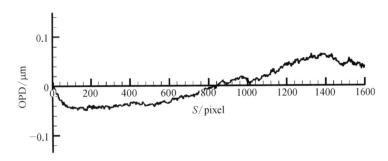

图 5.56　平面光波通过状态 II 时间平均密度场 Z 区域的 OPD 分布

　　为更深入地研究流场中大尺度结构对光学波前造成的影响,将平面光波的起始位置设在湍流边界层的外沿 $W = 440$ pixel 处,$W = 440 \sim 560$ pixel 区域的流场密度图像及光波通过该区域的 OPD 分布曲线分别如图 5.58 和图 5.59 所示。

　　从图 5.59 中可以看出,相比无喷流状态边界层引起的 OPD 变化,有喷流时引起的 OPD 分布曲线更为复杂,由于喷流与外部绕流之间形成混合层,其中的涡结构使密度产生强烈变化,进而使 OPD 分布曲线的振荡增强。比较两个不同时刻的 OPD 分布曲线,5 μs 后,OPD 表现为整体向下游平移,而整体趋势不变。

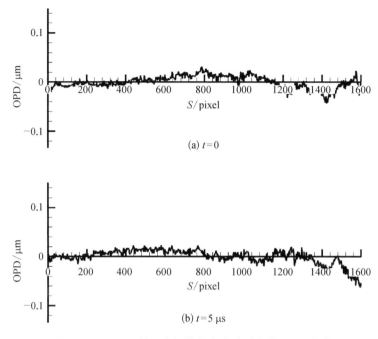

图 5.57　图 5.50 所示流场的密度脉动对应的 OPD 脉动

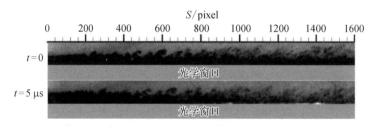

图 5.58　状态 Ⅱ $W = 440 \sim 560$ pixel 区域的密度场

5.3.3　状态Ⅲ超声速光学头罩密度场

图 5.60 所示为喷流出口压力大于外部绕流压力状态下(状态Ⅲ)超声速光学头罩模型对称面内瞬态密度分布结果。该状态下,来流 $Ma_\infty = 3.8$,喷流 $Ma_j = 2.5$,喷流流量调到最大,图 5.60(a) 为 $t = 0$ 时刻的流场密度分布,图 5.60(b)为 $t = 5$ μs 时刻的流场密度分布,空间分辨率为 56 μm/pixel,白色箭头指喷流与外部线流的超–超混合层中的某个涡的位置,经过 5 μs 时间,涡向下游产生的水平位移为 3.1 mm。来流经过模型头部弓形激波后,密度增大;经过喷流出口处形成的激波后,密度再次增大,之后又经过一系列膨胀波,密度逐渐降低,最

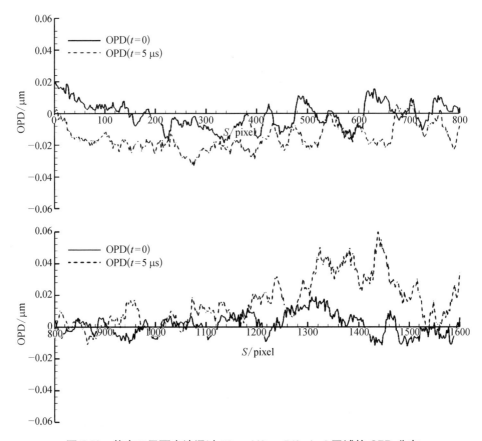

图 5.59 状态 Ⅱ 平面光波通过 $W = 440 \sim 560$ pixel 区域的 OPD 分布

后一道诱导激波又使流场密度增大。相比于状态Ⅰ、Ⅱ,状态Ⅲ下的密度分布更为复杂,密度的变化更大;混合层转捩较早,湍流占据了光学窗口的绝大部分区域,密度梯度大,且湍流中大尺度结构的存在将使气动光学效应增大,为波前校正带来更大困难。

如图 5.61 所示为多组密度场数据的时间平均结果,反映出该状态下流场的波系结构位置较为稳定,来流和模型绕流的主流区域密度相对稳定,光学窗口上方前段喷流区域密度较低,后段的密度稍高,整体均小于外部绕流密度。

如图 5.62 所示为图 5.60 中密度场对应的密度脉动结果,从密度脉动中可以清楚看到流场混合层和湍流边界层的大尺度结构,这些结构是造成目标图像产生光线抖动和模糊的主要原因。

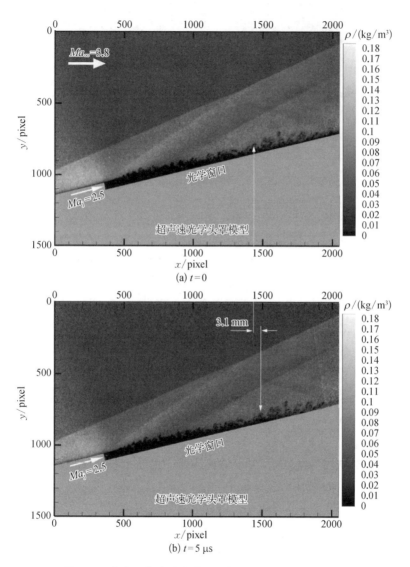

图 5.60　状态Ⅲ超声速光学头罩模型对称面瞬态密度场

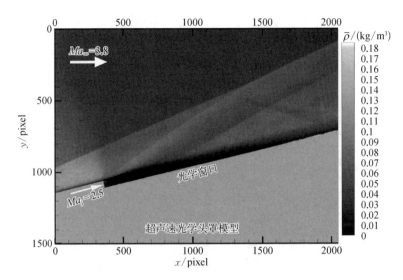

图 5.61 状态Ⅲ超声速光学头罩模型对称面时间平均密度场

喷流出口压力大于模型外部线流压力状态(状态Ⅲ)下 Z 区域的瞬态密度场如图 5.63 所示,空间分辨率为 56 μm/pixel,图 5.63(a)中的某大尺度结构 A 经过 5 μs 时间运动到图 5.63(b)中的 A'处,其自身的变形较小。光线通过该流场后的最大偏移量 offset$_{max}$ = 2.76 μm,远小于一个像素,最大折转角为 144 × 10^{-6} rad。相比状态Ⅰ和状态Ⅱ的流场密度分布,该状态下流场中的湍流结构更多,密度分布更加复杂,混合层和边界层中的涡结构顺着流动方向逐渐增大,大尺度的涡会带来抖动效应,而较小尺度的涡会使接收到的图像产生模糊,这对光学传输十分不利。

平面光波通过图 5.63 所示的流场区域后产生的波前畸变如图 5.64 所示,对应的 SR 分别为 0.88 和 0.71。图 5.63 中 A 和 A'处的涡结构在 OPD 分布曲线中分别对应 a 和 a',湍流边界层中涡结构的密度低,导致 OPD 分布曲线下凹。观察图 5.64 发现,喷流出口压力大于外部线流压力状态下,光学窗口上方流场下游的湍流结构尺度较大,造成严重的光学抖动效应,OPD 分布曲线的振幅较大;而在 S < 800 pixel 区域,喷流与外部线流混合层中的湍流尺度相比状态Ⅱ较小,此状态下该区域 OPD 分布曲线的振幅较小,但相对于状态Ⅰ,仍然表现得较为紊乱;靠近下游处,激波层厚度更大,OPD 整体上呈现递增趋势。

状态Ⅲ超声速光学头罩流场 Z 区域的时间平均密度场如图 5.65 所示,应用光线追踪方法计算得到平均 OPD 分布如图 5.66 所示,对应的 SR 为 0.86。图 5.64 所示流场的密度脉动对应的 OPD 脉动如图 5.67 所示,OPD 的均方根值分别为 0.013 μm 和 0.021 μm。

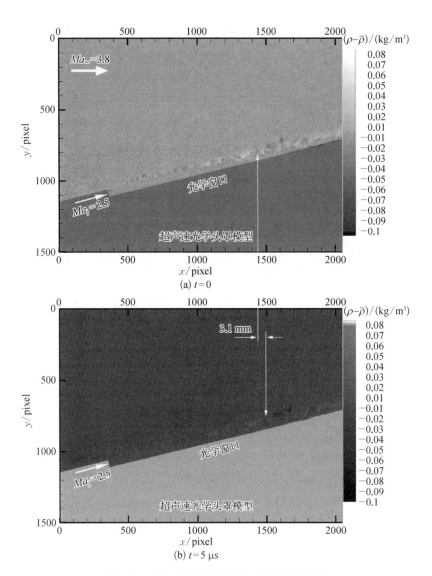

图 5.62 图 5.60 所示密度场对应的密度脉动

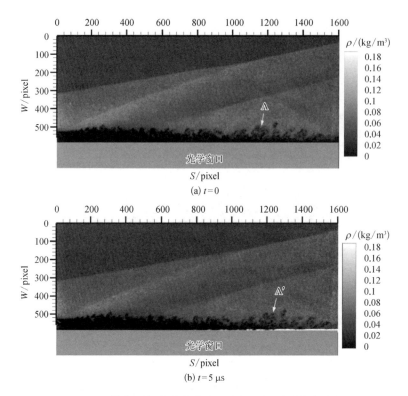

图 **5.63** 状态Ⅲ超声速光学头罩流场 *Z* 区域瞬态密度场

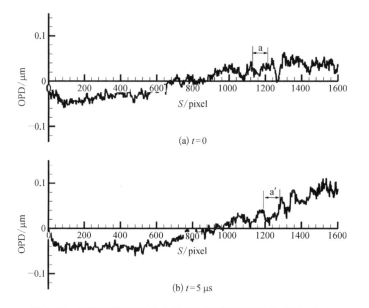

图 **5.64** 平面光波通过图 **5.63** 所示流场区域后的 **OPD** 分布

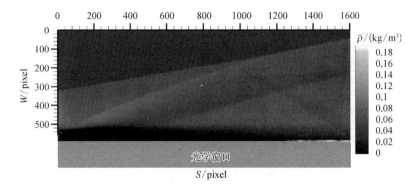

图 5.65　状态Ⅲ超声速光学头罩流场 Z 区域时间平均密度场

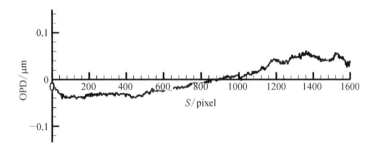

图 5.66　平面光波通过状态Ⅲ时间平均密度场 Z 区域的 OPD 分布

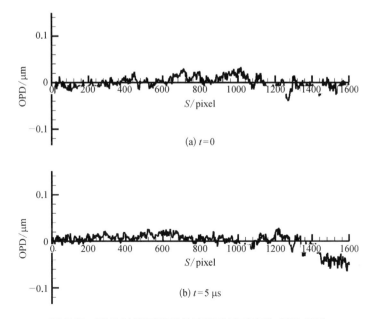

图 5.67　图 5.64 所示流场的密度脉动对应的 OPD 脉动

为研究混合层及湍流边界层中大小尺度涡结构对 OPD 的影响,将平面光波的起始位置设在湍流边界层最厚处($W = 430\ \text{pixel}$), $W = 430\ \sim\ 560\ \text{pixel}$ 区域的密度场图像及相应的 OPD 分布分别如图 5.68 和图 5.69 所示。

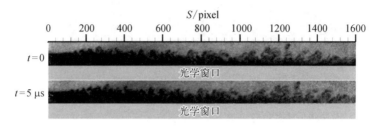

图 5.68　状态Ⅲ $W = 430\ \sim\ 560\ \text{pixel}$ 区域的密度场

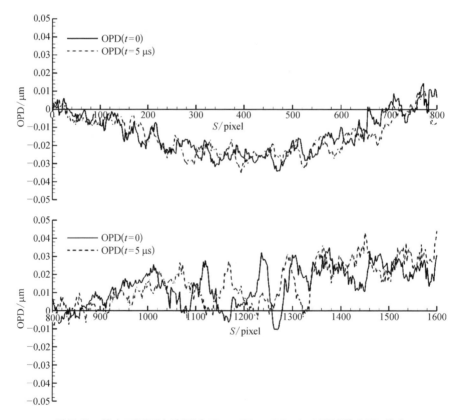

图 5.69　状态Ⅲ平面光波通过 $W = 430\ \sim\ 560\ \text{pixel}$ 区域的 OPD 分布

比较图 5.69 所示两个时刻的 OPD 分布曲线发现,二者整体趋势一致,重合性较好。由于喷流出口压力大于外部线流,在 $S = 200\ \sim\ 400\ \text{pixel}$ 的区域内,混合层偏向外层抬起,密度小的区域占大部分,因此这段区域的 OPD 分布曲线呈现下降的趋势,与前面两种状态不同。在 $S > 1\,000$ pixel 之后,湍流大尺度逐渐增大,对应 OPD 的变化幅度增大,大尺度结构的位置对应 OPD 分布曲线的下凹位置。经过 $5\,\mu s$ 时间,由于湍流发展具有运动快、变形慢的特点,OPD 分布曲线表现为向下游的平移,而整体趋势相同。

本节对三种状态下的超声速光学头罩模型对称面内密度场进行了测量,并分析了各状态下的平均密度场和瞬态密度场。测量得到的密度场具有高时空分辨率、高信噪比的特点,再现了无喷流状态、喷流出口压力与外部绕流压力匹配状态、喷流出口压力大于外部绕流压力状态下的超声速光学头罩对称面内的精细密度场信息;比较时间相关的密度场,可以观察密度场随时间的演化规律,并得到了各状态下的平均密度场和脉动密度场,通过比较可以得到各状态下密度场的整体分布信息及瞬态脉动信息。

本节在获得密度场数据的前提下,采用基于 NPLS 的波前传感方法对三种不同状态下的超声速光学头罩流场的气动光学畸变进行了研究,得到了平面光波通过流场的瞬态 OPD 分布、平均 OPD 分布及其脉动,得到了光线通过流场的偏移量和 SR 值,且对湍流大尺度结构如何影响 OPD 分布进行了探讨,发现大尺度结构对应的是 OPD 的下降。无喷流时,OPD 分布相对较为简单,气动光学校正相对来说较为容易;而窗口上方射入喷流后,层流区缩小,流动结构变得复杂,对应引起的光学波前畸变更严重,喷流压力大于外部线流压力时又引起了波系结构的复杂化,同时混合层的转捩位置相对更为靠前,为气动光学校正带来更大困难。

总的来说,无喷流的气动光学效应较小,但光学窗口则要承受高温气流的影响,而有喷流窗口可以得到冷却,气动光学效应则相应增大,喷流流量不同对气动光学效应的影响也不同,因此需要衡量冷却喷流的时机并控制喷流的流量,找到一个最优方案。

5.4　超声速光学头罩气动光学效应

5.4.1　无喷流超声速光学头罩气动光学效应

在超声速风洞中,构建无喷流超声速光学头罩的基于 BOS 的波前传感试验系统,其测量示意图见图 5.70,背景随机点阵平行风洞自由来流置于模型正上方,由波长为 532 nm 的激光光源照亮,相机置于模型正下方透过光学窗口,分别对获得的背景点阵进行成像,对获得的背景图像进行互相关处理得到随机点受流场扰动引起的偏移位移,然后运用基于 BOS 的波前传感计算程序对位移数据文件进行处理,重构得到流场扰动引起的气动光学畸变—— OPD 分布及其他相关气动光学参数。受实验室改造等客观条件的制约,这里仅对马赫数 3.0 和 3.4 的流场气动光学效应进行了基于 BOS 的波前传感测量,观测范围为台阶下游 $[(3.6 \sim 26.6)h]$ 区域,观测窗口宽度为 12 mm。图 5.71 为基于 BOS 的波前传感试验所用的背景点阵图像示例,背景随机点阵的生成由 Matlab 伪随机数矩阵实现。

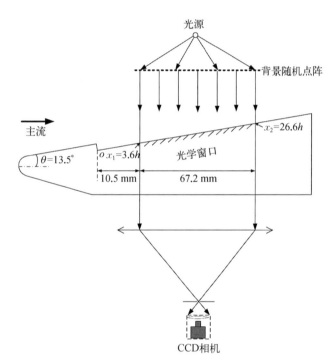

图 5.70 无喷流超声速光学头罩基于 BOS 的波前传感试验测量示意图

马赫数 3.0 来流中,背景随机点阵与流场中心的距离为 490 mm,选用双曝光线间传输 CCD 相机进行成像,CCD 相机的分辨率为 2 048 pixel × 2 048 pixel,选用的镜头焦距为 50 mm,采用光圈 4,镜头直径为 52 mm,镜头长度为 55 mm,相机镜头与流场中心距离为 570 mm,拍摄到的背景点阵图像的实际空间分辨率为 0.14 mm/pixel。图 5.72 所示为光学窗口观测区域,进行互相关处理时选取的查问区窗口大小为 16 pixel × 16 pixel,步长为 8 pixel × 8 pixel,透过窗口观测到背

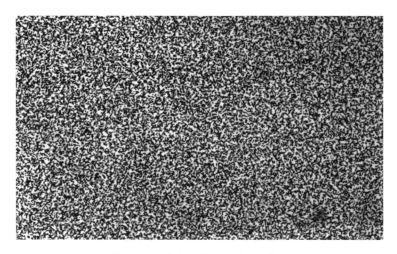

图 5.71　基于 BOS 的波前传感试验所用背景点阵图像

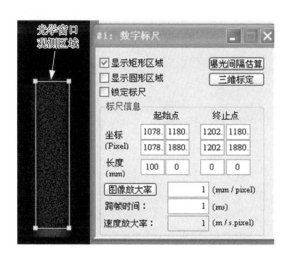

图 5.72　背景随机点阵图像互相关处理区域

景随机点阵的偏移量,均以 μm 为单位,要注意的是背景随机点阵发出的光线穿过窗口上方流场的偏移与其方向相反。

图 5.73 所示为 $Ma_\infty = 3.0$ 条件下无喷流超声速光学头罩窗口上方瞬态流场扰动引起的背景点阵偏移,流动方向沿垂直方向自上向下,图像为 CCD 相机置于模型窗口下方拍摄的仰视图,需要注意,这里将采用 BOS 获得的图像中的左下点设为原点,图像竖直方向(x' 方向)与风洞自由来流方向相同,图像的水平方向与坐标轴一致,为流动的展向,即 z 方向。其中,图 5.73(a)为透过窗口观测到的背景点

阵展向 z 方向偏移量,图 5.73(b)为流向 x' 方向偏移量,图 5.73(c)为合偏移量,图 5.73(d)为透过窗口观测的背景点阵偏移矢量图,实际光线穿过流场的偏移方向与之相反,图中的坐标分别以观察窗口的流向长度和展向宽度作了归一化处理。光线穿过窗口上方流场会先后经过头罩模型头部弓形激波、台阶下游再附激波、台阶下游边界层等,偏移量均在亚像素尺寸。对比光线偏移结果可以看出,光线穿过光学头罩上方流场时主要在流向发生偏折,垂直流向的偏折相对较小,整体偏移量在 $10\sim24\ \mu m$。x' 方向的光线偏移量大致呈左右反对称分布,这说明无喷流情况下,流场近似呈二维分布;沿流向,光线通过流场的偏移量大致呈增大趋势。

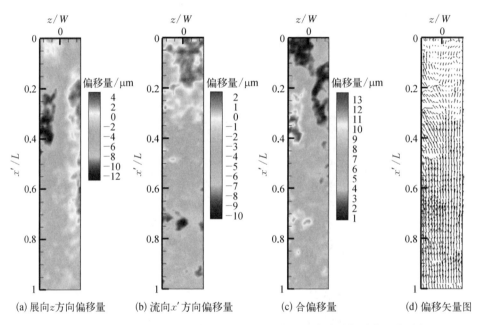

(a) 展向 z 方向偏移量   (b) 流向 x' 方向偏移量   (c) 合偏移量   (d) 偏移矢量图

图 5.73 $Ma_\infty = 3.0$ 无喷流超声速光学头罩瞬态流场扰动引起的背景点阵偏移

采用 Southwell 算法,重构出平面光波穿过光学头罩模型窗口上方流场扰动产生的气动光学波前畸变,如图 5.74 所示,其中图 5.74(a)为 OPD 二维分布结果,图 5.74(b)为 OPD 三维分布结果,图 5.74(c)为 $z = 0$ 截面上的 OPD 分布曲线。从 OPD 分布结果可以看出,在靠近台阶的上游流动区域,OPD 为负值,通过该区域流场的光程相对较短;下游区域,OPD 则逐渐增大,在后段出现拐点而数值减小;沿流向,OPD 整体近似呈二维分布;整个观测区域流场引起的光程差均方根值 $OPD_{rms} = 0.11\lambda$,对应的 $SR = 0.62$,整体 OPD 分布量级为 $10^{-1}\lambda$;对称面内流场扰动引起的光程差均方根值 OPD_{rms} 则为 0.11λ,对应的 $SR = 0.62$,这也侧面说明 OPD 近似呈二维分布,即对称面内流场扰动的气动光学效应测量结果可以近似推广到全场。

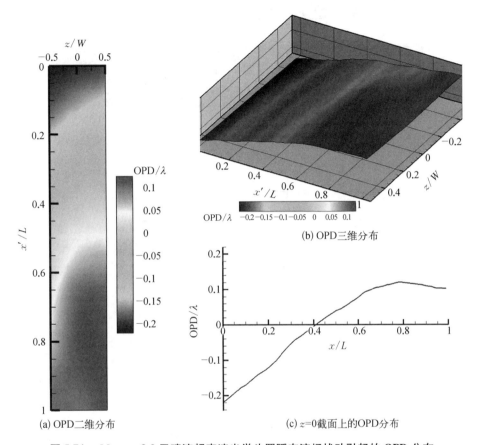

(a) OPD二维分布

(b) OPD三维分布

(c) z=0截面上的OPD分布

图 5.74　Ma_∞ = 3.0 无喷流超声速光学头罩瞬态流场扰动引起的 OPD 分布

图 5.75 为马赫数 3.0 流场中无喷流超声速光学头罩窗口下方观测到的不同时刻(间隔5 μs)的背景点阵图像,为显示方便,已对图像进行亮度及对比度调整,实际处理时仍采用原始图像。采用查问区窗口大小为 16 pixel × 16 pixel,步长为 8 pixel × 8 pixel,对其进行 PIV 处理,得到 5 μs 内流场结构演化对光学传输引起的抖动效应信息。

图 5.76 所示为 5 μs 内背景点阵的抖动位移,其中图 5.76(a)为展向 z 方向的抖动位移分量,图 5.76(b)为流向 x' 方向的抖动位移分量,图 5.76(c)为抖动合位移,图 5.76(d)为抖动位移矢量场。对流场时间演化引起的气动光学波前抖动进行重构,重到如图 5.77 所示的 OPD 分布结果。从图 5.76 中可以看出,在

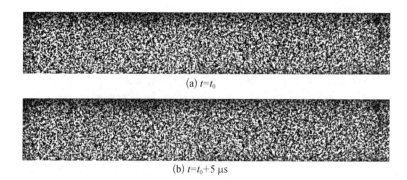

(a) $t=t_0$

(b) $t=t_0+5\ \mu s$

图 5.75 $Ma_\infty = 3.0$ 无喷流超声速光学头罩流场间隔 5 μs 背景点阵图像

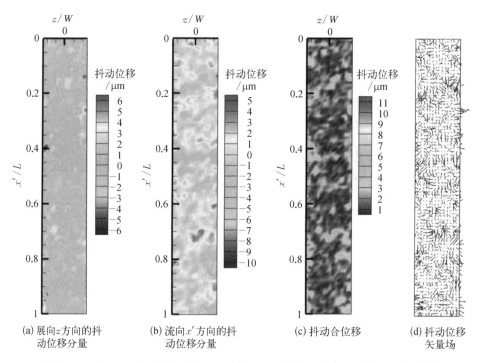

(a) 展向 z 方向的抖
    动位移分量

(b) 流向 x' 方向的抖
    动位移分量

(c) 抖动合位移

(d) 抖动位移
    矢量场

图 5.76 $Ma_\infty = 3.0$ 无喷流超声速光学头罩流场 5 μs 内的背景点阵抖动位移

靠近台阶的上游段,OPD 受流场结构演化引起的抖动效应较弱,而下游则较强,这是因为在靠近台阶上游区域,湍流尚处于发展阶段,非定常性较弱,则光线抖动较弱;而随着下游湍流大尺度结构的增加,其破碎也更为剧烈,湍流结构的非定常性增大,导致光线抖动增强。另外可以观察到光线抖动沿流向大致呈二维特性,光程差均方根值 $OPD_{rms} = 0.003\ 7\lambda$,光线抖动畸变量级在 $10^{-3}\lambda$,比瞬态流场扰动引起的光学畸变低近两个数量级,说明光线抖动畸变

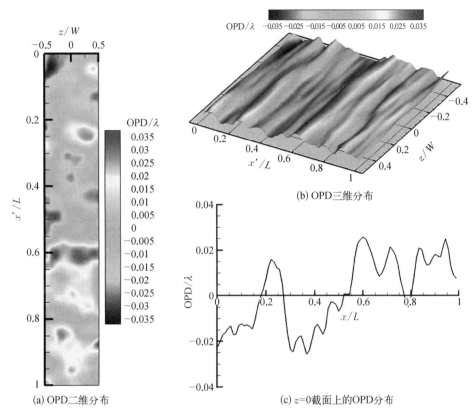

(a) OPD二维分布　　　(b) OPD三维分布　　(c) $z=0$ 截面上的OPD分布

图 5.77　Ma_∞ = 3.0 无喷流超声速光学头罩流场 5 μs 内的光学波前抖动

仅占一小部分。

马赫数 3.4 来流中,背景随机点阵与流场中心距离为 690 mm,利用 CCD 相机进行成像,相机分辨率为 2 048 pixel × 2 048 pixel。 相机选用的镜头焦距 f = 135 mm, 光圈设为 32,相机镜头与流场中心的距离为 740 mm,拍摄到的背景点阵图像的实际空间分辨率为 63.6 μm/pixel。对于有流场试验图像和参考背景图像,选取查问区窗口大小为 16 pixel × 16 pixel, 步长为 8 pixel × 8 pixel, 对其进行 PIV 互相关处理,得到透过光学窗口观测到的背景图像受流场扰动的偏移结果,偏移量均在 μm 量级,如图 5.78 所示,流场方向自上向下,其中图 5.78(a) 为展向 z 方向偏移量,图 5.78(b) 为流向 x' 方向的偏移量,图 5.78(c) 为合偏移量,图 5.78(d) 为偏移矢量图。需要注意,这里的偏移量均是代表背景图像上随机点阵相对于无流场扰动的参考图像的结果,对应从背景图像处发出的光线穿过流场的偏移则与其方向相反。

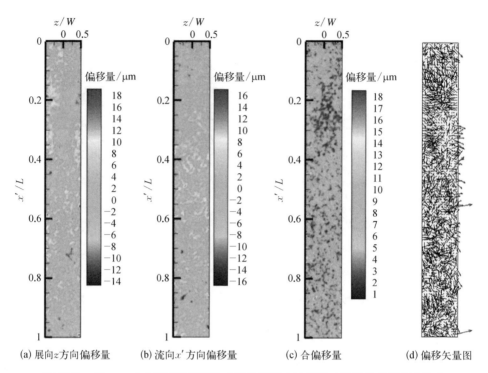

图 5.78　Ma_∞ = 3.4 无喷流超声速光学头罩瞬态流场扰动引起的背景点阵偏移

　　采用 Southwell 算法,重构得到光波穿过该模型窗口流场产生的波前畸变如图 5.79 所示,其中图 5.79(a)为 OPD 二维分布图,图 5.79(b)为 OPD 的三维分布图,图 5.79(c)为模型对称面(z = 0 截面)内流场扰动引起的 OPD 分布曲线。从结果可以看出,OPD 沿流向的分布近似呈二维特性,且局部有所降低但整体呈递增趋势。整个观测区域内光程差的均方根值 $\mathrm{OPD_{rms}}$ = 0.087λ, SR = 0.74,而模型对称面内流场扰动引起的光程差均方根及 SR 分别为 0.087λ 和 0.75,差别不大,这也侧面表明 OPD 沿流向分布近似呈二维特性,对称面内的 OPD 测量结果可近似推广到整个窗口上方流场区域。瞬态流场引起的 OPD 分布量级在 $(10^{-2} \sim 10^{-1})\lambda$,相比马赫数 3.0 流场,其整体有所降低。

　　对采用 CCD 相机在模型光学窗口下方观测到的时间间隔为 5 μs 的背景点阵图像作互相关处理,查问区窗口大小为 32 pixel × 32 pixel,步长为 16 pixel × 16 pixel,得出 5 μs 内流场结构演化引起的气动光学抖动信息,如图 5.80 所示,图 5.80(a)为展向 z 方向的抖动位移分量;图 5.80(b)为流向 x' 方向的抖动位移分量;图 5.80(c)为抖动合位移;图 5.80(d)为抖动位移矢量场。对流场时间演化引起的

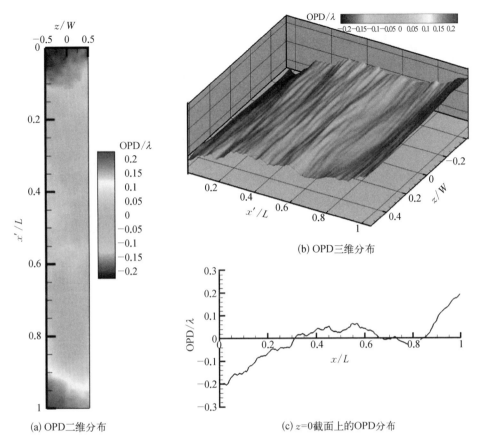

(a) OPD二维分布   (b) OPD三维分布   (c) $z=0$ 截面上的OPD分布

图 5.79 $Ma_\infty = 3.4$ 无喷流超声速光学头罩瞬态流场扰动引起的 **OPD** 分布

气动光学波前抖动进行重构,得到如图 5.81 所示的 OPD 分布结果。从图 5.81 中可以看出,超声速光学头罩窗口上方流场时间演化引起的气动光学波前抖动大致呈二维分布,马赫数 3.4 流场的波前抖动相比马赫数 3.0 流场更大,光程差均方根值 $OPD_{rms} = 0.025\lambda$,对称面内的光程差均方根值 $OPD_{rms} = 0.023\lambda$。相对于瞬态流场引起的气动光学波前,流场结构时间演化导致的波前抖动量则较小。

5.4.2 有喷流超声速光学头罩气动光学效应

有喷流情况下,超声速光学头罩窗口流场的基于 BOS 的波前传感试验测量布局如图 5.82 所示,在风洞试验段外头罩模型窗口上方平行于风洞来流放置随机点阵的背景图像,由波长为 532 nm 的 Nd:YAG 脉冲激光光源照亮,风洞流场启动时,随机点阵发出的光线穿过流场受其扰动之后到达模型正下方的 CCD 相机

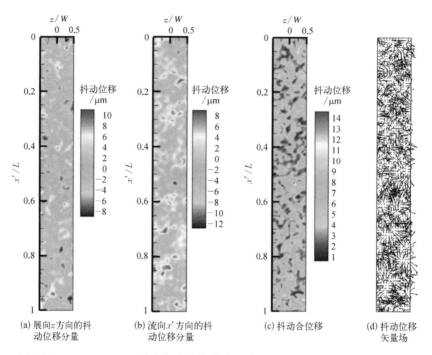

(a) 展向z方向的抖
动位移分量

(b) 流向x′方向的抖
动位移分量

(c) 抖动合位移

(d) 抖动位移
矢量场

图 5.80　Ma_∞ = 3.4 无喷流超声速光学头罩流场 5 μs 内的背景点阵抖动位移

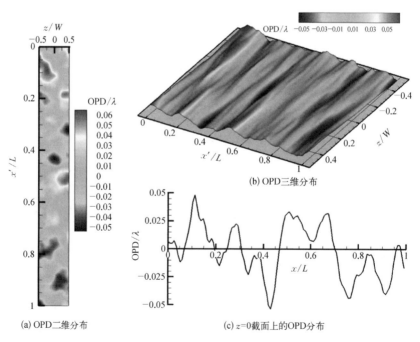

(a) OPD二维分布

(b) OPD三维分布

(c) z=0截面上的OPD分布

图 5.81　Ma_∞ = 3.4 无喷流超声速光学头罩流场 5 μs 内的光学波前抖动

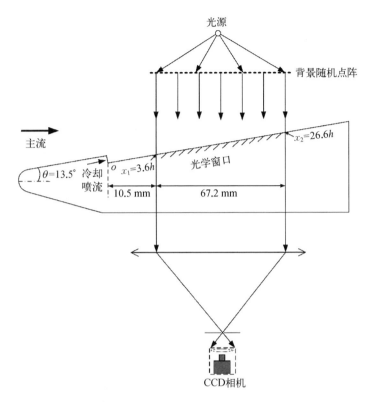

图 5.82　有喷流超声速光学头罩流场基于 BOS 的波前传感试验测量示意图

并由其记录下来,通过对比无流场时的参考背景图像与有流场扰动的试验图像,
得出背景随机点阵的像偏移量并重构得到模型窗口上方流场扰动引起的气动光
学波前畸变分布。

马赫数 3.0 来流中,背景随机点阵与流场中心距离为 490 mm,选用双曝光线
间传输 CCD 相机进行成像,CCD 相机分辨率为 2 048 pixel × 2 048 pixel。相机
选用的镜头焦距 50 mm,光圈 4,镜头直径 52 mm,镜头长度 55 mm,相机镜头与
流场中心距离为 570 mm,拍摄到的背景点阵图像的实际空间分辨率为
0.14 mm/pixel。进行互相关处理时选取的查问区窗口大小为 16 pixel × 16 pixel,
步长为 8 pixel × 8 pixel,这里得到的背景随机点阵偏移均以 μm 为单位。

图 5.83 所示为 $Ma_\infty = 3.0$ 条件下有喷流后台阶窗口上方流场扰动引起的光
线的瞬态位移,流动方向沿垂直方向自上向下,图像为 CCD 相机置于模型窗口
下方拍摄的仰视图,需要注意,这里将采用 BOS 技术获得的图像中的左下点设
为原点。图像竖直方向,即 x' 方向与风洞自由来流方向相同;图像的水平方向与

所述坐标轴一致,为流动的展向,即 z 方向。其中,图 5.83(a)为透过窗口观测到的背景点阵 z 方向偏移量,图 5.83(b)为 x' 方向偏移量,图 5.83(c)为合偏移量,图 5.83(d)为透过窗口观测的背景点阵偏移矢量图,实际光线穿过流场的偏移方向与之相反,这里的坐标分别以观察窗口的流向长度和展向宽度作了归一化处理。光线穿过窗口上方流场会先后经过头罩模型头部弓形激波、喷缝唇口反射激波、超声速混合层及边界层等,受复杂流场结构扰动,光线发生偏移,这里需要注意光线偏移与图示的背景点阵像位移方向相反,近场情况下,光线偏移量均在亚像素尺寸量级。对比光线偏移结果可以看出,光线穿过光学头罩上方流场时主要在流向发生偏折,垂直流向的偏折相对较小,整体偏移量在 $1 \sim 16\ \mu\mathrm{m}$,较无喷流情况稍有降低。x' 方向的光线偏移量大致呈左右反对称分布,这说明有喷流情况下的流场近似呈二维分布;沿流向,光线通过流场的偏移量大致呈增大趋势。

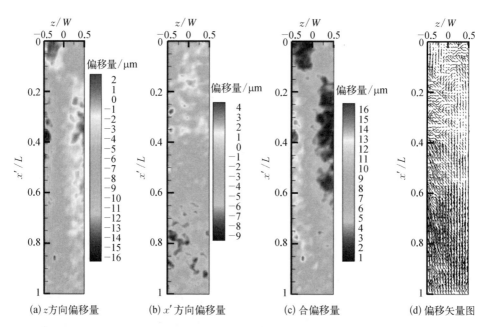

(a) z 方向偏移量   (b) x' 方向偏移量   (c) 合偏移量   (d) 偏移矢量图

图 5.83 $Ma_{\infty} = 3.0$ 有喷流超声速光学头罩瞬态流场扰动引起的背景点阵偏移

采用 Southwell 算法,重构出平面光波穿过头罩模型窗口上方流场产生的气动光学波前畸变如图 5.84 所示,其中图 5.84(a)为 OPD 二维分布结果,图 5.84(b)为 OPD 三维分布结果,图 5.84(c)为 $z = 0$ 截面上的 OPD 分布曲线。从 OPD 分布结果可以看出,在靠近台阶的上游流动区域,OPD 为负值,通过该区域流场的光程相对较短;在下游区域,OPD 则逐渐增大,在后段出现拐点,而数值减小;沿流向,OPD 的分布整体呈近二维性质;整个观测区域流场引起的光程差均方根值 $OPD_{rms} = 0.082\lambda$,对应的 $SR = 0.77$,整体 OPD 分布量级介于 $(10^{-2} \sim -10^{-1})\lambda$;对称面内流场扰动引起的光程差均方根值 OPD_{rms} 则为 0.077λ ,对应的 $SR = 0.79$ 。

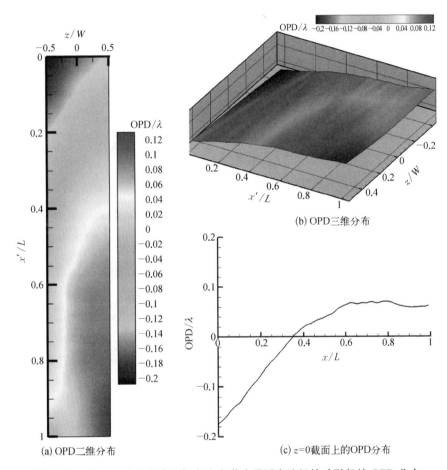

(a) OPD二维分布

(b) OPD三维分布

(c) z=0截面上的OPD分布

图 5.84　$Ma_\infty = 3.0$ 有喷流超声速光学头罩瞬态流场扰动引起的 OPD 分布

查问区窗口大小为 16 pixel × 16 pixel,步长为 8 pixel × 8 pixel,对时间间隔为 5 μs 的背景图像进行 PIV 处理,得到 5 μs 内流场结构演化对光学传输引起的抖动效应信息。图 5.85 所示为 5 μs 内的背景点阵抖动位移,其中图 5.85(a)为展向 z 方向的抖动位移分量,图 5.85(b)为流向 x′ 方向的抖动位移分量,图 5.85(c)为抖动合位移,图 5.85(d)为抖动位移矢量场。对流场时间演化引起的气动光学波前抖动进行重构,得到如图 5.86 所示的 OPD 分布结果。从图 5.86 中看出,在靠近台阶的上游段,OPD 受流场结构演化引起的抖动效应较弱,而下游则较强,

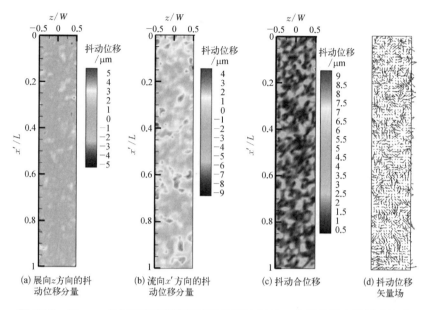

图 5.85 $Ma_\infty = 3.0$ 有喷流超声速光学头罩流场 5 μs 内的背景点阵抖动位移

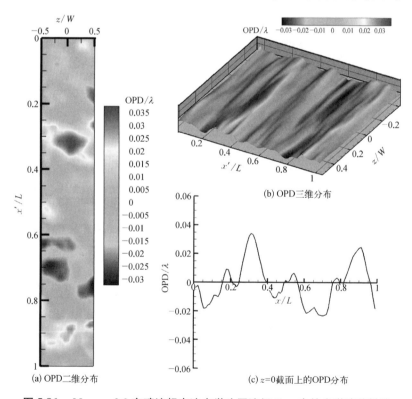

图 5.86 $Ma_\infty = 3.0$ 有喷流超声速光学头罩流场 5 μs 内的光学波前抖动

这是因为靠近台阶上游区域湍流尚处于发展阶段,非定常性较弱,则光线抖动较弱;而随着下游湍流大尺度结构增加,且其破碎更为剧烈,湍流结构的非定常性增大,导致光线抖动增强。另外可以观察到光线抖动沿流向大致呈二维分布特性,全场光程差均方根值 $OPD_{rms} = 0.014\lambda$,光线抖动畸变量级在 $10^{-2}\lambda$,对称面内流场结构演化引起的光程差均方根值为 0.015λ。

马赫数 3.4 来流中,背景随机点阵与流场中心距离为 690 mm,选用双曝光线间传输 CCD 相机进行成像,CCD 相机的分辨率为 2 048 pixel × 2 048 pixel。相机选用的镜头焦距 $f = 135$ mm,光圈 32,相机镜头与流场中心的距离为 740 mm,拍摄到的背景点阵图像的实际空间分辨率为 0.064 mm/pixel。对试验图像和参考图像进行互相关处理时,选取的查问区窗口大小为 16 pixel × 16 pixel,步长为 8 pixel × 8 pixel,这里所得到的背景随机点阵偏移均以 μm 为单位。

图 5.87 所示为 $Ma_\infty = 3.4$ 条件下有喷流后台阶窗口上方流场扰动引起的光线的瞬态位移,流动方向沿垂直方向自上向下,为 CCD 相机置于模型窗口下方拍摄的仰视图。图 5.87(a)为透过窗口观测到的背景点阵展向 z 方向的偏移量,图 5.87(b)为其流向 x' 方向的偏移量,图 5.87(c)为合偏移量,图 5.87(d)为透过

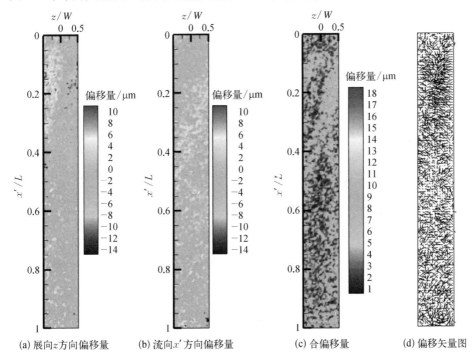

(a) 展向z方向偏移量　　(b) 流向x'方向偏移量　　(c) 合偏移量　　(d) 偏移矢量图

图 5.87　$Ma_\infty = 3.4$ 有喷流超声速光学头罩瞬态流场扰动引起的背景点阵偏移

窗口观测的背景点阵偏移矢量图,实际光线穿过流场的偏移方向与之相反。这里的坐标分别以观察窗口的流向长度 L 和展向宽度 W 作了归一化处理。光线穿过窗口上方流场会先后经过头罩模型头部弓形激波、喷缝唇口反射激波、超声速混合层及边界层等,受复杂流场结构扰动,光线发生偏移,这里需要注意光线偏移与图示的背景点阵像偏移方向相反,近场情况下,光线偏移量均在亚像素尺寸量级。对比光线偏移结果可以看出,光线穿过光学头罩上方流场时主要在流向发生偏折,垂直流向的偏折相对较小,整体偏移量在 $1 \sim 16~\mu m$,稍低于喷流情况。x' 方向的光线偏移量大致呈左右反对称分布,这说明有喷流情况下,流场近似呈二维分布;沿流向,光线通过流场的偏移量大致呈增大趋势。

采用 Southwell 算法,重构出平面光波穿过头罩模型窗口上方流场产生的气动光学波前畸变如图 5.88 所示,其中图 5.88(a)为 OPD 二维分布结果,图 5.88 (b)为 OPD 三维分布结果,图 5.88(c)为 $z = 0$ 截面上的 OPD 分布曲线。从 OPD 分布结果可以看出,在靠近台阶的上游流动区域,OPD 为负值,通过该区域流场

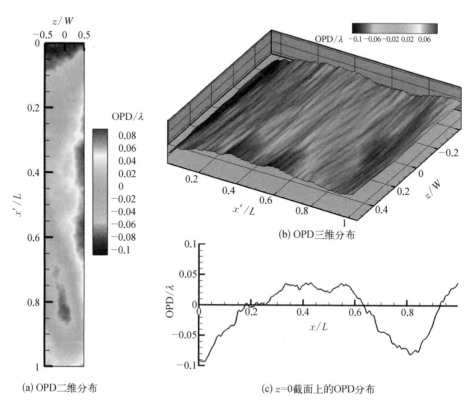

(a) OPD二维分布   (c) z=0截面上的OPD分布

图 5.88　Ma_∞ = 3.4 有喷流超声速光学头罩瞬态流场扰动引起的 OPD 分布

的光程相对较短;在下游区域,OPD 则逐渐增大,在后段出现拐点而数值减小;沿流向,OPD 整体近似呈二维分布;整个观测区域内流场引起的光程差均方根值 OPD_{rms} = 0.043λ,对应的 SR = 0.93,整体 OPD 分布量级为 $10^{-2}\lambda$;对称面内流场扰动引起的光程差均方根值 OPD_{rms} 则为0.042λ,对应的 SR = 0.93。对比 Ma = 3.0 流场的 OPD 分布可以发现,随着马赫数增加,气动光学畸变有所减弱;对比无喷流情况则可以得出,喷流匹配情况下流场扰动引起的气动光学畸变有所减弱。

对采用 CCD 相机在马赫数 3.4 有喷流模型光学窗口下方观测到的时间间隔为 5 μs 的背景点阵图像作互相关处理,查问区窗口大小为 32 pixel × 32 pixel,步长为 16 pixel × 16 pixel,得出 5 μs 内流场结构演化引起的气动光学抖动信息,如图 5.89 所示,图 5.89(a)为 5 μs 内背景图像的展向 z 方向抖动位移分量,图 5.89(b)为流向 x' 方向抖动位移分量,图 5.89(c)为抖动合位移,图 5.89(d)为抖动位移矢量场。对流场时间演化引起的气动光学波前抖动进行重构,得到如图 5.90 所示的 OPD 分布结果。从图 5.90 中可以看出,光学头罩窗口上方流场时间演化引起的气动光学波前抖动大致呈二维分布,马赫数 3.4 流场的波前抖动量相

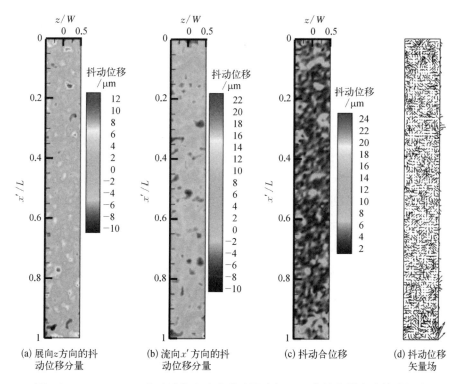

(a) 展向z方向的抖动位移分量 　(b) 流向x'方向的抖动位移分量 　(c) 抖动合位移 　(d) 抖动位移矢量场

图 5.89　Ma_{∞} = 3.4 有喷流超声速光学头罩流场 5 μs 内的背景点阵抖动位移

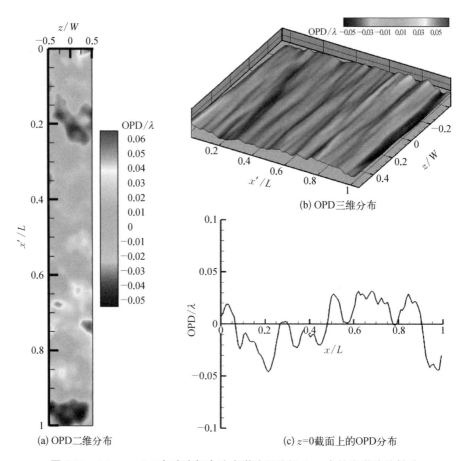

(a) OPD二维分布

(b) OPD三维分布

(c) $z=0$截面上的OPD分布

图 5.90　$Ma_\infty = 3.4$ 有喷流超声速光学头罩流场 5 μs 内的光学波前抖动

比马赫数 3.0 流场较大,光程差均方根值 $\mathrm{OPD}_{\mathrm{rms}} = 0.022\lambda$,对称面内的光程差均方根值 $\mathrm{OPD}_{\mathrm{rms}}$ 为 0.022λ 。相对于瞬态流场引起的气动光学波前,流场结构时间演化导致的波前抖动量较小。

本节基于 NPLS 技术对来流马赫数 3.8、3.4、3.0 条件下的三维超声速光学头罩模型流场精细结构进行了对比研究,获取了高时空分辨率的瞬态流场图像,并分析了其时间平均特征,马赫数越低,喷流与主流的混合层转捩越快,无喷流状态下的再附更靠近上游且再附激波角更大;对比基于 BOS 的波前传感得到的带喷流超声速光学头罩流场的气动光学畸变测试结果可以发现:同样状态下,随着马赫数增大,$\mathrm{OPD}_{\mathrm{rms}}$ 减小;有喷流工作时,$\mathrm{OPD}_{\mathrm{rms}}$ 较小,马赫数增大,流场结构演化引起的光学抖动效应增强。

参考文献

[1] Chen Z, Yi S H, He L, et al. An experimental study on fine structures of supersonic laminar/turbulent flow over a backward-facing step based on NPLS [J]. Chinese Science Bulletin, 2012, 57(6): 584 - 590.

[2] Zhu Y, Yi S, Gang D, et al. Visualisation on supersonic flow over backward-facing step with or without roughness [J]. Journal of Turbulence, 2015, 16(7): 633 - 649.

[3] Maqbool D. Development of an experiment for measuring film cooling performance in supersonic flows [D]. College Park: University of Maryland, 2011.

[4] Dellimore K, Marshall A, Cadou C. The influence of compressibility on film cooling effectiveness [C]. Hartford: 44th AIAA/ASME/SAE/ASEE Joint Propulsion Conference and Exhibit, 2008.

[5] 田立丰.超声速光学头罩流场精细结构及其气动光学效应的机理研究[D].长沙: 国防科学技术大学,2011.

[6] Abramovich G N. The theory of turbulent jets [M]. Cambridge: The Massachusetts Institute of Technology Press, 1963.

[7] Birch S F, Eggers J M. A critical review of the experimental data for developed free turbulent shear layers [J]. Free Turbulent Shear Flows, 1973, 1: 11 - 40.

[8] Papamoschou D, Roshko A. The compressible turbulent shear layer: an experimental study [J]. Journal of Fluid Mechanics, 1988, 197: 453 - 477.

[9] Bogdanoff D W. Compressibility effects in turbulent shear layers [J]. AIAA Journal, 1983, 21(6): 926 - 927.

[10] 赵玉新.超声速混合层时空结构的试验研究[D].长沙: 国防科技大学,2008.

[11] Tian L F, Yi S H, Zhao Y, et al. Study of density field measurement based on NPLS technique in supersonic flow [J]. Science in China Series G: Physics, Mechanics and Astronomy, 2009, 52(9): 1357 - 1363.

[12] Juhany K A, Hunt M L. Flowfield measurements in supersonic film cooling including the effect of shock-wave interaction [J]. AIAA Journal, 1994, 32(3): 578 - 585.

[13] 赵玉新,易仕和,何霖,等.超声速湍流混合层中小激波结构的试验研究[J].国防科学技术大学学报,2007,29(1): 12-15.

[14] Konopka M, Meinke M, Schröder W. Large-eddy simulation of supersonic film cooling [C]. Nashville: 46th AIAA/ASME/SAE/ASEE Joint Propulsion Conference and Exhibit, 2010.

[15] 费锦东.红外成像末制导用于高速导弹的系统技术研究[C].苏州: 全国光电技术学术交流会暨全国红外科学技术交流会,2005.

第6章

喷流致冷高超声速光学头罩气动光学效应

本章针对典型喷流致冷高超声速光学头罩开展气动光学效应研究。基于瞬态热流测试和纹影技术获取大量不同状态下的高超声速光学头罩气膜冷却结果,分析了气膜冷却规律。基于背景纹影技术获取大量不同状态下的光学头罩畸变波前数据,研究了喷流状态、曝光时间等参数对气动光学效应的影响。

6.1 高超声速光学头罩气膜冷却

本节基于自主开发的瞬态热流测试系统和高速纹影流动显示技术,对高超声速光学头罩的气膜冷却效果进行研究。在炮风洞内测量无喷流模型和缝高5 mm喷流模型窗口平面热流并拍摄纹影图像,以分析无喷流时窗口平面热环境及喷流结构对窗口热流分布的影响;在不同来流、攻角和喷流流量下,对喷流模型窗口平面的热流分布进行了测量,对冷却效率进行了分析,并进一步分析了冷却效率随所研究参数的变化关系;探索了压力匹配条件下风吹比随模型攻角和来流状态变化的规律;依据试验结果对冷却效率经验关系式进行了分析验证。

6.1.1 无喷流模型的表面热流分布

本节在 $Ma_\infty = 7.3$ 的来流状态和各攻角下对无喷流模型拍摄了纹影图像并进行了热流测试,以了解无喷流结构时的流场结构和窗口热环境。图6.1为该模型在 $Ma_\infty = 7.3$ 的来流下、攻角为0°和-20°时的纹影图像。-20°攻角下,由于模型头部过低,只拍摄了窗口附近的图像。由于试验模型为钝头体,在高超声速流场中形成较强的脱体弓形激波,从图中可以清晰地观察到窗口附近的主激波结构,随着攻角增大,激波层越薄,激波离壁面越近。薄膜热电阻的安装难以达到与壁面完全水平的状态,因此会对流场产生一定扰动,从图 6.1(b)中可见由壁面发出的一道道波系,是由热电阻的影响造成的。

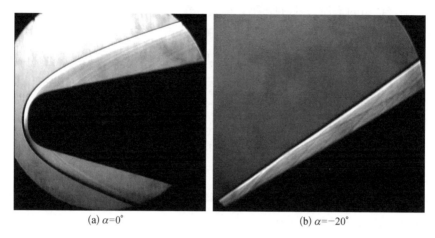

(a) $\alpha=0°$　　　　　　　　　　(b) $\alpha=-20°$

图 6.1　无喷流模型在 $Ma_\infty = 7.3$ 来流下的纹影图

图 6.2 为相同来流下不同攻角时的窗口平面表面热流分布图,其中横坐标为用带喷流模型缝高 $h = 5$ mm 无量纲化的中线流向坐标,坐标原点取为对应喷流模型喷口处;纵坐标为用驻点热流无量纲化后的热流值。小攻角($-0°$、$-2°$、$-4°$)下的热流值整体较低,趋势一致,前端测点距驻点较近,热流值稍大。随着距离的增加,热流逐渐降低,无量纲坐标 x/h 在 $-3.5\sim22$ 范围内,测点的热流值

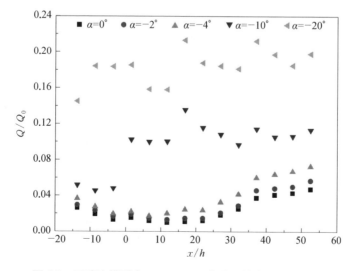

图 6.2　无喷流模型在 $Ma_\infty = 7.3$ 来流下的表面热流分布

较小,表明该区域边界层为层流边界层。从 $x/h = 27$ 的测点开始,热流值开始升高,边界层开始转捩为湍流;$x/h = 37$ 以后,测点处于湍流边界层中,热流值整体较大。随着攻角的增加,各点热流值均增大。在大攻角下,热流分布趋势与小攻角时有很大不同。−10°攻角下,最前端 3 个测点的热流较低,从第 4 个测点开始,热流处于较大值;−20°攻角下,整个测量区域的热流值皆较大,不再有明显变化趋势。

6.1.2　无喷流时的模型表面热流分布

1. 无喷流时的流场结构和表面热流分布

本节主要对无喷流条件下模型表面的热流分布进行研究,在测试各攻角下的表面热流分布的同时拍摄了纹影图像。本节试验的目的:一方面,与无喷流结构模型比较,分析喷流结构对窗口热环境产生的影响;另一方面,为分析有喷流情况下的热流分布和冷却效率提供参照。

图 6.3 为 $Ma_\infty = 7.3$ 来流条件下模型在 0°、−2°、−4°、−10°攻角下窗口附近的原始纹影图像。从纹影图可见,不同攻角下的流场结构大致相同,上部第一条亮线为脱体弓形主激波,第二条亮线为主流边界层在喷口附近分离后再附于测

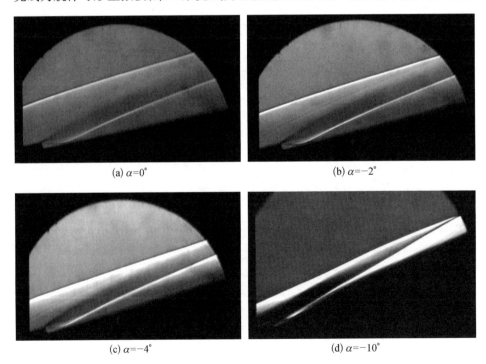

(a) $\alpha=0°$　　　　　　　　　　(b) $\alpha=-2°$

(c) $\alpha=-4°$　　　　　　　　　　(d) $\alpha=-10°$

图 6.3　$Ma_\infty = 7.3$ 来流下无喷流时的流场结构纹影图

试面时形成的再附激波。比较图 6.3(a)~(d)可以观察到主激波倾角随攻角的增大而增大,使激波层变薄,并与再附激波发生相互作用。

图 6.4 为 Smith[1]给出的后台阶流动示意图,图 6.5 为试验所得−0°、−2°、−4°攻角下喷口附近的局部纹影放大图,如图所示,将壁面调整到了水平,以便进行分析比较,并调整了亮度和对比度以获得较好的显示效果。通过对比可发现,喷口附近的流场结构与超声速后台阶流动近似。来流边界层在台阶上沿处发生分离,形成膨胀波,即图 6.5(a)~(c)中喷管上沿的暗色扇形区域;台阶角落

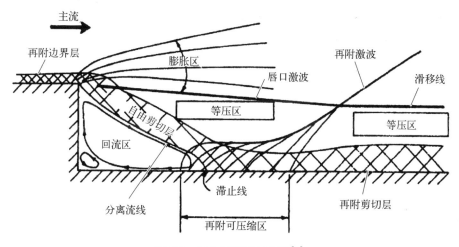

图 6.4 后台阶流动示意图[1]

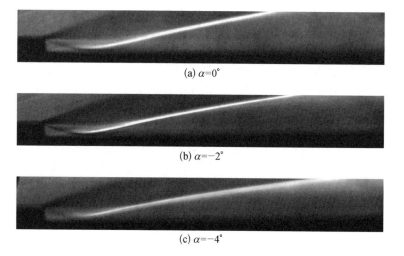

图 6.5 Ma_∞ = 7.3 来流下无喷流时喷口附近的局部纹影放大图

处形成回流区,使主流与壁面分离开;在回流区与主流间形成自由剪切层,主流沿剪切层再附于壁面,再附区的压缩波汇聚形成再附激波。另外,从纹影图可见,在膨胀波后有一条从喷口上沿水平发出的亮线,即对应文献[1]中的唇部激波,该激波是由于自由剪切层的有限增长而产生的。Reddeppa 等[2]对台阶附近边界层的发展给出了进一步的描述,称分离后的边界层变薄,并由于压缩波的作用流体开始加速,直至再附于壁面。

Reddeppa 等[2]给出了后台阶流动表面热流和压力的分布趋势,如图 6.6 所示,图中压力和热流均用平板相同位置的压力和热流无量纲化,流向坐标用台阶高度无量纲化。从图 6.6(b)可见,在回流区,压力几乎为定常;在再附点附近,压力突增;经过再附点后压力达到平板值。从图 6.6(a)可见,回流区内的热流(曲线 2)从 0 开始逐渐增长,并在再附点附近达到峰值,之后缓慢下降达到平板值(曲线 1)。

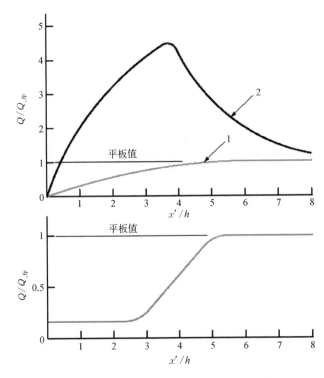

图 6.6　后台阶流动表面热流和压力分布趋势图

图 6.7 为 $Ma_\infty = 7.3$ 来流状态下无喷流时的表面中线热流分布,横坐标为无量纲的流向坐标,纵坐标为以驻点热流无量纲化后的热流值。第 1 测点紧靠喷

口,其坐标为 $x/h = 1.56$,如同前述的后台阶情况,小攻角下在喷口附近的回流区内,壁面热流受来流的影响较小,气动热效应不明显,热流值较小,不同攻角下,该点的热流值近似相等;第 2 个测点($x/h = 6.7$)的热流突然增加,并在第 4 个测点($x/h = 16.9$)达到峰值。从纹影图来判断,小攻角下边界层再附点位置为 $x/h = 3 \sim 4$,而热流测量结果显示的峰值位置为 $x/h = 16.9$。

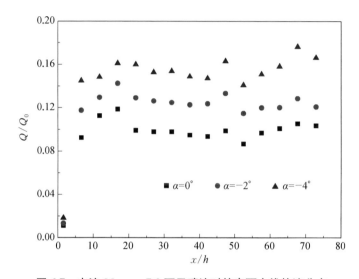

图 6.7 来流 $Ma_\infty = 7.3$ 下无喷流时的表面中线热流分布

Maqbool[3]对比了二维超声速喷流模型在无喷流时喷管下游表面热流的数值计算和试验结果,其中数值计算结果显示,热流在喷管后从 0 开始迅速增长,并捕捉到了再附点处的热流峰值;经过再附点后,热流迅速下降,然后突然增加并再一次达到峰值,之后缓慢降低。作者解释:第二次热流峰值的出现是由于受到入射激波的影响,而其试验结果同样未捕捉到再附点处的峰值,且回流区内靠近再附区的测点所测热流值远小于计算值,不过在第二次峰值附近及其下游的试验测量值与计算结果符合得较好。

在各攻角下,$Ma_\infty = 7.3$ 来流条件下无喷流时的热流分布如图 6.8 所示,从图中可见,随着攻角的增大,热流的峰值被抹平,且整体热流也逐渐增大,这是由于激波层变薄,波后总温增大,气动热效应增强。攻角为 10° 时,热流分布的趋势与小攻角时一致,第 1 个测点热流仍处于较小值,但相对小攻角时已有较大增长;再附边界层内的平均热流是 0° 攻角下的 2.5 倍。攻角为 20° 时,热流进一步增加,由于此时流场结构更加复杂,热流分布趋势与小攻角时的差异较

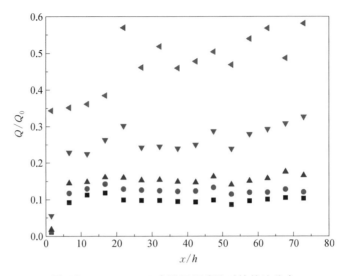

图 6.8　Ma_∞ = 7.3 来流下无喷流时的热流分布

■ $\alpha=0^\circ$；　● $\alpha=-2^\circ$；　▲ $\alpha=-4^\circ$；　▼ $\alpha=-10^\circ$；　◄ $\alpha=-20^\circ$

大,而且受到多种因素的影响,包括反射激波的影响。

Ma_∞ = 8.1 来流状态下无喷流时的流场结构与 Ma_∞ = 7.3 时近似,0°攻角下无喷流时 Ma_∞ = 7.3 和 Ma_∞ = 8.1 来流状态下的纹影图如图 6.9 所示。攻角为 0°、−4°、−10°时的热流分布如图 6.10 所示,从图中可见,热流分布趋势与 Ma_∞ = 7.3 时一致。

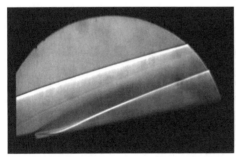
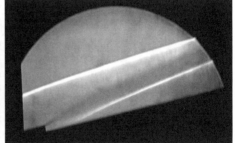

(a) 来流Ma_∞ = 7.3　　　　　　　　　　　　(b) 来流Ma_∞ = 8.1

图 6.9　0°攻角下无喷流时的纹影图

图 6.11 为两种来流条件下攻角与再附边界层内热流平均值的关系图,其中横坐标为模型攻角,纵坐标为用各状态下驻点热流无量纲化后的值,再附边界层的区域范围以纹影图为依据作定性判断,因此参与热流平均值计算的为第 2~15

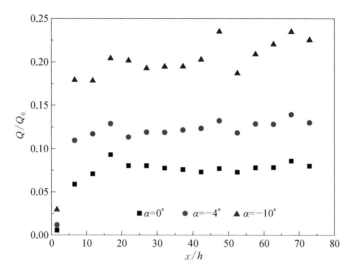

图 6.10 Ma_∞ = 8.1 来流下无喷流时的热流分布

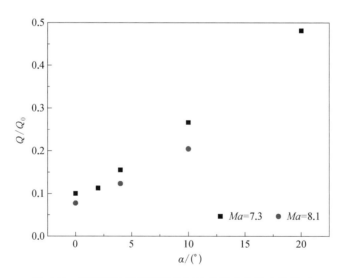

图 6.11 再附湍流边界层热流平均值随攻角的变化关系

个测点。从图 6.11 中可以看出, Ma_∞ = 7.3 来流状态下,再附边界层内的热流平均值稍高;两种来流状态下,热流平均值随攻角的增大近似呈线性增加。

2. 喷流结构对热流的影响

如前所述,Reddeppa 等[2]考虑了相对于平板,后台阶结构对热流和压力分布的影响,见图 6.6,该图表明,在一定范围内,后台阶结构使热流增加,在再附点附近可达 4~5 倍,这会使窗口热环境极度恶化,因此本小节研究钝头体表面的喷流结构对光学窗口平面热流的影响,通过分析相同条件下喷流模型表面热流相对无喷流模型的变化来进行判断。

在 $Ma_\infty = 7.3$ 的来流条件下分别测试了无喷流模型和喷流模型在各攻角下的表面热流,喷流模型各测点位置与无喷流模型测点位置对应相同,故以无喷流模型中各测点的热流对喷流模型对应测点的热流无量纲化,绘制曲线如图 6.12 所示。与文献[3]所给曲线(图 6.6)相比,在小攻角的试验结果与其给出的曲线有一致的趋势,即在 0°、-2°、-4° 攻角下都是从喷口附近的极小值(接近 0)迅速增长到较大值,然后下降至一个平稳水平。但两者也明显存在着很大差异,首先在小攻角下近喷口处,虽然热流比增长,但达到峰值点的位置更远,峰值更大,-4°~0° 攻角下的峰值点位置都接近 $x/h = 10$,热流比峰值都大于 8;大攻角时的热流比未表现出与文献[3]及本节小攻角情况下相似的分布规律,在整个测试区域内,该比值在 2~3 浮动;最后在试验测试范围内,喷流模型表面在各攻角下的热流并未降至无喷流结构下的水平,各个攻角下的热流比最终都稳定在 2~3。另外,从图 6.12 中还可见到,随着攻角的增大,峰值点附近的热流比逐渐降低;大攻角下,再附边界层内热流比的分布趋势几乎相同;除了第 1 个测点附近以外,所有测点处的热流比均大于 1。由此说明,喷流结构的存在恶化了钝头体表面整个光学窗口,特别是再附区附近的热环境。

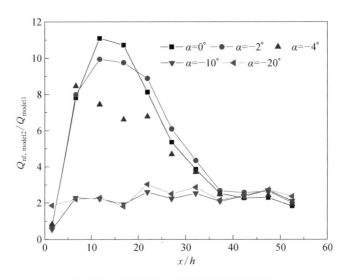

图 6.12　喷流结构对模型表面热流的影响

6.1.3　不同攻角下的流场结构、热流分布和冷却效率（$Ma_\infty = 7.3$）

1. 0°攻角下的流场结构、热流分布和冷却效率

本节主要研究 $Ma_\infty = 7.3$ 的来流状态下不同攻角和喷流流量对冷却效果的影响,其中攻角与无喷流时的情况相对应,考虑$-10°\sim0°$的几种情况;喷流流量考虑过压、压力匹配和欠压三种情况,其预设值通过控制喷流气源出口压力间接设定,通过拍摄的纹影图像分析实际的压比情况,通过实时测量的喷流驻室压力计算喷流流量。在脉冲风洞中进行试验,试验时间为 ms 量级,无法实时调整喷流流量,压力近似匹配的工况需要通过多次试验调整获得。这里首先引入风吹比 M 的概念,其定义式为

$$M = \frac{\rho_c u_c}{\rho_\infty u_\infty} \tag{6.1}$$

式中,ρ_c、u_c 分别为喷流的密度和速度;ρ_∞、u_∞ 分别为来流的密度和速度。吹风比的意义为用来流比流量无量纲化的喷流流量。

$Ma_\infty = 7.3$ 来流和各喷流流量下窗口附近的流场纹影图如图 6.13 所示,图

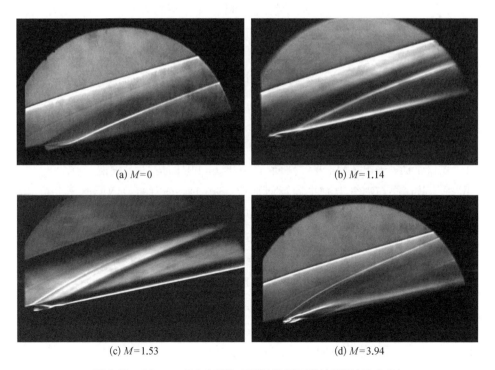

(a) M=0　　　　　　　　　　　　(b) M=1.14

(c) M=1.53　　　　　　　　　　　(d) M=3.94

图 6.13　$Ma_\infty = 7.3$ 来流和各喷流流量下的纹影图(0°攻角)

中所有纹影图像均已调整了亮度和对比度,流场结构更清楚,其中图 6.13(a)为无喷流流量时的纹影图,以便比较有喷流和无喷流时流场结构的差异;图 6.13(b)为风吹比 $M=1.14$ 时的流场结构纹影图;图 6.13(c)为风吹比 $M=1.53$ 时的流场结构纹影图,因其纹影刀口切割方向与其他喷流流量下相反,所以其明暗变化规律恰与其他情况相反;图 6.13(d)为风吹比 $M=3.94$ 时的流场结构纹影图。

无喷流时,边界层经历膨胀、分离、压缩和再附这一典型的后台阶流动过程,有喷流情况下的流动结构更加复杂,Goldstein 等[4]发现,喷流总温、喷管缝高和喷流气体等因素对流场结构的影响较小,而喷流流量比对流场结构起决定性影响。从图 6.13(b)~(d)中可以观察到喷流喷口的亮线,是一道斜激波,这是超声速喷流的特征,亚声速喷流没有这种结构;无喷流情况下,在喷口上沿可以观察到膨胀波结构,喷流流量较小时仍能观察到该膨胀波系,而喷流流量增大时,由于喷流在喷口膨胀,对主流产生压缩作用,喷口上沿不再产生膨胀波,而产生激波;无喷流流量时可观察到膨胀波后的唇部激波,且该激波相对于测试平面稍向下倾斜,有喷流流量时,从图 6.13(b)和(c)中仍能观察到这一激波,此时其相对测试平面的倾角向上;大流量情况下,从图 6.13(d)中可见喷口处的激波更加复杂,多道压缩波从流动分界面发射出;无喷流流量下的再附激波在喷流流量较小时仍能清晰地观察到,喷流流量增大时,该激波逐渐变弱,而从图 6.13(d)中已经无法观察到明显的再附激波。

为进一步观察喷口附近流场,将喷口附近的流场进行局部放大,如图 6.14 所示。其中,图 6.14(a)~(c)分别于与图 6.13(b)~(d)对应,图 6.14(a)和(c)中,主流和喷流间的亮线为剪切层,由于刀口切割方向相反,图 6.14(b)中主流和喷流间的暗色区域为剪切层。主流和喷流的压力匹配状况可通过其剪切层相对于喷口上游平面的倾角进行判断,图 6.14(a)中的剪切层稍向下倾,图 6.14(b)中的剪切层与喷管上游平面近似平行,图 6.14(c)中的剪切层明显上扬,因此图 6.14(a)~(c)分别对应欠压、压力近似匹配和过压三种工况。

与图 6.14 各状态相对应的热流分布曲线如图 6.15 所示,其中方点为风吹比 $M=0$ 时的各点热流,圆点为风吹比 $M=1.14$ 时的各点热流,向上三角形点为风吹比 $M=1.53$ 时的各点热流,向下三角形点为风吹比 $M=3.94$ 时的各点热流。从图 6.15 可见,在试验给出的几种喷流流量下,$x/h<42.4$ 的测点热流皆为负值,表明该范围内的壁面热流完全不受主流的气动加热影响,且由于冷却喷流总温较低(300 K),其绝热壁温小于实际壁温,使壁面反向传热,温度降低,热流为负值。远端主流与冷却喷流发生混合,喷流对壁面的防热作用逐渐降低,较小风

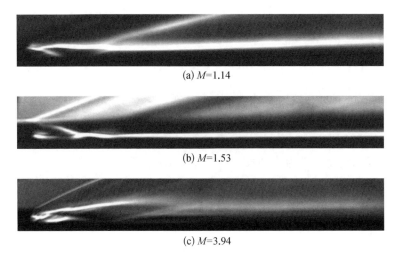

(a) $M=1.14$

(b) $M=1.53$

(c) $M=3.94$

图 6.14　$Ma_\infty = 7.3$ 来流和各喷流流量下喷口局部放大纹影图（$0°$攻角）

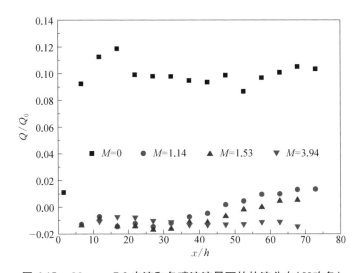

图 6.15　$Ma_\infty = 7.3$ 来流和各喷流流量下的热流分布（$0°$攻角）

吹比下的远端壁面热流开始出现正值,例如,$M = 1.14$ 时,$x/h = 47.4$ 处的测点热流为正值; $M = 1.53$ 时,$x/h = 62.7$ 处的测点热流为正值,说明增加喷流流量可有效扩大壁面热流为负值的区域,即冷却长度的大小。进一步增加风吹比达到 $M = 3.94$ 时,所有测点的热流值皆被冷却至负值。对于压力近似匹配的情况,负热流区达到 $x/h = 57.6$ 处。

　　为了进一步明确地分析冷却效果,引入冷却效率分析试验结果。由于试验

时间在 ms 量级,可假设壁温在试验过程中为定值,则各喷流流量下的冷却效率以等壁温下的公式计算:

$$\eta = 1 - Q_c/Q_{nc} \tag{6.2}$$

式中,Q_c 为有喷流流量时的热流;Q_{nc} 为无喷流流量时的热流。

0°攻角下,上述喷流流量对应的冷却效率曲线如图 6.16 所示,如前所述,由于近喷口区壁面被冷却,热流为负值,所计算的冷却效率 $\eta > 1$,将冷却效率 $\eta \geqslant 1$ 的区域长度定义为冷却长度。从图 6.16 中可见,对于喷流各流量下被完全冷却的测点,冷却效率在 $1\sim1.2$ 浮动,即使对于试验中的最大喷流流量情况,也不会超过1.2;而对于试验中的小喷流流量情况,冷却效率也在 0.8 以上。

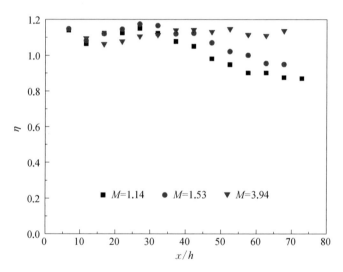

图 6.16 $Ma_\infty = 7.3$ 来流和各喷流流量下的冷却效率分布(0°攻角)

2. -2°攻角下的流场结构、热流分布和冷却效率

-2°攻角下的流场纹影图像如图 6.17 所示,其中图 6.17(a)为无喷流流量时的纹影图,图 6.17(b)为风吹比 $M = 2.38$ 时的纹影图,图 6.17(c)为风吹比 $M = 3.90$ 时的纹影图,与前述 0°攻角时过压工况下对应的喷流流量相等。有喷流时的流场结构与 0°攻角下相似,从图 6.17(b)、(c)皆可明显地观察到一条从喷管上沿发出的亮线,为由于喷流膨胀对主流压缩产生的激波,说明这两种喷流流量皆为过压工况;相比于图 6.17(a)中出现的一条明显的再附激波,图 6.17(b)中的再附激波由于喷流膨胀而变弱,且与受喷流膨胀产生的压缩波相交;从图 6.17(c)中已观察不到明显的再附激波,但可观察到由于喷流膨胀产生的一系列压缩波系。

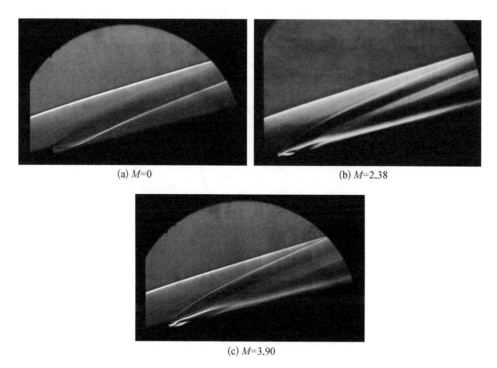

(a) *M*=0   (b) *M*=2.38

(c) *M*=3.90

图 6.17　*Ma*$_\infty$ = 7.3 来流和各喷流流量下的纹影图(−2°攻角)

对喷口局部区域放大并调整测试面水平后的纹影图见图 6.18,从图 6.18(a)和(b)中皆可在喷口观察到明暗相间的条纹,即剪切层。两种工况下的剪切层相对于喷管上游壁面的倾角均为向上,表明喷流发生膨胀,其与主流的压比大于 1,进一步证明喷流处于过压状态。

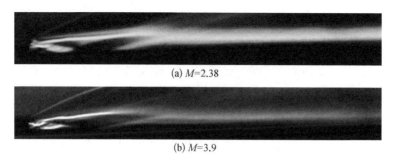

(a) *M*=2.38

(b) *M*=3.9

图 6.18　喷流模型在 *Ma*$_\infty$ = 7.3 来流和各喷流流量下的喷口局部放大纹影图(−2°攻角)

与图 6.18 中两种状态相对应的热流分布曲线如图 6.19 所示,方点为 *M* = 0 时的各点热流,圆点为 *M* = 1.59 时的各点热流,向上三角形点为 *M* = 2.38 时的各点热流,向下三角形点为 $M = 3.90$ 时的各点热流,这里多给出了 $M = 1.59$ 时的热流分布情况以便比较。与 0°攻角时的规律一致,气膜冷却对壁面起到了有效的冷却和热防护作用,近喷管端的壁面反向传热,热流皆为负值,说明气膜仍能够将壁面与主流完全隔离;小喷流流量下 $x/h > 50$ 处的壁面虽未处于冷却状态,但也在很大程度上降低了气动热效应,壁面热流处于较低水平;增加喷流流量能有效扩大壁面负热流区的范围,对于试验中测试的两种过压状态,所有测点都被冷却。

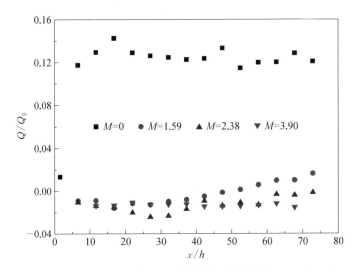

图 6.19 $Ma_\infty = 7.3$ 来流和各喷流流量下的热流分布(-2°攻角)

根据上述数据整理出冷却效率曲线,见图 6.20。与 0°攻角情况一致,过压工况下的冷却效率在 1~1.2 浮动,在测量范围内的冷却效率曲线未出现衰减;而小风吹比 $M = 1.59$ 情况下的冷却效率在 $x/h = 35$ 附近开始降低,并在 $x/h = 46$ 附近达到 $\eta = 1$,测量范围内的冷却效率大于 0.8。

3. -4°攻角下的流场结构、热流分布和冷却效率

攻角-4°下的流场结构纹影图如图 6.21 所示,其中图 6.21(a)为 $M = 0$ 的流场纹影图,图 6.21(b)为 $M = 2.06$ 时的流场纹影图,图 6.21(c)为 $M = 2.50$ 的流场纹影图,图 6.21(d)为 $M = 3.87$ 时的流场纹影图,后两种状态与前述-2°攻角时两种过压状态下的流量近似。-4°攻角和不同喷流流量下的流场结构与 0°、-2°攻角下的情况依然相似,从图 6.21(b)中仍可见到明显的再附激波;而从图 6.21(c)、(d)可见,随着流量增加,再附激波减弱并逐渐消失;无喷流时,喷管上沿为膨胀波;有喷流时,剪切层倾角随流量的增加而增大,此时喷管上沿产生激波,且强度逐渐增强。

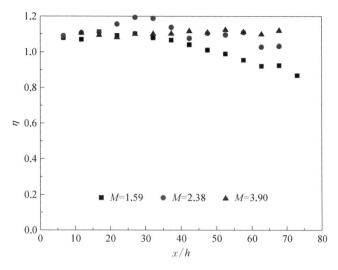

图6.20　Ma_∞ = 7.3 来流和各喷流流量下的冷却效率分布(−2°攻角)

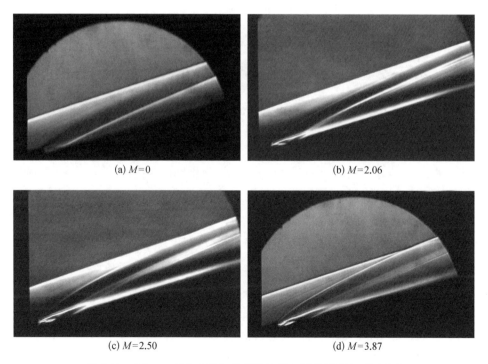

(a) M=0

(b) M=2.06

(c) M=2.50

(d) M=3.87

图6.21　Ma_∞ = 7.3 来流和各喷流流量下的纹影图(−4°攻角)

　　图6.22为前述各喷流流量下喷口附近局部纹影放大图,图6.22(a)~(c)分别与图6.20(b)~(d)相对应。图6.22中喷口上沿明暗相间的条纹为剪切层,其中图6.22(a)中的剪切层近似与喷口上游平面水平,说明此工况下的喷流与主流近似为压力匹配;而图6.22(b)、(c)中的剪切层皆上扬,说明图6.22(b)、(c)皆对应过压状态;对比图6.22(a)、(b)发现,喷流流量增加1/6时,剪切层的倾角明显增大;而对比图6.22(b)、(c)发现,喷流流量增加0.5倍时,剪切层的倾角似乎变化不大。这说明小喷流流量下改变喷流流量对流场结构变化影响较大,而达到一定过压状态后,增大喷流流量对近喷管区域的流场结构影响不明显。

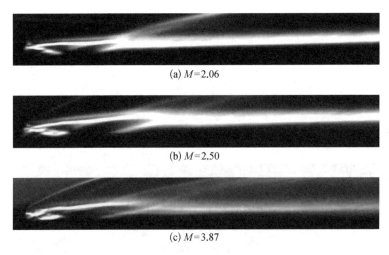

(a) $M=2.06$

(b) $M=2.50$

(c) $M=3.87$

图6.22　$Ma_\infty = 7.3$来流和各喷流流量下的喷口局部放大纹影图(−4°攻角)

　　如图6.23所示为图6.22对应喷流流量下的表面热流分布,热流变化的趋势仍与0°、−2°攻角下的情况相同,近喷管端气膜将壁面与主流隔离开,冷却喷流使壁面反向传热,热流为负值;压力匹配工况下,负热流区长度接近$x/h = 52.5$,比0°攻角压力匹配工况下的负热流区长度稍短($x/h = 57.6$);增大喷流流量能有效提高冷却效果,在风吹比接近$M = 2.50$时,−2°攻角下的所有测点皆被冷却,而−4°攻角下仍有部分测点未被冷却,进一步增加喷流流量达到过压状态,当喷流流量增加为压力匹配时的1.88倍时,全场被冷却为负热流,说明在过压状态下进一步增加喷流流量虽对近喷口区域的流场结构影响不大,但对进一步增大负热流区、提高冷却效果仍然是有意义的。

　　将上述热流分布转换为冷却效率分布,如图6.24所示。由图可知,近喷管区域的冷却效率仍在1~1.2变化;$M = 2.06$和$M = 3.87$时的冷却效率在

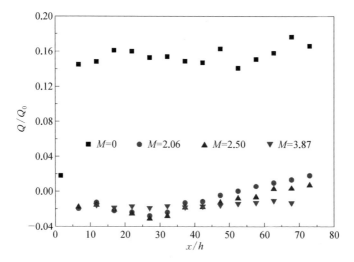

图 6.23　Ma_∞ = 7.3 来流和各喷流流量下的热流分布(−4°攻角)

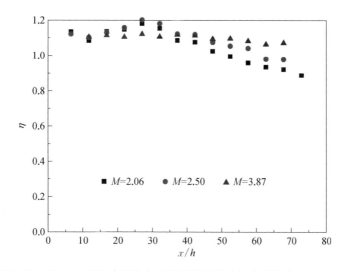

图 6.24　Ma_∞ = 7.3 来流和各喷流流量下的冷却效率分布(−4°攻角)

x/h = 32 的测点附近开始下降,分别在 x/h = 52.5 和 x/h = 62.7 的测点处开始 < 1;在试验测试的范围内,即大于等于压力匹配时的风吹比条件下,全场冷却效率都在 0.8 以上。

4. −10°攻角下的流场结构、热流分布和冷却效率

除了前述−4°~0°小攻角的情况外,本小节还对−10°大攻角喷流模型的流场结构、热流分布和冷却效率情况进行了进一步研究。图 6.25 为−10°攻角时几种喷流条件下喷管下游窗口附近的流场纹影图像,其中图 6.25(a)为无喷流时的

纹影图;图 6.25(b)为风吹比 $M = 2.36$ 时的纹影图,与小攻角过压状态下的风吹比近似;图 6.25(c)为风吹比 $M = 4.66$ 时的纹影图像;图 6.25(d)为风吹比 $M = 5.10$ 时的纹影图像。从图 6.25 中可见,$-10°$ 攻角下,由于主激波更贴近模型表面,各波系更强,相互作用更复杂。在图 6.25(a)所示的无喷流情况下,未观察到明显的唇部激波;而有喷流时,从图 6.25(b)~(d)中可见唇部激波较明显,且其倾角在大喷流流量下更大;在试验测试的几种喷流流量状态下,再附激波皆可较清楚地观察到;在图 6.25 中测试面后部,主激波、唇部激波和再附激波三者相交,相互作用复杂,这会使窗口后部气动热环境更加恶劣。

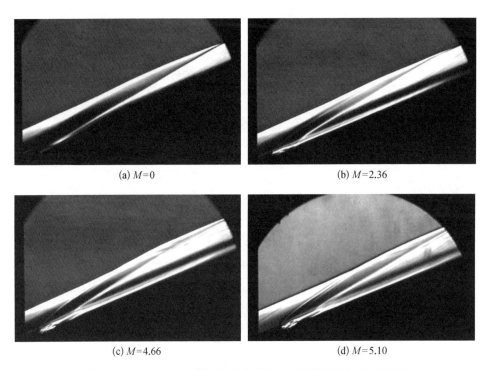

(a) $M=0$　　　　　　　　　　　(b) $M=2.36$

(c) $M=4.66$　　　　　　　　　　(d) $M=5.10$

图 6.25　$Ma_\infty = 7.3$ 来流和各喷流流量下的纹影图($-10°$ 攻角)

图 6.26 为前述各喷流流量下喷口附近局部放大纹影图,其中图 6.26(a)~(c)分别与图 6.25 中(b)~(d)相对应。图 6.26 中喷口上沿明暗相间的条纹为剪切层,从图中可见,图 6.26(a)中剪切层相对于喷口上游平面稍向下倾,说明此工况下的喷流相对主流为欠压状态;图 6.26(b)中剪切层相对于喷口上游平面近似水平,可认为近似处于压力匹配状态;图 6.26(c)中剪切层相对上扬,为过压状态。与小攻角相比,$-10°$ 攻角下达到压力匹配状态所需的喷流流量约是

$-4°$攻角时的 2.3 倍,是 $0°$攻角时的 3 倍,这表明随着攻角变化,达到压力匹配状态所需的喷流流量将成倍增长。

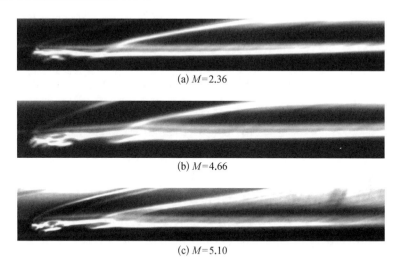

(a) $M=2.36$

(b) $M=4.66$

(c) $M=5.10$

图 6.26　$Ma_\infty = 7.3$ 来流和各喷流流量下的喷口局部放大纹影图($-10°$攻角)

攻角 $-10°$下的热流分布如图 6.27 所示,如前所述,大攻角下的气动热环境比小攻角下恶劣得多,达到与小攻角下相同的制冷效果将更加困难。风吹比 $M = 2.36$ 时,在小攻角下,该喷流流量对应过压状态,除 $-4°$攻角下最后的两个测点,其余全部被冷却为负热流,且这两个未被冷却为负热流的点的热流值也很

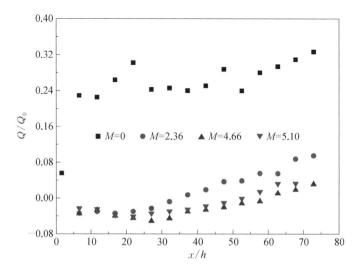

图 6.27　$Ma_\infty = 7.3$ 来流和各喷流流量下的热流分布($-10°$攻角)

低,与-4°攻角下回流区内测点的热流值接近,而-10°攻角时该工况下的负热流区仅为x/h=32.1,不到测试区域长度的一半,且最后两个测点的热流值较大,接近0°攻角无喷流时再附边界层内的平均热流,达到了驻点热流的1/10。增大喷流流量能在一定程度上提高冷却效果,后两种工况对应的M = 4.66 和 M = 5.10已经达到目前试验可调控的上限,最大喷流流量对应的驻室压力已达到0.759 MPa,出于安全考虑,未继续上调。图6.27中,风吹比为M = 4.66 和 M = 5.10时所对应的各测点热流值接近,且可见前者的冷却效果比后者还稍好。如前所述,风吹比为M = 4.66时所对应的工况近似呈压力匹配,此时其负热流区的长度达到x/h = 57.62,与小攻角下压力匹配时的冷却长度接近。

-10°攻角下的气膜冷却效率曲线见图6.28,该攻角下未能达到使全部测点冷却的喷流流量,从图6.28中可见,各风吹比条件下的冷却效率曲线皆在x/h = 27附近开始衰减,小风吹比下,冷却效率最先在x/h = 37附近降到1以下;在冷却效率曲线接近的M = 4.66 和 M = 5.10两种情况下,前者随坐标的变化比后者延迟一个测点。

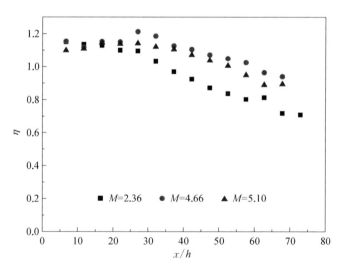

图 6.28　Ma_∞ = 7.3 来流和各喷流流量下的冷却效率分布(-10°攻角)

6.1.4　不同攻角下的流场结构、热流分布和冷却效率(Ma_∞ = 8.1)

本节进一步在Ma_∞ = 8.1的来流条件下,对攻角为0°、-4°和-10°时的气膜冷却效果进行了研究,以分析不同来流状态下气膜冷却效果的异同。

1. 0°攻角下的流场结构、热流分布和冷却效率

如图6.29所示为0°攻角下窗口附近的流场结构纹影图,其中图6.29(a)为

风吹比 $M = 0$ 时的纹影图;图 6.29(b)为风吹比 $M = 1.29$ 时的纹影图;图 6.29(c)为风吹比 $M = 1.90$ 时的纹影图,与 $Ma_\infty = 7.3$ 来流下压力近似匹配时的喷流流量相同;图 6.29(d)为风吹比 $M = 3.14$ 时的纹影图。从图 6.29 中可见,在 $Ma_\infty = 8.1$ 的来流状态下,有喷流时的流场结构与 $Ma_\infty = 7.3$ 来流状态下近似,皆可观察到喷管上沿斜向上方发出的唇部激波,且此激波随喷流流量的增加而逐渐变强,倾角逐渐增大;喷管后部喷流与主流间剪切层的倾角也随喷流流量的增加而增大;在小风吹比 $M = 1.29$ 的工况下[图 6.29(b)],还能观察到再附激波结构,喷流流量增加时,再附激波减弱。当风吹比达到 $M = 3.14$ 时,从图 6.29(d)中仅能观察到一束由剪切层发出的压缩波。

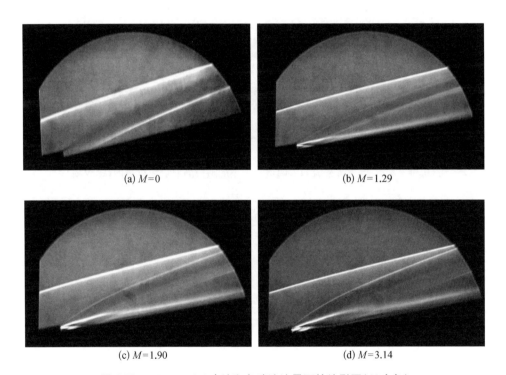

(a) $M=0$　　　　　　　　　　　　　　　(b) $M=1.29$

(c) $M=1.90$　　　　　　　　　　　　　　(d) $M=3.14$

图 6.29　$Ma_\infty = 8.1$ 来流和各喷流流量下的纹影图(0°攻角)

与分析 $Ma_\infty = 7.3$ 的流场结构方法相同,将图 6.29 中喷口处的区域放大后进行分析,如图 6.30 所示。其中,图 6.30(a)~(c)分别对应图 6.29(b)~(d),可观察到喷流出口处的斜激波倾角随喷流流量的增加而向外扩张,说明喷流出口压力随着喷流流量的增加而增大;喷管上沿后的亮线为主流与喷流间的剪切层,喷流流量增大,出口压力增大,剪切层倾角也增大;从图 6.30(a)可看出,风吹比

$M = 1.29$ 时，剪切层近似与喷流上游平面水平，说明该工况下的喷流与主流近似压力匹配，这比在相同攻角时 $Ma_\infty = 7.3$ 的来流状态下达到压力匹配所需的喷流流量要小，而后者喷流与主流达到压力匹配所需的风吹比 M 与图 6.30(b) 对应的工况相同，显然可见，图 6.30(b) 中的剪切层相对水平面向上，表明喷流相对主流处于过压状态。

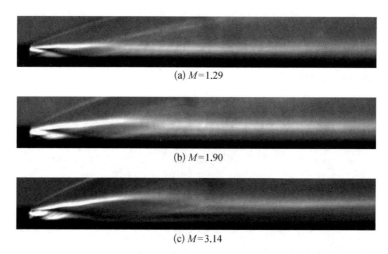

(a) $M=1.29$

(b) $M=1.90$

(c) $M=3.14$

图 6.30　$Ma_\infty = 8.1$ 来流和各喷流流量下的喷口局部放大纹影图（0°攻角）

　　0°攻角下的热流分布如图 6.31 所示，与 $Ma_\infty = 7.3$ 时的分布规律一致，近喷管端壁面被气膜隔离，完全不受主流气动热影响，试验所用空气总温为室温，经

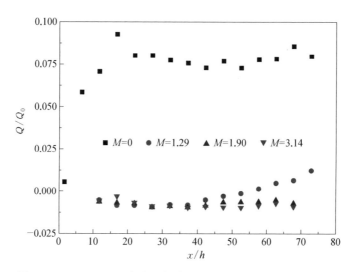

图 6.31　$Ma_\infty = 8.1$ 来流和各喷流流量下的热流分布（0°攻角）

过超声速膨胀后,壁面附近的绝热壁温低于模型表面温度,壁面反向传热,温度降低,热流为负值;增加喷流流量可提高远场的冷却效果,壁面负热流区更长,从图 6.31 中可见,风吹比为 $M = 1.29$ 时,负热流区长度为 $x/h = 52.5$,喷流流量增加至 $M = 1.90$ 时所有有效测点的热流已皆为负值,进一步增加喷流流量可使远端测点的冷却效率进一步提高,但对靠近喷管处的测点影响不大。压力匹配时,负热流区的长度与 $Ma_\infty = 7.3$ 时 0°攻角下的负热流区长度接近。

　　为进一步分析冷却效率,绘制冷却效率曲线如图 6.32 所示。在压力匹配状态下,冷却效率在 $x/h = 37.2$ 附近开始衰减,在 $x/h = 57.6$ 附近降到 1 以下;而试验中,两个过压状态下的冷却效率曲线分布相近,在测量范围内未出现衰减。

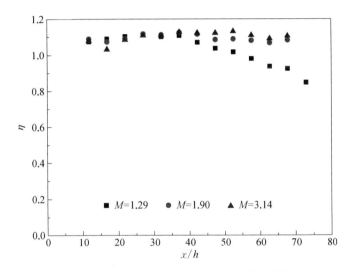

图 6.32　$Ma_\infty = 8.1$ 来流和各喷流流量下的冷却效率分布(0°攻角)

　　2. -4°攻角下流场结构、热流分布和冷却效率

　　图 6.33 为 $Ma_\infty = 8.1$ 来流、-4°攻角、风吹比 $M = 2.34$ 时的流场结构纹影图,与 $Ma_\infty = 7.3$、0°攻角、风吹比 $M = 1.53$ 时的纹影图相同,这幅纹影图也是在刀口反切的情况下拍摄的。从图 6.33 中可见,流场的基本结构与前述各工况下大致相同,从喷管唇部发出的一条斜向上的黑线为唇部激波,唇部后端的一条较粗的黑线为喷流与主流间的剪切层,可以观察到该剪切层与喷管上游壁面接近水平,说明该流量下的喷流与主流接近压力匹配。

　　图 6.34 给出了-4°攻角时所测试的几种流量下的热流分布。热流分布规律与前述各攻角下相同,近喷管端壁面反向传热,热流为负值;增加喷流流量可提高远场的冷却效果,壁面负热流区更长,从图 6.34 中可见,风吹比 $M = 2.34$ 时的

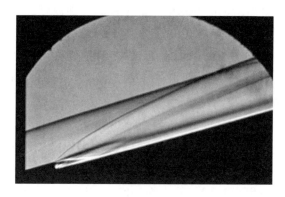

图 6.33 Ma_∞ = 8.1 来流、-4°攻角、风吹比 M = 2.34 下的纹影图

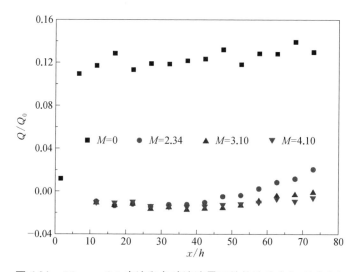

图 6.34 Ma_∞ = 8.1 来流和各喷流流量下的热流分布(-4°攻角)

负热流区长度为 x/h = 52.5;喷流流量增加至风吹比 M = 3.10 时,所有有效测点热流已均为负值,进一步增加喷流流量对各测点热流的影响不大。压力匹配时的负热流区长度与相同来流下 0°攻角时相同,也与来流 Ma_∞ = 7.3 时-4°攻角下的负热流区长度相同。

进一步绘制冷却效率曲线,如图 6.35 所示,由图可见,M = 2.34 时,冷却效率在 x/h = 32 附近开始衰减,在 x/h = 57.6 附近开始降到 1 以下;M = 3.10 和 M = 4.10 两种状态下,全场冷却效率大于 1,但在远场处体现出一定的衰减趋势。

3. -10°攻角下的流场结构、热流分布和冷却效率

-10°攻角下风吹比 M = 4.65 时的流场纹影图像如图 6.36 所示,其流场基本

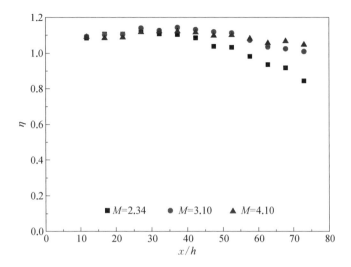

图 6.35　Ma_∞ = 8.1 来流和各喷流流量下的冷却效率分布（-4°攻角）

图 6.36　Ma_∞ = 8.1 来流、-10°攻角、风吹比 M = 4.65 下的纹影图

特征与同攻角时 Ma_∞ = 7.3 来流条件下有喷流的情况相似。喷口后的粗亮线为喷流与主流间的剪切层，可以观察到此时该亮线与喷管上游壁面水平，说明此喷流流量下的喷流与主流近似压力匹配。

　　攻角-10°时各喷流流量下的热流分布如图 6.37 所示，与 Ma_∞ = 7.3 时 -10° 攻角下的冷却效果相似，小攻角时处于过压状态的风吹比在大攻角下的冷却效果均较差，从图 6.37 中可见，M = 3.13 时的负热流区长度为 x/h = 37.2；远端测点的冷却效果同样较差，最后一个测点的热流值超过了驻点热流的 1/10，约为不冷却时的一半。从前述纹影图分析可知，Ma_∞ = 8.1 来流条件下，攻角为-10°

时达到压力匹配状态所需的风吹比为 $M = 4.65$，从图 6.37 中可见，此时同样未能使全部测点冷却，负热流区长度为 $x/h = 52.5$；进一步增加风吹比至 $M = 5.83$ 时，全部测点被冷却。

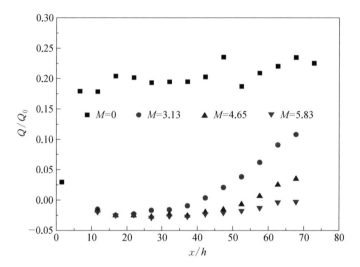

图 6.37 $Ma_\infty = 8.1$ 来流和各喷流流量下的热流分布（$-10°$ 攻角）

进一步将上述热流数据整理成冷却效率分布，如图 6.38 所示。从图中可见，在三种风吹比下，冷却效率均体现出衰减的趋势，小风吹比下衰减的起始点和达到 $\eta = 1$ 的点较靠前，衰减较迅速；大风吹比下对应的点较靠后，衰减更缓慢。

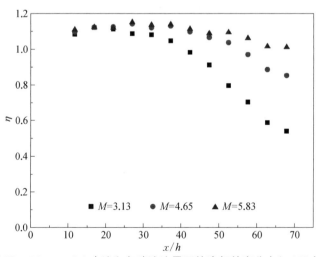

图 6.38 $Ma_\infty = 8.1$ 来流和各喷流流量下的冷却效率分布（$-10°$ 攻角）

6.1.5　压力匹配条件对流量需求的规律

6.1.1~6.1.4 节首先对试验来流条件下钝头体表面的窗口热环境进行了研究,并分析了喷流结构对其热环境的影响,然后在 $Ma_\infty = 7.3$ 和 $Ma_\infty = 8.1$ 两种来流状态下对缝高 5 mm 的喷流模型在不同攻角和喷流流量时的流场结构、热流分布和冷却效率变化进行了分类讨论,本节主要对前述结果进行进一步综合整理和分析,得出一些比较有意义的结论。

分析前述各状态下的纹影图和冷却效率曲线可知,小喷流流量下,流场结构简单,有利于光学成像,但冷却效率会有所不足,冷却长度相对较短,实际飞行环境下可能无法使整个窗口得到完全冷却,仍会造成窗体热辐射对成像的背景干扰,甚至导致光学窗口的烧蚀;大喷流流量下,虽然冷却效果较好,但流场结构复杂,近喷口处的斜激波与剪切层发生相互作用,喷管上沿的唇部激波、边界层再附产生的再附激波及由于喷流过压膨胀对主流压缩产生的激波会与主激波相互作用,这都会使全场的光学成像受到影响,而且由于飞行器内的空间及其负载有限,实际飞行中也不宜携带过多冷却气体。而喷流流量适中,使喷流出口压力与来流在喷管上沿的静压达到压力匹配时,流场结构相对简单,冷却效果也相对较好。

图 6.39 为两种来流条件下模型攻角为 0°、-4° 和 -10° 时近似达到压力匹配状态的冷却效率分布曲线图。从图中可见,不同试验条件下达到压力匹配状态时的冷却效率分布具有一定的相似性,整体来看,在小于 $x/h \approx 40$ 的近喷管区域,各状态下的冷却效率皆在 $\eta = 1.1$ 左右浮动,而超过这一区域后,冷却效率开

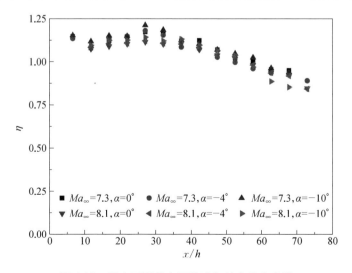

图 6.39　压力匹配状态下的冷却效率分布曲线

始降低;各状态下的冷却效率降到 1 以下的位置皆在 $x/h = 57.6$ 附近,说明在试验测试的不同来流状态和攻角下,负热流区,即冷却长度的尺度大致相等,皆能达到 57.6 倍缝高的长度;各状态下的冷却效率曲线衰减后的变化趋势大致一致,对各曲线在 $x/h > 40$ 后的点进行线性拟合分析,发现其斜率皆在 $6 \times 10^{-3} \sim 1 \times 10^{-2}$ 范围内。

由上述分析可知,在不同试验条件下,喷流达到与主流近似压力匹配的状态时都能提供一个较简单的流场结构和较好的冷却效果,另外在不同试验状态下,压力匹配时的冷却效率分布具有一定的相似性,这说明喷流与主流达到压力匹配是一个典型而有意义的状态,研究各种状态下达到压力匹配所需的喷流流量是有实际意义的,因此本节进一步对这一问题进行了分析。

图 6.40 为两种来流下,压力近似匹配时模型攻角与所需风吹比 M 的关系。其中,横坐标为模型攻角(取为绝对值),纵坐标 M 为风吹比,各点 y 分量即意味着对应状态下达到压力匹配所需的无量纲喷流流量。首先从图 6.40 中可见,对于同种来流条件,喷流与主流压力近似匹配条件下,模型攻角与风吹比 M 成正相关;然后在各攻角下,两种来流条件下达到压力匹配状况对应的风吹比接近,在 $-10°$ 攻角时近似相等,而两种来流状态下仅来流和喷流总温接近,说明在来流和喷流总温一定时,不同状态下达到压力匹配所需的风吹比接近。图 6.40 所示曲线对于设计可根据飞行环境自动调控喷流流量的制冷系统有重要意义。

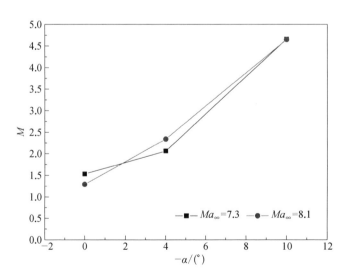

图 6.40　压力近似匹配时模型攻角与所需风吹比的关系

6.1.6 喷流冷却效率的经验公式

近 60 年来,相关人员针对气膜冷却问题,采用不同的试验设备,在不同来流条件下,在各种参数下对不同的模型和不同的喷流结构开展了大量的理论、试验和数值研究,然而仍未能对冷却效率总结出统一的表达式来准确地描述各种因素的影响。对于钝头体表面切向气膜冷却问题,美国空军在 20 世纪 80 年代末~90 年代初开展了一系列研究工作[5-9],总结并验证了一个有效的公式,并于 21 世纪初针对新外形对该公式进行了验证,试验结果表明,该公式在不同的风洞设备中对于不同的模型都有广泛的适用性,该经验公式为

$$\eta = AS^{*B} \tag{6.3}$$

$$S^* = \left(\frac{x}{hM}\right)\left(\frac{Re_c\mu_c}{\mu_e}\right)^{-0.25}\left(\frac{\rho_c}{\rho_e}\right)^{0.4}\left(\frac{\mu_e}{\mu_c}\right)^{0.75}\left(1+\frac{\gamma-1}{2}Ma_c^2\right)^{-0.5} \tag{6.4}$$

式中,η 为冷却效率,仍采用等壁温条件下的定义形式;h 表示喷流出口高度;S^* 为用来流、喷流参数及喷管尺寸无量纲化后的流向坐标;ρ、μ 分别表示气体密度和气体黏性系数,下角标 e、c 分别表示冷却喷流和外部主流;γ 表示比热比;A 和 B 分别为拟合常数;M 为风吹比;Re_c 为喷流出口缝高雷诺数;Ma_c 为对流马赫数,定义为

$$Ma_c = \frac{u_\infty - u_c}{a_\infty + a_c} \tag{6.5}$$

对于本节试验,来流和喷流的马赫数及总温皆不变,根据等熵关系可算得来流及喷流出口静温,再由声速定义式 $a = \sqrt{\gamma RT}$ 可得出声速,进而求得速度,故对于两种来流状态和不同的喷流情况,对流马赫数皆为定常。$Ma_\infty = 7.3$ 来流下,$Ma_{c,7} = 1.730$;$Ma_\infty = 8.1$ 的来流下,$Ma_{c,8} = 1.849$。μ_e、ρ_e 取为来流值,对于 $Ma_\infty = 7.3$ 的来流状态,$\mu_{e,7} = 5.271 \times 10^{-6}\,\text{kg}/(\text{m}\cdot\text{s})$,$\rho_{e,7} = 58\,\text{g}/\text{cm}^{-3}$;对于 $Ma_\infty = 8.1$ 的来流状态,$\mu_{e,8} = 4.304 \times 10^{-6}\,\text{kg}/(\text{m}\cdot\text{s})$,$\rho_{e,7} = 46\,\text{g}/\text{cm}^{-3}$;对于冷却喷流,$\mu_c = 6.825 \times 10^{-6}\,\text{kg}/(\text{m}\cdot\text{s})$。$Re_c$ 为喷流出口缝高雷诺数,表达式为

$$Re_c = \frac{\rho_c u_c h}{\mu_c} \tag{6.6}$$

式中,吹风比 M、喷流出口缝高雷诺数 Re_c 及喷流出口密度 ρ_c 与各试验状态下的喷流总压有关。

现将所进行的试验状态及对应状态下的 M、Re_c 和 ρ_c 值汇总在表 6.1 中。

表 6.1 各试验状态对应的参数

来流 Ma_∞	模型攻角	喷流总压/MPa	喷流流量/(g/s)	M	$Re_c/10^6$	$\rho_c/(\mathrm{g/cm^3})$
7.3	0°	0.17	13.6	1.14	2.807	6.018
		0.227	18.2	1.53	3.746	8.036
		0.319	25.6	2.15	5.265	11.293
		0.374	30.0	2.52	6.172	13.240
		0.586	47.0	3.94	9.671	20.745
	-2°	0.237	19.0	1.59	3.911	8.390
		0.354	28.4	2.38	5.842	12.532
		0.380	30.5	2.56	6.271	13.452
		0.58	46.5	3.90	9..572	20.532
	-4°	0.307	24.6	2.06	5.067	10.868
		0.372	29.8	2.50	6.139	13.169
		0.539	43.2	3.62	8.895	19.081
		0.576	46.2	3.88	9.506	20.391
	-10°	0.351	28.1	2.36	5.793	12.426
		0.693	55.6	4.66	11.437	24.533
		0.759	60.8	5.10	12.526	26.869
8.1	0°	0.155	12.4	1.30	2.558	5.487
		0.190	15.2	1.59	3.136	6.726
		0.227	18.2	1.90	3.746	8.036
		0.375	30.1	3.14	6.189	13.275
	-4°	0.28	22.4	2.34	4.621	9.912
		0.37	29.7	3.10	6.106	13.098
		0.49	39.3	4.10	8.087	17.346

续　表

来流 Ma_∞	模型攻角	喷流总压/MPa	喷流流量/(g/s)	M	$Re_c/10^6$	$\rho_c/(g/cm^3)$
8.1	$-10°$	0.333	26.7	2.79	5.497	11.788
		0.374	30.0	3.13	6.172	13.240
		0.555	44.5	4.65	9.159	19.647
		0.656	52.6	5.49	10.826	23.223
		0.696	55.8	5.83	11.486	24.639

　　利用表 6.1 中的参数计算各状态下热流测点的无量纲坐标 S,将冷却效率曲线 η-S 以对数坐标的形式绘制出来,如图 6.41 所示。图 6.41(a) 为模型攻角 $\alpha = 0°$ 时在不同来流状态和风吹比下的冷却效率分布曲线,$Ma_\infty = 7.3$ 时,风吹比的变化范围为 $1.14\sim3.94$; $Ma_\infty = 8.1$ 时,风吹比的变化范围为 $1.30\sim3.14$。从图中可以看出,对测点坐标进行无量纲化后,在试验测试的参数范围和测点分布范围内,不同来流及喷流状态下的冷却效率曲线几乎重合在一起。图 6.41(b) 为模型攻角 $\alpha = -4°$ 时的冷却效率分布曲线,同 $0°$ 攻角时的情况一样,不同状态下的曲线仍能够较好地重合在一起。图 6.41(c) 为模型攻角 $\alpha = -10°$ 时的冷却

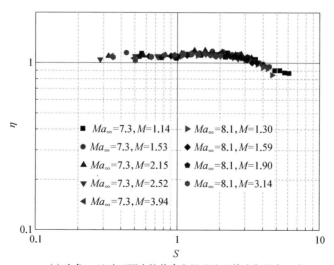

(a) 攻角 $\alpha=0°$ 时不同来流状态和风吹比下的冷却效率分布图

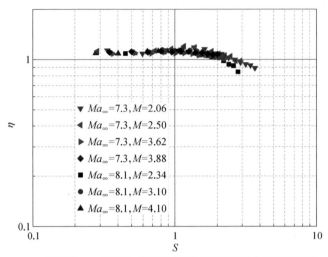

(b) 攻角α=−4°时不同来流状态和风吹比下的冷却效率分布图

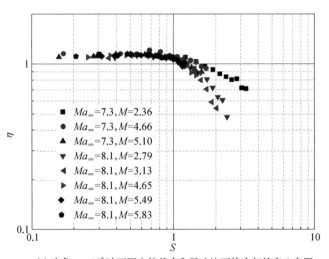

(c) 攻角α=−10°时不同来流状态和风吹比下的冷却效率分布图

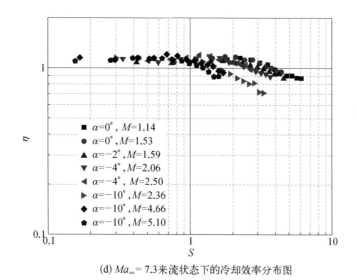

(d) $Ma_\infty = 7.3$ 来流状态下的冷却效率分布图

图 6.41　η - S 关系曲线

效率分布曲线,与小攻角时的情况不同,此时不同状态下的冷却效率曲线并不能完全重合,在曲线开始下降前,各状态下的冷却效率值分布基本一致,经过某一点后,不同状态下的曲线以不同的速率衰减。相同来流条件下,风吹比越大,衰减越快;风吹比接近时,$Ma_\infty = 8.1$ 来流状态下对应的效率曲线相对于 $Ma_\infty = 7.3$ 的来流状态衰减得更快。由此说明,流向坐标经过无量纲化后,在主流与喷流总温不变的情况下,模型在小攻角下的冷却效率分布曲线对其他来流和喷流参数的变化不敏感,而在大攻角下,其敏感性增强。

从式(6.4)及图 6.41(a) ~ (c)中可见,实际测量区域在大风吹比下经无量纲化后相对小风吹比时更短,而图 6.41 中各状态下的冷却效率曲线在开始衰减前的分布基本一致,因此为进一步分析模型攻角对冷却效率的影响,将 $Ma_\infty = 7.3$ 的来流条件和各攻角下小流量状态的冷却效率曲线整理在一起,见图 6.41(d)。其中,攻角 $\alpha = 0°$ 时,包括风吹比 M 为 1.14 和 1.53 两种状态;$\alpha = -2°$ 时,$M = 1.59$;$\alpha = -4°$ 时包括 M 为 2.06 和 2.50 两种状态;$\alpha = -10°$ 时包括 M 为 2.36、4.66 和 5.10 三种状态。从图 6.41 中可见,随着攻角的增大,冷却效率曲线的衰减将提前,这进一步证明了式(6.4)对攻角的敏感性。

本节应用自主开发的瞬态热流测试系统,在 KD‐01 高超声速炮风洞内对钝头体表面的超声速气膜冷却效果进行了试验研究。首先对无喷流结构模型和缝高5 mm喷流模型无喷流流量时窗口平面的热流分布进行了测量,并拍摄了纹影图像,分析了 $Ma_\infty = 7.3$ 和 $Ma_\infty = 8.1$ 两种来流条件及不同的模型攻角对热流分布和流场结构的影响,并结合后台阶流动情况分析了喷流结构对钝头体窗口平面流场结构和气动热环境的影响。然后采用缝高5 mm喷流模型,在两种来流条件下,对-10°~0°攻角时不同喷流流量的表面热流分布进行了测量,并拍摄了纹影图像,以及结合流场结构对喷流冷却效果进行了分析和对比。结果显示,在各来流状态和模型攻角下,增加喷流流量都有利于提高冷却效率,增加壁面负热流区的长度;压力匹配条件下的流场结构相对简单,有利于光学成像,且窗口致冷效果较好,冷却长度较长。

进一步通过对不同状态下近似压力匹配时的冷却效果进行对比分析,发现在相同攻角下,两种来流状态所需的风吹比接近,并基于现有数据给出了达到压力匹配时所需风吹比随攻角变化的曲线关系,对于在飞行中根据飞行状态实时调控喷流流量有重要意义。最后对喷流冷却效率的经验公式进行了初步研究,借鉴 Majeski 等采用的冷却效率公式,对本节试验数据进行了分析,发现根据该公式所建立的冷却效率和无量纲流向坐标关系在小攻角下对试验中的来流状态和喷流流量变化不敏感,而受攻角变化的影响较明显。相同来流状态下,当攻角增大时,冷却效率将提前衰减。在大攻角下,冷却效率与无量纲坐标的关系受来流状态和风吹比的影响较明显。

6.2 喷流致冷光学头罩气动光学效应

6.2.1 有/无喷流及不同喷流流量时的气动光学效应

首先测量了缝高 $h = 5$ mm 模型在来流1.1 MPa状态和不同PRJ下的波前分布,如图6.42所示,其中图6.42(a)为无喷流时的OPD分布,图6.42(b)为PRJ = 0.63时欠压状态下的OPD分布,图6.42(c)为PRJ = 1.03时匹配状态下的OPD分布,图6.42(d)为PRJ = 1.08时近似匹配状态下的OPD分布,图6.42(e)为PRJ = 1.27的过压状态下的OPD分布,图6.42(f)为PRJ = 1.59时过压状态下的OPD分布。图中,x坐标、y坐标皆为用流向测量长度无量纲化的空间坐标,垂直坐标为OPD,单位为 μm,云图显示为OPD分布,图例显示范围统一为 $-10 \sim 10$ μm。波前测试区域位于前述表面压力平台区内,左侧为上游靠近喷流出口处,右侧为下游远离喷流出口处。首先,从OPD分布云图可以看出,窗口流场具有一定的二维特征,各状态下的 OPD 分布相对窗口中截面是基本对称的,这一对称性特征与前述压力测量的对称性具有一致性;其次,波前结构比较规律,是一个沿流向曲率逐渐增大的近似二维曲面,这是由于所测试流场是连续变化的;然后,对比图 6.42(a)和图 6.42(b)~(f)可见,无喷流流量时的波前畸变程度是最小的,说明引入喷流结构导致流场结构畸变程度增大;同时,可以发现,随着喷流和主流压比的增大,波前畸变程度增加,但在压力接近匹配的 PRJ = 1.03 和 PRJ = 1.08 的状态,波前畸变程度是最弱的,这说明压力匹配有利于减弱气动光学效应,从而减小波前畸变;在 PRJ = 0.63 的欠压状态及 PRJ = 1.27 和 PRJ = 1.59 的过压状态下,波前畸变程度均相对较高。

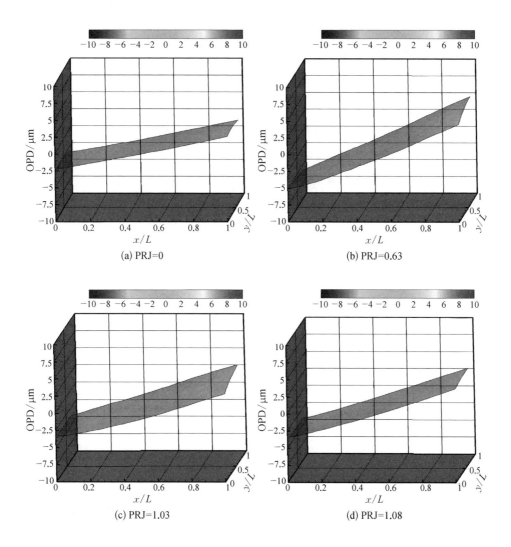

(a) PRJ=0

(b) PRJ=0.63

(c) PRJ=1.03

(d) PRJ=1.08

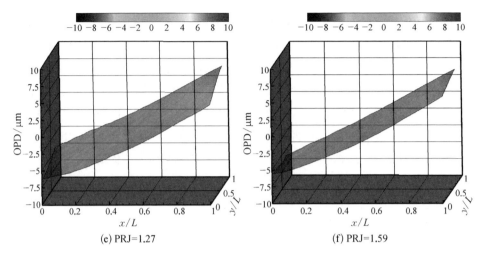

(e) PRJ=1.27   (f) PRJ=1.59

图 6.42　不同 PRJ 下的 OPD 分布（P_0 = 1.1 MPa，h = 5 mm）

　　将各工况下窗口中轴面处的 OPD 分布曲线提取出来进行比较，如图 6.43 所示，图中横坐标为无量纲化的流向坐标，纵坐标为 OPD，单位为 μm，图中曲线明显地给出了 OPD 分布曲线随 PRJ 的变化规律，在无喷流、PRJ = 0 时，OPD 分布曲线的曲率最小，变化最缓，有喷流时会相对增大；对于有喷流的状态，接近压力匹配的 PRJ = 1.03 和 PRJ = 1.08 的两个状态下的 OPD 分布曲线的曲率相对较低，且二者也较为接近；PRJ = 0.63 时，欠压状态下的曲率其次，而两个过压状态下的曲

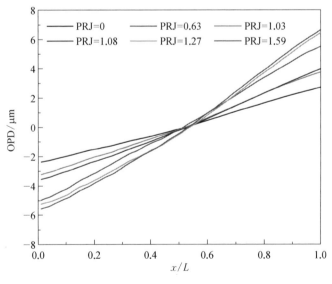

图 6.43　不同压比下窗口中轴面上的 OPD 分布对比（P_0 = 1.1 MPa，h = 5 mm）

率变化最大,表明畸变程度最强,但是畸变程度并没有随着 PRJ 的进一步升高而增大,而是保持在一定水平不变。

　　然后测量了缝高 $h = 5\,mm$ 模型在来流 1.6 MPa 的状态和不同 PRJ 下的 OPD分布,如图 6.44 所示,其基本规律与来流压力为 1.1 MPa 的状态类似,无论有无喷流,流场的波前都是一个在展向接近二维的曲面,畸变程度沿流向增加;无喷流时,波前畸变最小;有喷流时,波前畸变程度呈随 PRJ 的增大而逐渐增加的趋势;当 PRJ 为 0.76 时,在所测的喷流状态内,其畸变程度最强;PRJ 继续升高至接近匹配的状态时,畸变程度相对变小;继续升高 PRJ 至过压状态,畸变程度也随之增强;但当持续升高喷流压力,将 PRJ 提高至 1.56 时,相对轻微过压的PRJ = 1.14 的状态来说,波前畸变程度变化不大。

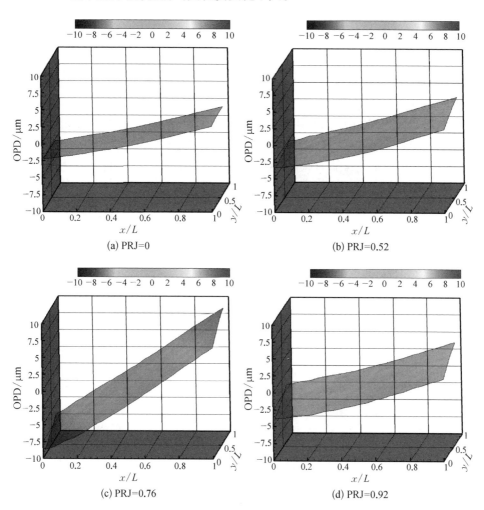

(a) PRJ=0

(b) PRJ=0.52

(c) PRJ=0.76

(d) PRJ=0.92

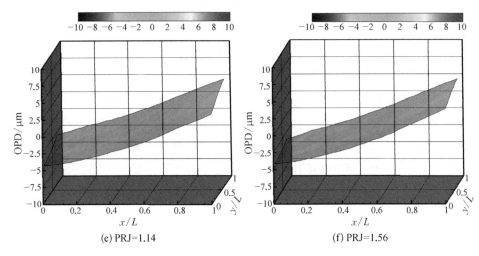

(e) PRJ=1.14   (f) PRJ=1.56

图 6.44   不同 PRJ 下的 OPD 分布 (P_0 = 1.6 MPa, h = 5 mm)

　　将图 6.44 中各工况下窗口中轴面处的 OPD 分布曲线提取出来进行比较,如图 6.45 所示。图中横坐标为无量纲化的流向坐标,纵坐标为 OPD,单位为 μm。与总压 1.2 MPa 的情况类似,在无喷流下,PRJ = 0 时曲线的曲率最小,变化最缓,有喷流时会相对增大;对于有喷流的状态,接近压力匹配的 PRJ = 0.92 的状态下,OPD 分布曲线的曲率相对较低,同时在 PRJ = 0.52 的状态下,OPD 与接

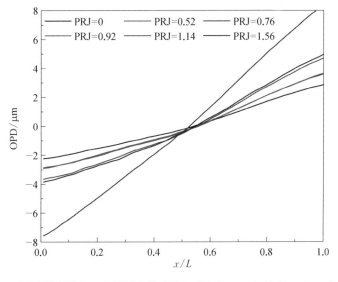

图 6.45   不同压比下窗口中轴面上的 OPD 对比 (P_0 = 1.6 MPa, h = 5 mm)

近压力匹配的状态较为接近,都处于较低水平;与之前不同的是,PRJ = 0.76 时的欠压状态下的曲率最大,而两个过压状态下的曲率变化较小;且同样的,在过压状态下,畸变程度并没有随着 PRJ 的进一步升高而增大,而是保持在一定水平不变。对比总压 1.1 MPa 和 1.6 MPa 下相应工况下的 OPD 分布,可以发现在近似相同的 PRJ 状态下,总压较高时,波前畸变程度稍高。

进一步对缝高 $h = 4\,\mathrm{mm}$ 模型在总压分别为 1.1 MPa 和 1.6 MPa 的来流状态和喷流接近匹配的喷流状态下进行了波前测试。图 6.46 为来流总压 1.1 MPa 时不同 PRJ 状态下的波前畸变图,其中图 6.46(a) 为无喷流时,图 6.46(b) 为 PRJ = 0.15 的欠压状态,图 6.46(c) 为 PRJ = 0.48 的欠压状态,图 6.46(d) 为 PRJ = 0.78 的匹配状态,图 6.46(e) 为 PRJ = 1.0 的匹配状态,图 6.46(f) 为 PRJ = 1.17 的过压状

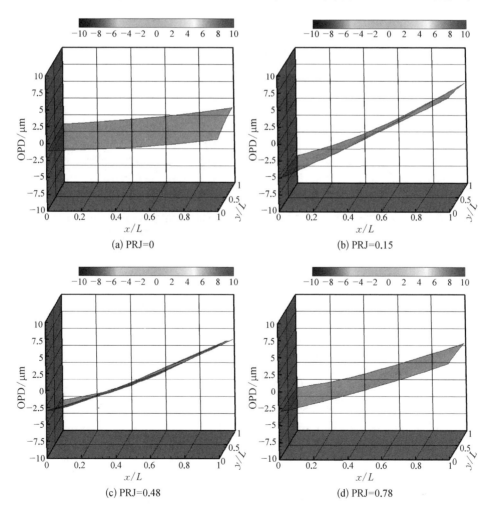

(a) PRJ=0

(b) PRJ=0.15

(c) PRJ=0.48

(d) PRJ=0.78

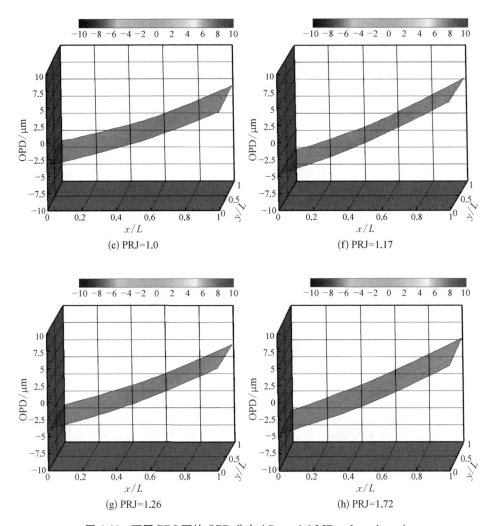

图 6.46 不同 PRJ 下的 OPD 分布 (P_0 = 1.1 MPa,h = 4 mm)

态,图 6.46(g)为 PRJ = 1.26 的过压状态,图 6.46(h)为 PRJ = 1.72 的过压状态。首先,与缝高 h = 5 mm 的情况一致,无喷流条件下的波前畸变程度最弱;然后,随着喷流流量的增加,畸变程度也增加,但在欠压状态下存在一个峰值区间;当压力接近匹配时,畸变程度减弱;随着压力升高至过压,畸变程度又进一步增强,但仍保持在一定水平。

将图 6.46 中各工况下窗口中轴面处的 OPD 分布曲线提取出来进行比较,如图 6.47 所示。与前面缝高 h = 5 mm 的情况类似,在无喷流,PRJ = 0 时曲线的曲率最小,有喷流时会相对增大;对于有喷流的状态,与前面稍有不同的是,在

PRJ = 0.78 状态下,OPD 分布曲线的曲率相对较低,其次为 PRJ = 1.0 的匹配状态,在其他欠压或过压状态下,曲线曲率相对较大;畸变程度最强出现在 PRJ = 0.15 的状态,而两个过压状态下的畸变程度与缝高 h = 5 mm 的情况一致,没有随着 PRJ 的进一步升高而增大,而是保持在一定水平不变。

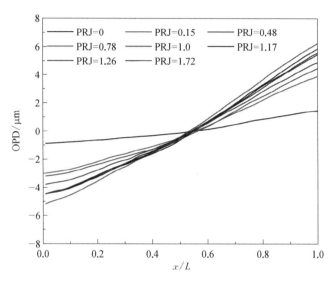

图 6.47　不同 PRJ 下窗口中轴面上的 OPD 对比 (P_0 = 1.1 MPa, h = 4 mm)

图 6.48 为缝高 h = 4 mm 模型在来流 1.6 MPa 的状态和不同 PRJ 下的 OPD 分布,其中图 6.48(a)为无喷流时,图 6.48(b)为 PRJ = 0.27 的欠压状态,图 6.48 (c)为 PRJ = 0.83 的欠压状态,图 6.48(d)为 PRJ = 1.0 的匹配状态,图 6.48(e)为

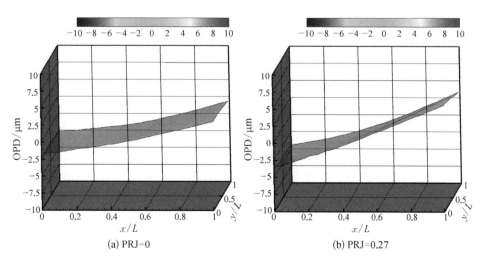

(a) PRJ=0　　　　　　　　　　　　(b) PRJ=0.27

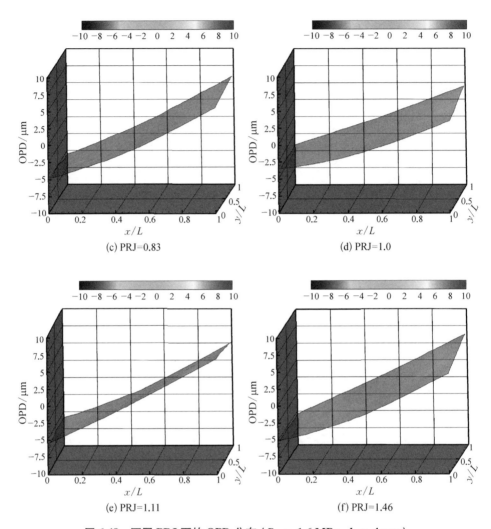

图 **6.48** 不同 **PRJ** 下的 **OPD** 分布（P_0 = **1.6 MPa**，h = **4 mm**）

PRJ = 1.1 的过压状态，图 6.48(f) 为 PRJ = 1.46 的过压状态。图 6.48 中的基本
规律仍然与前述各状态类似，波前曲面具有一定二维结构，畸变程度沿流向增
大；无喷流时，波前畸变最小；有喷流时，波前畸变程度呈随 PRJ 的增大而逐渐
增大的趋势；当 PRJ 为 0.83 时，在所测的喷流状态内，其畸变程度最强；PRJ 继续
升高至接近匹配的状态时，畸变程度相对较小；继续升高 PRJ 至过压状态，畸变
也随之增大；但当持续升高喷流压力，PRJ 提高至 1.46 时，波前畸变程度相对轻
微过压的 PRJ 为 1.11 时的状态来说变化不大，图 6.48(e) 和(f) 中波前变化范围
其实比较接近，只是波面结构稍有不同，存在较大差异。

同样提取图 6.48 中各状态下中轴面上的 OPD 分布曲线,如图 6.49 所示。在无喷流,PRJ = 0 时,曲线的曲率最小,有喷流时会相对增大;对于有喷流的状态,畸变程度最低的依然是 PRJ = 1.0 的压力匹配状态,同时 PRJ = 0.27 状态下的 OPD 分布曲线与压力匹配状态较为接近;对于 PRJ = 0.83 的欠压状态,以及 PRJ = 1.11 和 PRJ = 1.46 的过压状态,畸变程度较为接近,且比压力匹配和低欠压状态下更大。

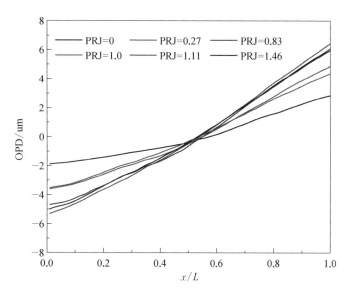

图 6.49　不同 PRJ 下窗口中轴面上的 OPD 对比 (P_0 = 1.6 MPa,h = 4 mm)

综合上述各来流总压、喷流缝高和喷流主流压比条件下的波前畸变分布特征,并结合前面所测得的各状态下的流场结构纹影图像,可作如下分析:无喷流条件下的流场结构相对更简单,虽然主流会在喷口下游再附于窗口,并形成反射激波,但在所测试的状态下,再附点位于测试区域之前,再附后的流场结构仍是相对规则的,因此导致的光学畸变最小。当引入气膜时,会极大程度地改变窗口附近的流场结构,导致畸变程度总体增大;在欠压状态下,除了形成喷流与主流的剪切层外,仍然存在主流再附结构,并形成再附激波;当喷流处于低欠压状态下时,再附点仍然相对靠前,对测试区影响不大;而当喷流压力逐渐提升时,再附点后移,逐渐进入观察区内,使观察区内的流场结构复杂化,折射率分布的不均匀性增强,从而导致观察区内的气动光学畸变程度增强。当压力进一步增强,特别是接近匹配状态时,主流边界层的再附结构消失,而只存在喷流与主流的剪切层,且由于匹配状态下的剪切层是沿与窗口平行的方向发展的,观察区内的剪切层结构也具有一致性,此时的畸变程度较弱。当压力增加至过压状态时,喷流发生膨胀,剪切层会湍流化并增厚,导致光学畸变增强;但由于在一定范围内增加 PRJ 并不会明显改变此时的剪切层结构特征,光学畸变程度并不会随着 PRJ 的进一步提升而明显增强。

6.2.2 曝光时间对气动光学效应的影响

高超声速光学成像窗口复杂绕流结构引起的气动光学效应具有高度的时间非定常特性,导致探测器在不同的曝光时间下的成像效果会出现比较显著的差异。研究曝光时间对于高超声速光学头罩成像质量的影响,对于指导变曝光(帧积分)时间成像制导导引头设计,提高成像制导精度的意义重大。采用基于背景纹影技术的波前测试技术,构建基于高超声速炮风洞的高超声速光学头罩波前测试系统,获取 6 ns ~ 499 μs 范围内不同曝光时间下对应的波前结果。随着曝光时间的增加,低阶 Zernike 多项式重构高阶畸变波前的精度从 62.2% 提升至 88.6%,这也意味着曝光时间的增加有助于降低波前空间分布结构的复杂性,原理上可以降低波前自适应校正的难度。随着曝光时间的增加,高阶畸变波前对应的 OPD_{rms} 逐渐增大,增加幅度逐渐减小,对应的 SR 值逐渐减小,最终稳定在 0.44 左右。在不同曝光时间下,采用大孔径近似原理都可以对 SR 值实现比较理想的预测。随着曝光时间的增加,成像积分分辨率呈现比较明显的下降趋势,最终基本稳定在 $1.43R_0$ 左右。相比于曝光时间为 6 ns 时对应的结果,积分分辨率降低了大约 30%,相关结论可以给高速成像制导导引头曝光时间设计提供一些参考。

1. 高超声速光学头罩瞬态波前分布及初步分析

如图 6.50(a) 所示,为利用此瞬态波前测量系统采集到的跨帧时间为 5 μs 的位移 Δ 云图,由于位移数据反映了流场对于光线的偏折情况,其实质上等价于波前的表面梯度值。基于此梯度值,通过 Southwell 算法实现波前重构,获取的 OPD 结果如图 6.50(b) 所示。在具体研究中,一般需要将获取的完整 OPD 进行分解,具体为[10]

$$OPD = OPD_{unsteady\text{-}tilt} + OPD_{high\text{-}order} \tag{6.7}$$

式中,$OPD_{unsteady\text{-}tilt}$ 表示非稳态的斜分量;$OPD_{high\text{-}order}$ 表示高阶畸变分量。

如图 6.50 所示,上一行图依次表示 $t = t_0$ 时刻获取的瞬态合位移 Δ 分布、OPD、$OPD_{unsteady\text{-}tilt}$ 及 $OPD_{high\text{-}order}$,下一行图对应 $t = t_0 + 5$ μs 时的结果,图中 A_D 表示光束孔径。目前,可以采用最小二乘拟合法获取 OPD 对应的空间平面方程及

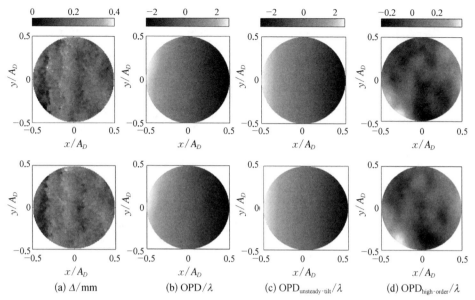

图 6.50　高超声速光学头罩瞬态位移及其相应的 OPD 结果

$OPD_{unsteady\text{-}tilt}$。需要注意的是,长曝光波前测量时,对应的光线波长 $\lambda = 457.5\ nm$,而短曝光波前测量时,对应的光线波长 $\lambda' = 532.0\ nm$。为了消除波长对于波前测试结果的影响,更准确地研究曝光时间对于测试结果的影响,利用 Goorskey 等[11] 提出的方法,即假设不同波长的光线传播路径不变,可以仅考虑波长的影响。那么,将 $\lambda' = 532.0\ nm$ 对应的 OPD' 换算至 $\lambda = 457.5\ nm$ 对应的 OPD,后续研究中对应的光线波长统一为 $\lambda = 457.5\ nm$。

2. OPD 结果分析及 Zernike 多项式分解

本节获取的不同曝光时间下的 OPD 测量及分解结果如图 6.51 所示,从上到下的三行图分别表示 OPD、$OPD_{unsteady\text{-}tilt}$、$OPD_{high\text{-}order}$,曝光时间不断增加。其中,$OPD_{unsteady\text{-}tilt}$ 比较容易受到测试设备振动等因素的影响,在不同时刻,其测试结果会出现一定的误差。考虑到一阶项并不影响成像质量,而且比较容易利用自适应校正方法进行补偿,在成像质量分析中仅选择 $OPD_{high\text{-}order}$。不同曝光时间下的 $OPD_{high\text{-}order}$ 具有一定的相似性,随着曝光时间的增加,$OPD_{high\text{-}order}$ 分布中的斑点状不均匀明显减小。曝光时间增加到一定程度后,获取的波前空间分布结果渐趋一致。

考虑到 Zernike 多项式在圆域上的正交性具有反变换,可以利用最少的信息冗余度描述波前的特点,并且各阶对应的模式与光学设计的塞德尔(Seidel)像

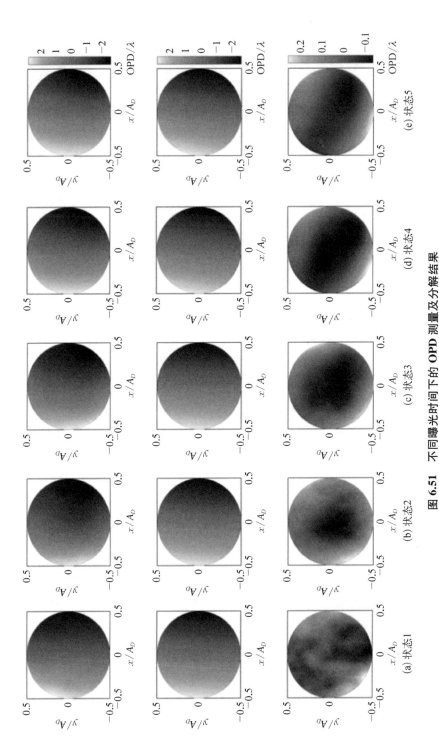

图 6.51　不同曝光时间下的 OPD 测量及分解结果

(a) 状态1　(b) 状态2　(c) 状态3　(d) 状态4　(e) 状态5

差(如离焦、像散、彗差等)系数相对应,可以为有选择地处理各种 OPD 和分析优化光学系统提供比较有效的途径[12]。将圆形光学孔径单位化处理后,Zernike 多项式定义为

$$Z_n^m(\rho, \theta) = \begin{cases} N_n^m R_n^{|m|}(\rho) \cos(m\theta), & m \geqslant 0, \ 0 \leqslant \rho \leqslant 1, \ 0 \leqslant \theta \leqslant 2\pi \\ N_n^m R_n^{|m|}(\rho) \sin(m\theta), & m < 0, \ 0 \leqslant \rho \leqslant 1, \ 0 \leqslant \theta \leqslant 2\pi \end{cases}$$

$$(6.8)$$

式中,(ρ, θ) 为光学孔径上的极坐标,$\theta = \tan^{-1}(x/y)$,$\rho = (x^2 + y^2)^{1/2}$;对于一个给定的 n,m 可以为 $-n$,$-n+2$,$-n+4$,$\cdots$,n;N_n^m 为归一化因子,$N_n^m = \sqrt{\dfrac{2(n+1)}{1+\delta_{m0}}}$,$\delta_{m0} = 1(m = 0)$ 或 $\delta_{m0} = 0(m \neq 0)$;$R_n^{|m|}$ 为径向多项,$R_n^{|m|}(\rho) = \sum_{s=0}^{(n-|m|)/2} \dfrac{(-1)^s (n-s)!}{s! \ [0.5(n+|m|)-s]! \ [0.5(n-|m|)-s]!} \rho^{n-2s}$。

利用上述 Zernike 多项式,OPD 可以表示为

$$\mathrm{OPD}(\rho, \theta) = \sum_n^k \sum_{m=-n}^n w_n^m Z_n^m(\rho, \theta)$$

$$(6.9)$$

式中,w_n^m 为 Zernike 多项式中 Z_n^m 对应的权重系数。

为了更深入地分析不同曝光时间下获取 OPD 结果的差异,利用 Zernike 多项式对获取的 OPD 结果进行五阶展开,即 $k = 5$,共计 21 项。$n = 0$ 对应的 Zernike 多项式分解的零阶项,对应了 OPD 在光学孔径上的平均值 $\langle\mathrm{OPD}\rangle$,故对 OPD 进行 Zernike 多项式分解时,如图 6.52 所示,其零阶项 Zernike 系数基本为 0。$n = 1$ 对应了 Zernike 多项式分解中的一阶项,其与前面对应的非稳态倾斜分量 $\mathrm{OPD}_{\mathrm{unsteady\text{-}tilt}}$ 对应。从图 6.52 可以看出,一阶项对应的 Zernike 系数的绝对值比较大,即在完整 OPD 分布中,非稳态倾斜分量 $\mathrm{OPD}_{\mathrm{unsteady\text{-}tilt}}$ 占据较大的比例。其中,Z_1^{-1} 决定了沿展向波前的倾斜程度,Z_1^1 决定了沿流向波前的倾斜程度,这两阶分量主要影响了点扩散函数的峰值点位置,即瞄视误差问题,对于成像质量的影响很小。为了便于分析不同曝光时间下,二阶及以上 Zernike 分解系数的差异,绘制了二阶以上 Zernike 分解系数分布图,如图 6.52 所示,从图中可以看出,相比 10~499 μs 下的结果,状态 1 下波前分解的 Zernike 分解系数的波动幅度更为明显。相比长曝光下的分解结果,短曝光波前明显需要更多的高阶 Zernike 项进行表征,这意味着短曝光下的 OPD 比长曝光下的 OPD 在空间分布上更为复

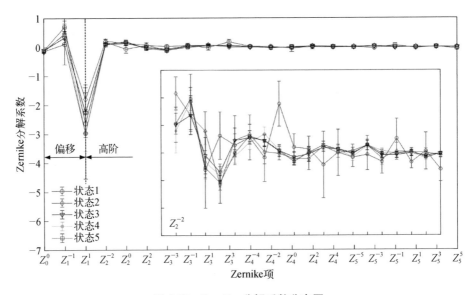

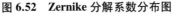

图 6.52　Zernike 分解系数分布图

杂,需要更多高阶 Zernike 多项式进行表征。

　　为了进一步分析该问题,利用去除零阶和一阶分量后的前五阶 Zernike 多项式重构的高阶畸变波前结果与式(6.7)定义的 $OPD_{high-order}$ 进行对比,如图 6.53 所示,状态 2~状态 4 下的结果保持了相对比较好的一致性,Zernike 多项式分解中,二阶项占据高阶畸变分量的 50%以上,三阶项大约为 20%。也就是说,对于长曝光测量的高阶畸变波前,Zernike 多项式分解中,第二阶和第三阶畸变占据了约 70%的畸变总量。对于短曝光下测得的高阶畸变波前结果,二阶项占总畸变的 34.1%,三阶项占总畸变的 15.2%,合计权重为 49.3%,明显小于长曝光下对应的结果,而四阶项和五阶项所占权重明显大于长曝光下的结果。从误差棒图可以看出,短曝光下不同时刻的差异明显大于长曝光下的结果。仔细观察可以发现,随着曝光时间的增加,前五阶项的重构高阶畸变波前的精度逐渐提高,从62.2%提升至 88.6%。但是,随着曝光时间的增加,这种提升的幅度明显减小。总体而言,随着曝光时间的增加,低阶 Zernike 多项式对于高阶畸变波前的重构能力明显得到改善,这也意味着曝光时间的增加有助于降低波前空间分布结构的复杂性,理论上可以降低波前自适应校正的难度。

　　3. 曝光时间对高超声速光学头罩成像质量的影响

　　完整的 OPD 分布中,$OPD_{unsteady-tilt}$ 主要影响点扩散函数的峰值点位置,并不影响点扩散函数的形状及峰值大小,一般仅导致成像偏斜,并不会导致成像模糊

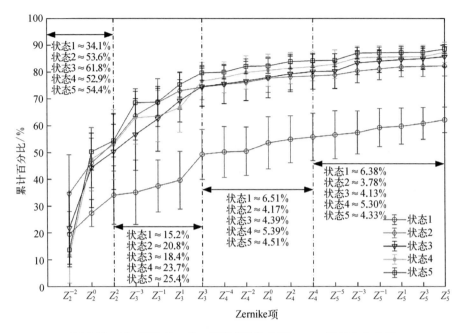

图 6.53　二~五阶 Zernike 多项式重构 OPD$_{high\text{-}order}$误差分布曲线

等效应。在下面的成像质量研究中,所述的波前主要指是去除非稳态倾斜分量之后的高阶畸变波前。如图 6.54 所示,在曝光时间为 6 ns~499 μs 范围内,随着曝光时间的增加,高阶畸变波前对应的 OPD$_{rms}$逐渐增大,同时增加的幅度逐渐减小。从图 6.54 可以看出, $\tau = 499$ μs 时对应的结果与 $\tau = 100$ μs 对应的结果基本

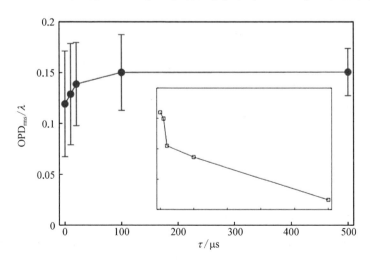

图 6.54　不同曝光时间下的 OPD$_{rms}$结果

相同,即随着曝光时间的增加,获取的高阶畸变波前基本为定常值,或者说成像质量并不会持续恶化。同时,如图 6.54 中的小图所示,在同一曝光时间下,短曝光时,不同时刻下的 OPD_{rms} 差异明显大于长曝光时获取的结果,并且随着曝光时间的增加,这种差异逐渐减小。当曝光时间达到 499 μs 时,这种变化接近于零。也就是说,对于本章研究的高超声速光学头罩扰流气动光学效应,当曝光时间为 499 μs 时,已经基本可以将获取的结果看作时间定常的结果。不过需要注意的是,这里研究的是去除一阶畸变项后的波前结果,高阶畸变波前中基本不再包含由大尺度结构导致的非稳态倾斜分量,即并未研究光线抖动对于气动光学 OPD_{rms} 的贡献问题。当然,考虑到本章研究的对象光学孔径相对比较大,这部分对抖动分量的影响可能比较小。

总体而言,长曝光积累了比较多的畸变信息,导致其最终的 OPD_{rms} 要大于短曝光下的结果。具体对于成像制导导弹而言,在弹目距离比较远时,为了提高导引头作用距离,一般需要增加帧积分时间,甚至降低帧频,以最大限度地增加曝光时间。曝光时间的增加在一定程度上会增大波前畸变程度,不过这种作用是有限度的。也就是说,在不计测试平台振动影响的情况下,针对低可探测目标,可以通过较大幅度地增加曝光时间来提高信号强度,图像质量并不一定会产生较大损失。当然,这里也并未考虑因长曝光造成的动目标成像拖尾问题。

在有像差的情况下,对应光学系统衍射图形艾里斑(最大亮度)处的光强与无相差理想成像时对应光强的比值定义为 SR 值,此值可以表征图像强度衰减和能量损失的程度。SR 作为衡量气动光学效应强弱的重要指标,应用十分广泛。同一曝光时间下,不同时刻获取的 SR 平均值 ⟨SR⟩ 见图 6.55,并与基于 OPD_{rms} 的平均值 ⟨OPD_{rms}⟩ 及利用大孔径近似(large aperture approximation, LAA)预测的结果进行对比,发现对于高超声速光学头罩扰流引起的气动光学波前中的高阶畸变分量 $OPD_{high\text{-}order}$,在不同曝光时间下,采用 LAA 都可以对 SR 值实现比较理想的预测。随着曝光时间的增加,SR 值逐渐减小,状态 5 和状态 4 对应的 SR 值差别不大,基本稳定在 0.44 左右。

进一步的分析中,光学传递函数(optical transfer function, OTF)的运用可以更为全面地分析曝光时间对于成像质量的影响。OTF 是点扩散函数的二维傅里叶变换,OTF 的幅度部分(即 OTF 的模量)为调制传递函数(modulation transfer function, MTF),多用来描述像斑反衬度的衰减。下面,将主要利用 MTF 分析高超声速光学头罩成像系统在气动光学效应影响下的成像质量。如图 6.56 所示,为不同曝光时间下高超声速光学头罩绕流气动光学效应对应的幅值 MTF 分布

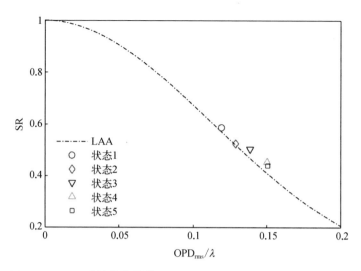

图 6.55　SR 理论计算值及基于 OPD$_{rms}$ 和利用 LAA 预测的结果对比

结果。横坐标中，ν 表示二维空间频域的径向频率距离，$\nu = (F_x^2 + F_y^2)^{1/2}$，其中 F_x 和 F_y 分别为直角坐标系下沿 x 方向和 y 方向的频率参量；$\nu_0 = \dfrac{A_D}{\lambda f}$，为非相干成像系统的截止频率，其中 λ 为光线波长，f 为成像系统焦距。图 6.56 中的黑色虚线表示理想无畸变波前成像结果，相比理想成像，气动光学效应会导致成像质量出现比较明显的恶化。在图 6.56 中，径向频率距离相对较小的部分（$\nu/\nu_0 <$

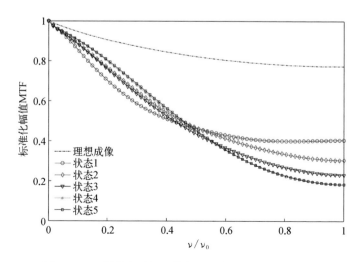

图 6.56　不同曝光时间下的标准化幅值 MTF 分布结果

0.46),随着曝光时间的增加,幅值 MTF 分布曲线出现小幅度的提升。对于成像质量而言,幅值 MTF 低频部分一般表征图像的反差,这种小幅度的提升,表明随着曝光时间的增加,图像反差得到小幅度的改善。而对于径向频率距离相对比较高的部分 ($\nu/\nu_0 > 0.46$),随着曝光时间的增加,幅值 MTF 出现比较明显的减小趋势。考虑到高频部分一般对应着成像的细节部分,这意味着随着曝光时间的增加,图像细节部分会出现比较明显的丢失。状态 4 和状态 5 下的幅值 MTF 曲线近似重叠,也印证了当曝光时间增加到一定程度时,图像质量渐趋稳定。为了更加全面地衡量成像质量,一般利用积分分辨率 R 进行评价,其主要通过对幅值 MTF 进行全空间频率上的积分而得到[12],即

$$R = 2\pi \int_0^{\nu_0} \mathrm{MTF}(\nu)\ \nu \mathrm{d}\nu \tag{6.10}$$

图 6.57 中,利用衍射置限成像系统的分辨率 $R_0 = \pi (A_D/\lambda f)^2/4$ 对积分分辨率 R 进行无量纲处理。随着曝光时间的增加,R 出现比较明显的下降。$\tau = 499\ \mu s$ 时对应的 R 与 $\tau = 100\ \mu s$ 时对应的结果基本稳定在 $1.43R_0$ 左右。而对于短曝光情况,尤其是瞬时"冻结"成像的情况下,$R \approx 1.84R_0$。也就是说,相比长曝光,在短曝光情况下,R 可以提升大约 30%,这一提升结果效果相比于大气光学并不是非常明显,对于大气光学,其提升效果可达几倍[13, 14],主要原因在于大气光学流动的相干尺度比较大,甚至超过光学孔径很多倍,而对于本节研究的高超声速光学头罩而言,其绕流流动相干结构明显小于所采用的光学孔径。LAA

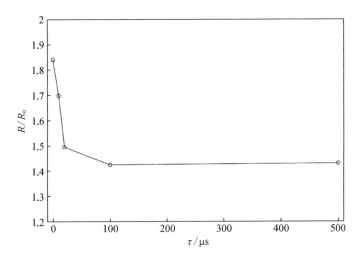

图 6.57 不同曝光时间下高超声速光学头罩成像积分分辨率结果对比

预测的 SR 效果比较好,从这一结果也可以看出,本节的测试状态较好地满足了大光学孔径的条件假设。而大光学孔径会在一定程度上减小曝光时间对于成像质量的影响,减小长曝光与短曝光对应的 R 值差异。

本节采用基于背景纹影技术的波前测试技术,搭建了基于高超声速风洞构建的高超声速光学头罩波前测试系统,获取了 $6\sim499\,\mu s$ 范围内 5 个曝光时间对应的波前结果。研究结果表明:随着曝光时间的增加,低阶 Zernike 多项式重构高阶畸变波前的精度逐渐提高,从 62.2% 提升至 88.6%。这也意味着曝光时间的增加有助于降低波前空间分布结构的复杂性,理论上可以降低波前自适应校正的难度。随着曝光时间的增加,$OPD_{high-order}$ 对应的 OPD_{rms} 逐渐增大,增加的幅度逐渐减小。与此同时,不同时刻 OPD_{rms} 的差异逐渐减小,当曝光时间达到 499 μs 时,这种变化接近于 0。在不同曝光时间下,采用 LAA 都可以对 SR 值实现比较理想的预测。随着曝光时间的增加,SR 值逐渐减小,最终稳定在 0.44 左右。随着曝光时间的增加,成像积分分辨率呈现比较明显的下降,最终基本稳定在 $1.43R_0$ 左右,相比曝光时间为 6 ns 时对应的结果,积分分辨率降低了大约 30%。相关结论可以给高速成像制导导引头曝光时间设计提供一些参考。下一步,我们将开发时间上连续的 MHz 气动光学波前测量系统,实现对于高超声速气动光学波前信息的完整采样,以便确认低阶次气动光学波前变化频率,开发合适的自适应波前校正系统。

参考文献

[1] Smith H E. The flow field and heat transfer downstream of a rearward facing step in supersonic flow [R]. Dayton: Aerospace Research Labs Wright-Patterson AFB Ohio, 1967.

[2] Reddeppa P, Nagashetty K, Saravanan S, et al. Measurement of heat transfer rate on backward-facing steps at hypersonic Mach number [J]. Journal of Thermophysics and Heat Transfer, 2011, 25(3): 321-328.

[3] Maqbool D. Development of an experiment for measuring film cooling performance in supersonic flows [D]. College Park: University of Maryland, 2011.

[4] Goldstein R J, Eckert E R G, Tsou F K, et al. Film cooling with air and helium injection through a rearward-facingslot into a supersonic air flow [J]. AIAA Journal, 1966, 4(6): 981-985.

[5] 朱惠人,刘松龄.一种计算气膜冷却效率的新模型[J].推进技术,2003,24(1): 51-54.

[6] Swigart R, Shih W, Wang J, et al. Hypersonic film cooling effectiveness and aero-optical effects [C]. Cincinnati: 1st National Fluid Dynamics Conference, 1988.

[7] Majeski J, Weatherford R. Development of an empirical correlation for film-cooling effectiveness [C]. San Antonio: 23rd Thermophysics, Plasmadynamics and Lasers

Conference, 1988.

[8] Majeski J, Morris H. An experimental and computational investigation of film cooling effects on an interceptor forebody at Mach 10 [C]. Reno: 28th Aerospace Sciences Meeting, 1990.

[9] Hodge R A, Raghuraman P, Murray A L. Window cooling technology program [J]. Journal of Spacecraft and Rockets, 2015, 30(4): 466 - 476.

[10] Wang K, Wang M. Aero-optics of subsonic turbulent boundary layers [J]. Journal of Fluid Mechanics, 2012, 696: 122 - 151.

[11] Goorskey D, Whiteley M, Gordeyev S, et al. Recent AAOL in-flight wavefront measurements of aero-optics and implications for aero-optics beam control in tactical laser weapon systems [C]. Honolulu: 42nd AIAA Plasmadynamics and Lasers Conference in conjunction with the 18th International Conference on MHD Energy Conversion(ICMHD), 2011.

[12] Guirao A, Porter J, Williams D R, et al. Calculated impact of higher-order monochromatic aberrations on retinal image quality in a population of human eyes: erratum [J]. Journal of the Optical Society of America A, 2002, 19(3): 620 - 628.

[13] Fried D L. Optical resolution through a randomly inhomogeneous medium for very long and very short exposures [J]. Journal of the Optical Society of America, 1966, 56(10): 1372 - 1379.

[14] Ma L. Effect of atmospheric turbulence on resolution and spot radius of long-term exposure and short-term exposure [J]. Acta Photonica Sinica, 2015, 44(6): 154 - 160.

第7章

气动光学效应抑制原理与技术

气动光学效应研究的核心目标是实现气动效应抑制。本章基于流动控制的思路,探索利用微型涡流发生器阵列的气动光学效应抑制方法,提出一种基于图像畸变位移场的气动光学畸变图像校正方法。

7.1 基于流动控制的气动光学效应抑制

在第1章中,已经对目前比较常用的气动光学效应抑制技术进行了综述研究。总体而言,气动光学效应抑制的本质在于对于密度脉动的抑制。目前,主要有两种实现思路:第一种主要是通过将流动中大尺度涡结构破碎为小尺度,以抑制密度脉动强度;第二种主要是通过降低局部温度的方式,根据 SRA 原理降低密度脉动强度。本节主要是通过第一种思路进行气动光学效应抑制,选取试验状态 3 初步验证微型涡流发生器(micro vortex generator, MVG)阵列对高超声速光学头罩气动光学效应的抑制效果。

如图 7.1 所示,本章采取的试验模型为带切向超声速气膜的高超声速光学头罩。超声速冷却气膜由采用 B 样条曲线方法设计的二维喷管喷出覆盖窗口区域,对应设计喷口马赫数 $Ma_2 = 3.0$,喷口宽度为 100 mm,出口高度 $h = 5$ mm,唇厚 $l = 1$ mm。采用空气作为冷却气体,总温 $T_{0,2} = 300$ K。通过在冷却气膜喷管之前安装阀门,以控制气体质量流率。利用压力传感器对喷管驻室压力 $P_{0,2}$ 进行监控,$P_{0,2}$ 可以在 0~1.5 MPa(理想状态下对应质量流率为 0~0.3 kg/s)范围内调整。喷管上方平台静压 $P_1 \approx 16.7$ kPa,喷口静压 P_2(利用 $P_{0,2}$,根据等熵关系式计算得到),对应 PRJ = P_2/P_1。微型涡流发生器阵列布置在喷口上游 20 mm 处,本章研究采用的微型涡流发生器的高度为 $r = 1$ mm($\approx 30\%\delta$),单个微型涡流发生器顶视图为等腰梯形,上底边 $e = 0.5r$,下底边 $t = 1.5r$,高度 $c = 5r$。整个涡流发生器阵列包括 40 个单独涡流发生器,相邻涡流发生器之间的间距为 2 mm。

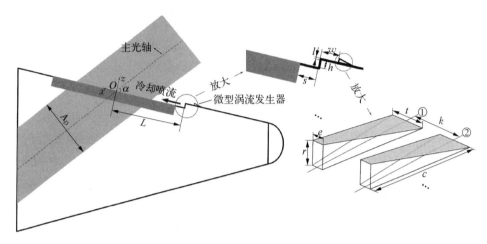

图 7.1 高超声速光学头罩试验模型及流动控制装置示意图

7.1.1 有/无流动控制下瞄视误差与喷流压比的关系

BSE 是影响高超声速飞行器成像制导、威胁感知及星光导航精度的重要因素之一,下面将具体探讨基于微型涡流发生器阵列的气动光学效应抑制方法对于 BSE 的影响作用规律。前面已经提到,BSE 主要由畸变波前中的非稳态倾斜分量 $OPD_{unsteady-tilt}$ 引起。BSE 可以定义为 PSF 峰值点位置的移动,为了获取 BSE 结果,计算了图 6.51 中状态 3 下 $OPD_{unsteady-tilt}$ 对应的 PSF。如图 7.2 所示,其中,"Ref."对应无畸变波前计算的 PSF 结果,"Exp."对应 $OPD_{unsteady-tilt}$ 计算的 PSF 结果,对比来看,两者对应的 PSF 结果在形状和峰值上的差异比较小。对比分析 $OPD_{unsteady-tilt}$ 和完整 OPD 计算的 OPD_{rms} 结果,发现由 $OPD_{unsteady-tilt}$ 贡献了超过 90% 的 OPD_{rms},这也正是在偏折角度比较大的情况下 LAA 失效的原因之一。如图 7.2 所示,$OPD_{unsteady-tilt}$ 导致的 PSF 峰值位置主要沿流向移动。

实际飞行状态下,受到外部飞行高度及飞行状态的影响,PRJ 保证完全不变是比较困难的。为了研究在施加流动控制下,改变 PRJ 对气动光学效应的影响,对比和分析了在有/无流动控制下 PRJ 对 BSE 和 $OPD_{high-order}$ 的影响作用规律。如图 7.3 所示,"○"和误差棒分别表示同一状态下 BSE 的平均值和均方根值。通常来讲,BSE 的幅值在 100 μrad 左右,对应 10 km 外的目标跟踪或

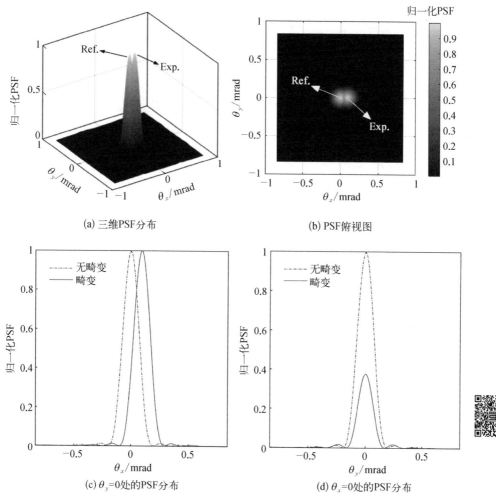

(a) 三维PSF分布

(b) PSF俯视图

(c) $\theta_y=0$处的PSF分布

(d) $\theta_x=0$处的PSF分布

图 7.2 无畸变波前和 $OPD_{unsteady-tilt}$ 计算的归一化 PSF

瞄准位置偏差在 1 m 左右。相对来讲, PRJ = 0 状态下, BSE 相对较小, 随着 PRJ 的增加, BSE 整体也呈增加趋势。在 PRJ = 1 状态下, BSE 相对较小, 流场的波系结构相对比较简单。与此同时, 前期的研究结果也证明了 PRJ = 1 状态下的气膜冷却效果比较好[1]。在此状态下, BSE 也相对较小, 这说明了压力匹配状态 (PRJ = 1) 可以作为光学窗口气膜冷却比较好的参考设计点之一。当 PRJ > 1 时, BSE 随着 PRJ 的增大而逐渐增大。在 PRJ = 0 时, 即无喷流的状态下, 微型涡流发生器的影响基本可以忽略, 这一点在 PRJ 增加的状态下也得到了延续。

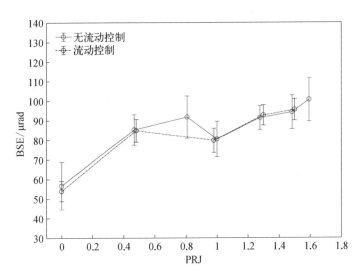

图 7.3   有/无流动控制状态下 BSE 随 PRJ 的变化曲线

在施加流动控制之后,整体来讲,BSE 与 PRJ 之间的关系并没有产生明显的变化。流动控制装置可以实现光学头罩主流边界层的提前转捩,但是其对于流场中时间平均结构的影响相对较小,尤其是那些波系结构,所以其对于气动光学波前中非稳态倾斜分量的影响较小,这可能表明流动控制并不能有效抑制气动光学效应中的 BSE。

7.1.2   有/无流动控制下高阶光学畸变与喷流压比的关系

在去除掉 OPD 中的非稳态倾斜分量 $OPD_{unsteady-tilt}$ 之后,研究了有/无流动控制下 PRJ 对 $OPD_{high-order}$ 的影响,$OPD_{high-order}$ 对应的 OPD_{rms} 作为主要评价指标。基于不同状态下获取的 $OPD_{high-order}$ 对应的 OPD_{rms} 结果,绘制了如图 7.4 所示的 OPD_{rms} 随 PRJ 的变化曲线,微型涡流发生器的引入显著抑制了不同 PRJ 状态下的 $OPD_{high-order}$。与图 7.3 中一样,图 7.4 中,"○"和误差棒分别表示同一状态下 BSE 的平均值和均方根值。与此同时,微型涡流发生器的使用降低了不同时刻 $OPD_{high-order}$ 的差异,即提高了波前的稳定性。

如图 7.4 所示,有流动控制下的 OPD_{rms} 小于无流动控制下的结果。与此同时,有流动控制下不同时刻的 OPD_{rms} 的差异性要小于无流动控制下的结果。主流与喷流之间的剪切混合过程可能会在窗口区域影响 K-H 涡的转捩过程[2],其中的大尺度结构具有相对明显的不稳定特征,而大尺度结构对于气动光学效

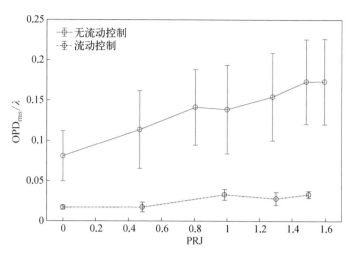

图 7.4　有/无流动控制状态下 OPD$_{rms}$ 随 PRJ 的变化曲线

应的影响较为显著,这可能是无控制状态下不同时刻的 OPD$_{rms}$ 差异性比较大的原因。伴随着流动控制装置的引入,主流边界可能已经提前转捩,存在抑制 K-H 涡转捩发展过程的可能性。在相同情况下,随着 PRJ 的增大,OPD$_{rms}$ 同样倾向于增大,这可能是由于随着 PRJ 增加,实际上对应着喷流流量的增加,这种增加可能会导致喷流厚度的增加,存在引入更多的涡结构进入流场的可能。

OPD$_{high\text{-}order}$ 和流场的涡结构之间可能存在较为紧密的关系。为了进一步验证上述构想,可由计算获得的 OPD 结构尺寸在一定程度上反映涡结构的尺度特性,以便衡量流动控制的效果。应用空间两点互相关计算方法获取结构尺度:

$$R_{\text{OPD}_{high\text{-}order}}(\Delta x, \Delta y) = \frac{\overline{\langle \text{OPD}_{high\text{-}order}(x, y)\,\text{OPD}_{high\text{-}order}(x + \Delta x, y + \Delta y)\rangle}}{\sqrt{\overline{\langle \text{OPD}_{high\text{-}order}{}^{2}(x, y)\rangle}}\sqrt{\overline{\langle \text{OPD}_{high\text{-}order}{}^{2}(x + \Delta x, y + \Delta y)\rangle}}}$$

$$(7.1)$$

式中,角括号表示孔径上的空间平均;上划线表示时间平均。

通过对波前进行互相关计算可以获取流向和展向尺寸,第一个最小值位置通常用来定义互相关尺寸[3]。如图 7.5 所示,为归一化 OPD 互相关二维云图及对应的 $\Delta y/A_D = 0$ 和 $\Delta x/A_D = 0$ 处的切线。利用互相关结果中第一个最小值点位置的定义,无流动控制情况下的结构尺寸近似为 $0.2A_D$,施加流动控制后,结构尺寸近似为 $0.1A_D$。

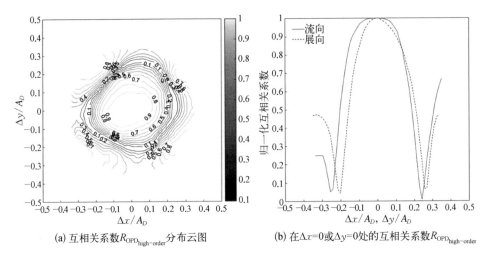

(a) 互相关系数$R_{OPD_{high-order}}$分布云图　　(b) 在Δx=0或Δy=0处的互相关系数$R_{OPD_{high-order}}$

图7.5　归一化 OPD 互相关系数 $R_{OPD_{high-order}}$ 分布

不同 PRJ 下计算得到的结构尺寸及对应的结果如图 7.6 所示。由图可知，无流动控制时，流向和展向的结构尺寸近似为 $0.2A_D$。施加流动控制后，流向和展向结构尺寸近似为 $0.1A_D$，流向结构尺寸与展向结构尺寸近似相等。与此同时，PRJ 对于结构尺寸的影响比较小，随着 PRJ 的增加，结构尺寸并没有出现明显的变化。结合如图 7.4 所示的 OPD_{rms} 分布，无流动控制时，大结构尺寸对应比较严重的气动光学畸变，施加流动控制后，小结构尺寸对应较弱的气动光学畸变。

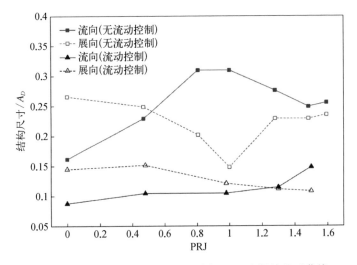

图7.6　有/无流动控制时结构尺寸与 PRJ 之间的关系曲线

7.2　气动光学畸变图像校正

7.2.1　基于 BOS 技术的气动光学畸变图像校正

畸变校正的问题实质上是一个将畸变图像或图像序列反演到接近无畸变的状态,即数学上的求逆问题。结合 BOS 技术测量结果的特点,借助于 BOS 技术获取的位移场结果,构建畸变前和畸变后对应图像区域之间的图像映射函数,实现图像畸变校正。这里主要采用了两种构建图像映射函数的方法,分别为多项式拟合方法和局部加权平均表面拟合方法,并利用这种思路对双胶合透镜产生的畸变及超声速气膜流场气动光学畸变进行校正。

1. 基于多项式拟合方法

几何畸变校正的一般方程式为

$$\begin{cases} X = F_1(x,\,y) \\ Y = F_2(x,\,y) \end{cases} \tag{7.2}$$

式中,x、y 为像元在原始图像上的坐标;X、Y 为像元在校正后的图像(目的图像,即参考图像)上的坐标。

得到函数 $F_1(x,\,y)$ 和 $F_2(x,\,y)$ 的方法是选择原始图像和目的图像同名点对(控制点),采用多项式逼近法求得:

$$\begin{cases} X = F_1(x,\,y) = \displaystyle\sum_{j=0}^{n} \sum_{k=0}^{n-j} a_{jk} x^j y^k \\ Y = F_2(x,\,y) = \displaystyle\sum_{j=0}^{n} \sum_{k=0}^{n-j} b_{jk} x^j y^k \end{cases} \tag{7.3}$$

式中,a_{jk} 和 b_{jk} 为几何校正系数,是在原始图像和畸变图像上的同名点作为控制点的位置,利用最小二乘法求得,多项式方法一般要求控制点的选择要均匀,采用 BOS 技术获取的信息具有此种特点。

畸变校正的第一步是对所选取的二元多项式求系数,这时必须已知一组控制点坐标。采用 BOS 技术,通过互相关计算可以计算出如图 7.7 所示的不同查问区对应的位移结果,图中的小方块可以看作每个查问区,将此查问区的中心点作为一个控制点,那么,通过减小查问区的尺度及步长则可以获得很多的控制点,这种方法相比传统的控制点确定方法的优势主要在于:一方面,传统方法中

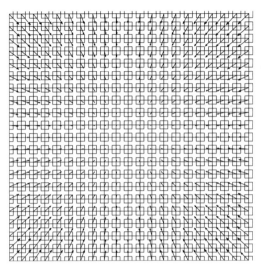

图 7.7　双胶合透镜导致的位移场测量结果示意图

控制点的设置数量一般比较少,主要是受到控制搜索、确认的限制;另一方面,传统方法往往需要预设控制点位置,而控制点往往选取在畸变变化较为剧烈的地方才有可能实现较好的校正,对于随机畸变场而言,局部畸变区域往往是未知的,无法实现预设控制点。

按未知系数的多少来确定控制点数目的最低限度是,一次多项式有 6 个系数,那么至少需要有 6 个方程来求解,需要 3 个控制点的 3 对坐标值,即 6 个坐标数;二次多项式有 12 个系数,则至少需要 12 个方程(6 个控制点);依次类推,对于 n 次多项式,控制点的数目最少为 $(n+1)(n+2)/2$。实际工作表明,选取最低限度的控制点来校正图像,效果往往不好。在图像畸变较大的地方,若没有控制点,而仅仅靠计算推出对应点,会使图像失真。因此,在条件允许的情况下,控制点数的选取都要远大于最低限度。

设 X、Y 为参考图像坐标,x、y 为原始图像坐标,X'、Y' 为 x、y 经变换的图像坐标,即

$$
\begin{aligned}
X' = F_1(x, y) = {} & a_{00} + a_{10}x + a_{01}y + a_{20}x^2 + a_{11}xy \\
& + a_{02}y^2 + a_{30}x^3 + a_{21}x^2y + a_{12}xy^2 + a_{03}y^3
\end{aligned}
\tag{7.4}
$$

为了让变换图像在控制点上可以最好地逼近所规定的图像精度,即最小二乘原理,要求真值与变换值的偏差的平方和 ε 为最小,即

$$
\varepsilon = \sum_{i=1}^{n} (X_i - X_i^1)^2
\tag{7.5}
$$

将式(7.4)代入式(7.5)得

$$
\begin{aligned}
\varepsilon = \sum_{i=1}^{n} \big(& X_i - a_{00} - a_{10}x - a_{01}y - a_{20}x^2 - a_{11}xy - a_{02}y^2 \\
& - a_{30}x^3 - a_{21}x^2y - a_{12}xy^2 - a_{03}y^3 \big)
\end{aligned}
\tag{7.6}
$$

为达到最佳逼近,基于数字分析中的极值原理,偏导数为 0 时达到最佳逼近,得

$$
\begin{cases}
\dfrac{\partial \varepsilon}{\partial a_{00}} = 2 \displaystyle\sum_{i=1}^{10} (X_i - a_{00} - a_{10}x_i - a_{01}y_i - a_{20}x_i^2 - a_{11}x_iy_i - a_{02}y_i^2 \\
\qquad - a_{30}x_i^3 - a_{21}x_i^2y_i - a_{12}x_iy_i^2 - a_{03}y_i^3)(-1) = 0 \\[2mm]
\dfrac{\partial \varepsilon}{\partial a_{10}} = 2 \displaystyle\sum_{i=1}^{10} (X_i - a_{00} - a_{10}x_i - a_{01}y_i - a_{20}x_i^2 - a_{11}x_iy_i \\
\qquad - a_{02}y_i^2 - a_{30}x_i^3 - a_{21}x_i^2y_i - a_{12}x_iy_i^2 - a_{03}y_i^3)(-x_i) = 0 \\[2mm]
\dfrac{\partial \varepsilon}{\partial a_{01}} = 2 \displaystyle\sum_{i=1}^{10} (X_i - a_{00} - a_{10}x_i - a_{01}y_i - a_{20}x_i^2 - a_{11}x_iy_i \\
\qquad - a_{02}y_i^2 - a_{30}x_i^3 - a_{21}x_i^2y_i - a_{12}x_iy_i^2 - a_{03}y_i^3)(-y_i) = 0 \\[2mm]
\dfrac{\partial \varepsilon}{\partial a_{20}} = 2 \displaystyle\sum_{i=1}^{10} (X_i - a_{00} - a_{10}x_i - a_{01}y_i - a_{20}x_i^2 - a_{11}x_iy_i \\
\qquad - a_{02}y_i^2 - a_{30}x_i^3 - a_{21}x_i^2y_i - a_{12}x_iy_i^2 - a_{03}y_i^3)(-x_i^2) = 0 \\[2mm]
\dfrac{\partial \varepsilon}{\partial a_{11}} = 2 \displaystyle\sum_{i=1}^{10} (X_i - a_{00} - a_{10}x_i - a_{01}y_i - a_{20}x_i^2 - a_{11}x_iy_i \\
\qquad - a_{02}y_i^2 - a_{30}x_i^3 - a_{21}x_i^2y_i - a_{12}x_iy_i^2 - a_{03}y_i^3)(-x_iy_i) = 0 \\[2mm]
\dfrac{\partial \varepsilon}{\partial a_{02}} = 2 \displaystyle\sum_{i=1}^{10} (X_i - a_{00} - a_{10}x_i - a_{01}y_i - a_{20}x_i^2 - a_{11}x_iy_i \\
\qquad - a_{02}y_i^2 - a_{30}x_i^3 - a_{21}x_i^2y_i - a_{12}x_iy_i^2 - a_{03}y_i^3)(-y_i^2) = 0 \\[2mm]
\dfrac{\partial \varepsilon}{\partial a_{30}} = 2 \displaystyle\sum_{i=1}^{10} (X_i - a_{00} - a_{10}x_i - a_{01}y_i - a_{20}x_i^2 - a_{11}x_iy_i \\
\qquad - a_{02}y_i^2 - a_{30}x_i^3 - a_{21}x_i^2y_i - a_{12}x_iy_i^2 - a_{03}y_i^3)(-x_i^3) = 0 \\[2mm]
\dfrac{\partial \varepsilon}{\partial a_{21}} = 2 \displaystyle\sum_{i=1}^{10} (X_i - a_{00} - a_{10}x_i - a_{01}y_i - a_{20}x_i^2 - a_{11}x_iy_i \\
\qquad - a_{02}y_i^2 - a_{30}x_i^3 - a_{21}x_i^2y_i - a_{12}x_iy_i^2 - a_{03}y_i^3)(-x_i^2y_i) = 0 \\[2mm]
\dfrac{\partial \varepsilon}{\partial a_{12}} = 2 \displaystyle\sum_{i=1}^{10} (X_i - a_{00} - a_{10}x_i - a_{01}y_i - a_{20}x_i^2 - a_{11}x_iy_i \\
\qquad - a_{02}y_i^2 - a_{30}x_i^3 - a_{21}x_i^2y_i - a_{12}x_iy_i^2 - a_{03}y_i^3)(-x_iy_i^2) = 0 \\[2mm]
\dfrac{\partial \varepsilon}{\partial a_{03}} = 2 \displaystyle\sum_{i=1}^{10} (X_i - a_{00} - a_{10}x_i - a_{01}y_i - a_{20}x_i^2 - a_{11}x_iy_i \\
\qquad - a_{02}y_i^2 - a_{30}x_i^3 - a_{21}x_i^2y_i - a_{12}x_iy_i^2 - a_{03}y_i^3)(-y_i^3) = 0
\end{cases}
\tag{7.7}
$$

经过整理即得 10 个方程的联立方程组:

$$
\begin{cases}
10a_{00} + a_{10} \sum x + a_{01} \sum y + a_{20} \sum x^2 + a_{11} \sum xy + a_{02} \sum y^2 \\
\quad + a_{30} \sum x^3 + a_{21} \sum x^2 y + a_{12} \sum xy^2 + a_{03} \sum y^3 = \sum X \\[4pt]
a_{00} \sum x + a_{10} \sum x^2 + a_{01} \sum xy + a_{20} \sum x^3 + a_{11} \sum x^2 y \\
\quad + a_{02} \sum xy^2 + a_{30} \sum x^4 + a_{21} \sum x^3 y + a_{12} \sum x^2 y^2 + a_{03} \sum xy^3 = \sum x \cdot X \\[4pt]
a_{00} \sum y + a_{10} \sum xy + a_{01} \sum y^2 + a_{20} \sum x^2 y + a_{11} \sum xy^2 \\
\quad + a_{02} \sum y^3 + a_{30} \sum x^3 y + a_{21} \sum x^2 y^2 + a_{12} \sum xy^3 + a_{03} \sum y^4 = \sum y \cdot X \\[4pt]
a_{00} \sum x^2 + a_{10} \sum x^3 + a_{01} \sum x^2 y + a_{20} \sum x^4 + a_{11} \sum x^3 y \\
\quad + a_{02} \sum x^2 y^4 + a_{30} \sum x^5 + a_{21} \sum x^4 y + a_{12} \sum x^3 y^2 + a_{03} \sum x^2 y^3 = \sum x^2 \cdot X \\[4pt]
a_{00} \sum xy + a_{10} \sum x^2 y + a_{01} \sum xy^2 + a_{20} \sum x^3 y + a_{11} \sum x^2 y^2 \\
\quad + a_{02} \sum xy^3 + a_{30} \sum x^4 y + a_{21} \sum x^3 y^2 + a_{12} \sum x^2 y^3 + a_{03} \sum xy^4 = \sum xy \cdot X \\[4pt]
a_{00} \sum y^2 + a_{10} \sum xy^2 + a_{01} \sum y^3 + a_{20} \sum x^2 y^2 + a_{11} \sum xy^3 \\
\quad + a_{02} \sum y^4 + a_{30} \sum x^3 y^2 + a_{21} \sum x^2 y^3 + a_{12} \sum xy^4 + a_{03} \sum y^5 = \sum y^2 \cdot X \\[4pt]
a_{00} \sum x^3 + a_{10} \sum x^4 + a_{01} \sum x^3 y + a_{20} \sum x^5 + a_{11} \sum x^4 y \\
\quad + a_{02} \sum x^3 y^2 + a_{30} \sum x^6 + a_{21} \sum x^5 y + a_{12} \sum x^4 y^2 + a_{03} \sum x^3 y^3 = \sum x^3 \cdot X \\[4pt]
a_{00} \sum x^2 y + a_{10} \sum x^3 y + a_{01} \sum x^2 y^2 + a_{20} \sum x^4 y + a_{11} \sum x^3 y^2 \\
\quad + a_{02} \sum x^2 y^3 + a_{30} \sum x^5 y + a_{21} \sum x^4 y^2 + a_{12} \sum x^3 y^3 + a_{03} \sum x^2 y^4 = \sum x^2 y \cdot X \\[4pt]
a_{00} \sum xy^2 + a_{10} \sum x^2 y^2 + a_{01} \sum xy^3 + a_{20} \sum x^3 y^2 + a_{11} \sum x^2 y^3 \\
\quad + a_{02} \sum x^2 y^4 + a_{30} \sum x^4 y^2 + a_{21} \sum x^3 y^3 + a_{12} \sum x^2 y^4 + a_{03} \sum xy^5 = \sum xy \cdot X \\[4pt]
a_{00} \sum y^3 + a_{10} \sum xy^3 + a_{01} \sum y^4 + a_{20} \sum x^2 y^3 + a_{11} \sum xy^4 \\
\quad + a_{02} \sum y^5 + a_{30} \sum x^3 y^3 + a_{21} \sum x^2 y^4 + a_{12} \sum xy^5 + a_{03} \sum y^6 = \sum y^3 \cdot X
\end{cases}
$$

$$
(7.8)
$$

写成矩阵形式(控制点>10 个),利用主元消去法,便可求出系数: a_{00}、a_{10}、a_{01}、a_{20}、a_{11}、a_{02}、a_{30}、a_{21}、a_{12}、a_{03},然后把这些系数代入式(7.6)中变换图像的任一点的数值即可得偏差的平方和 ε。

采用同样的方法,按式(7.9)解算出系数 b_{00}、b_{10}、b_{01}、b_{20}、b_{11}、b_{02}、b_{30}、b_{21}、b_{12}、b_{03}:

$$Y' = F_2(x, y) = b_{00} + b_{10}x + b_{01}y + b_{20}x^2 + b_{11}xy + b_{02}y^2$$
$$+ b_{30}x^3 + b_{21}x^2y + b_{12}xy^2 + b_{03}y^3 \tag{7.9}$$

之后,利用内插方法填补空像元,以便保持图形的连续,这部分内容在 7.2.1 节进行介绍。多项式方法可以看作未知映射函数的低阶泰勒展开,目前常用的阶次主要有二阶、三阶和四阶。主要问题是这种方法对整幅图像使用一个映射函数,并没有考虑引起图像失真的当地信息,尤其是无法满足气动光学效应中湍流的影响。

2. 局部加权平均表面拟合方法

在利用多项式拟合方法进行畸变纠正时,会导致局部的畸变信息在全图范围内被平均,使得已经得到的准确匹配的控制点上又出现新的偏差,从而使控制点附近的图像也产生新的偏差。希望能找到一种函数构造合适的 $f(x, y)$、$g(x, y)$,使得在控制点的片映射精确吻合。在介绍局部加权平均表面拟合方法之前,首先对其前身表面样条函数拟合方法进行简要介绍。通过构建以下的表面样条函数:

$$f(x, y) = a_0 + a_1 x + a_2 y + \sum_{i=1}^{N} F_i r_i^2 \ln r_i^2 \tag{7.10}$$

式中, $r_i^2 = (x - x_i)^2 (y - y_i)^2$; $a_0 = \sum_{i=1}^{N} [A_i + B_i(x_i^2 + y_i^2)]$,其中 A_i 和 B_i 表示拟合常数; $a_1 = -2\sum_{i=1}^{N} B_i x_i$; $a_2 = -2\sum_{i=1}^{N} B_i y_i$; $F_i = C_i/16\pi D$,其中 C_i 表示拟合常数,D 表示以待估点为中心的圆域直径。

利用下面的线性方程组可以求解 $(N + 3)$ 个参数 a_0、a_1、a_2、F_i ($i = 1$, 2, …, N):

$$\begin{cases} \sum F_i = 0 \\ \sum x_i F_i = 0 \\ \sum y_i F_i = 0 \\ f(x_j, y_j) = a_0 + a_1 x_j + a_2 y_j + \sum_{i=1}^{N} F_i r_{ij}^2 \ln r_{ij}^2 \end{cases} \tag{7.11}$$

式中，$r_{ij}^2 = (x_i - x_j)^2 (y_i - y_j)^2$，$j = 1, 2, \cdots, N$。

采用表面样条函数可使图像在控制点处达到准确的吻合，而其他点在精确控制点的约束下也可以通过插值获得比较好的纠正。只是采用该方法在计算每一点经映射变换后的位置时，所有控制点均会参与运算，这就导致较远的控制点仍会对某一点映射变换的过程产生影响，另外会增加计算量。在局部畸变较大、控制点相对较多的情况下，纠正过程将会非常耗时，为了克服这一困难，可以采用局部加权平均表面拟合方法。

对于每一个控制点(x_i, y_i)，局部加权平均表面拟合方法令它对应于一分量的局部映射函数$f_i(x, y)$，其形式是利用表面拟合法将该点与其周围$(n - 1)$个最近邻控制点拟合得到的。对每一个控制点(x_i, y_i)赋予一个权重系数$w_i(R)$，其形式如下：

$$w_i(R) = \begin{cases} 1 - 3R^2 + 2R^3, & 0 \leqslant R \leqslant 1 \\ 0, & R > 1 \end{cases} \tag{7.12}$$

其中，

$$R = \left[(x - x_i)^2 + (y - y_i)^2 \right]^{\frac{1}{2}} / R_n \tag{7.13}$$

式中，R_n定义为控制点(x_i, y_i)与其最邻近的控制点之间的距离，根据式(7.13)可得

$$\left[\frac{\mathrm{d}w}{\mathrm{d}R} \right]_{R=0} = \left[\frac{\mathrm{d}w}{\mathrm{d}R} \right]_{R=1} = 0 \tag{7.14}$$

这说明权重的多项式是处处光滑的，利用加权平均的方法，对过任一点(x, y)的所有表面样条函数取加权平均来确定其对应的值：

$$X = f_i(x, y) = \frac{\sum\limits_{i=1}^{n} w \left\{ \dfrac{\left[(x - x_i)^2 + (y - y_i)^2 \right]^{\frac{1}{2}}}{R_n} \right\} f_i(x, y)}{\sum\limits_{i=1}^{n} w \left\{ \dfrac{\left[(x - x_i)^2 + (y - y_i)^2 \right]^{\frac{1}{2}}}{R_n} \right\}} \tag{7.15}$$

式中，$f_i(x, y)$为过点(x_i, y_i)和其$(n - 1)$个最近邻点的表面拟合样条函数，利用相同的方法可以求出Y分量的映射函数$g(x, y)$。

局部加权平均表面拟合方法的优点是将远离(x, y)的控制点的影响降至最小，以使得计算点(x, y)处的映射时，不再考虑距离比较远的控制点。因此，当图像上的控制点分布不均匀时，将会对该方法的应用产生不利影

响。如果在一个很大区域中没有控制点,那么该区域可能无法有效地进行函数拟合,当然也可以通过自适应方法自动加入较远处的点进行表面拟合,即局部自适应加权平均表面拟合方法。局部加权平均表面拟合方法的优点是对局部处理较好,缺点是不能适应局部缺乏控制点或控制点分布不均匀的情况,而 BOS 技术获取的控制点分布都可以看作均匀的,所以并不存在这方面的问题。

3. 畸变校正的重采样、内插方法

原始图像阵列中非整数像点上原则上并没有现成的灰度值存在,采用恰当的方法把该点位周围整数点位上灰度值的贡献累积,构成该像点的新灰度值,这个过程即称为数字图像灰度值重采样。重采样时,周围像点灰度值对被采样点(非整数点位)贡献的权重可利用重采样函数来表示。如图 7.8 所示的归一化辛格函数是一种比较理想的重采样函数,辛格函数表示为

$$f(x) = \text{Sinc}(x) = \frac{\sin(x)}{x} \tag{7.16}$$

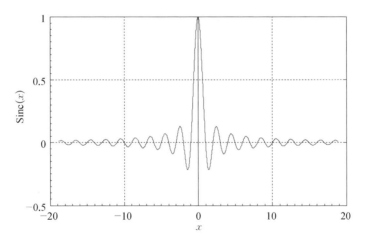

图 7.8　归一化辛格函数示意图(-6~6π)

但该方法在实际使用中并不是非常方便,需要采用一些近似函数进行简化,这就产生了三种比较常用的重采样算法,分别为最近邻域法、双线性内插法和双三次卷积法。

最近邻域法的思路最为简单,当前校正后的网格(I, J),其中心点坐标为(X, Y),该网格灰度值$A(I, J)$等于原始图像中心点距(x, y)最近的网格的属

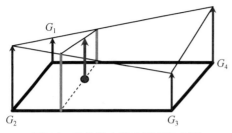

图 7.9 双线性内插法原理示意图

性,但此种方法未考虑其他邻近原图像网格的影响,效果比较差。

如图 7.9 所示,双线内插法通过对最近邻域法进行改进,其思路是以原图像各网格在当前校正后图像网格中的面积作为权重,进行灰度值加权平均后作为当前网格的灰度值。以像点实际位置附近的 4 个像点的灰度值,确定输出像元最终的灰度值,即

$$A(I, J) = (1 - \Delta x) \cdot (1 - \Delta y) \cdot g(x, y) + \Delta x(1 - \Delta y) \cdot g(x + 1, y)$$
$$+ (1 - \Delta x)\Delta y \cdot g(x, y + 1) + \Delta x \cdot \Delta y \cdot g(x + 1, y + 1) \quad (7.17)$$

双线内插法考虑到了邻近 4 个原始图像像元对当前校正后图像像元的影响,这是该方法优越于最近邻域法之处,但其考虑的情况太理想化,实际情况相距甚远,因而重采样还不是很合理,只适用于变形不大的场合。

双三次卷积法以像点实际位置附近的 16 个像点灰度值来确定输出像元的灰度值,其原理示意图如图 7.10 所示,以左边线与上边线代表网格位置。

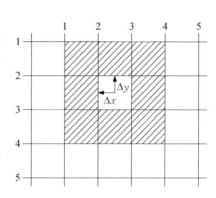

图 7.10 双三次卷积法原理示意图

这里设定原始图像像元大小为 1×1,校正后图像当前像点中心位置为 x_2 与 x_3 之间、y_2 与 y_3 之间,偏离网格边线 Δx、Δy:

$$\begin{cases} x_1 = 1 + \Delta x \\ y_1 = 1 + \Delta y \end{cases}, \quad \begin{cases} x_2 = \Delta x \\ y_2 = \Delta y \end{cases}, \quad \begin{cases} x_3 = 1 - \Delta x \\ y_3 = 1 - \Delta y \end{cases}, \quad \begin{cases} x_4 = 2 - \Delta x \\ y_4 = 2 - \Delta y \end{cases}$$

采用像点周围的 16 个像元值参与计算,其公式为

$$g(m, n) = \sum_{i=1}^{16} p_i g_i \Big/ \sum_{i=1}^{16} p_i \quad (7.18)$$

式中,p_i 表示 16 个像元灰度值。

双三次卷积法用到了辛格函数,基于式(7.18)的像元坐标信息,代入辛格函

数,分别计算 $f(x_1)$ 等,用式(7.19)进行重采样,获取最终的像元灰度值 P:

$$P(I, J) = [f(y_1), f(y_2), f(y_3), f(y_4)] \cdot \begin{bmatrix} P_{11}P_{12}P_{13}P_{14} \\ P_{21}P_{22}P_{23}P_{24} \\ P_{31}P_{32}P_{33}P_{34} \\ P_{41}P_{42}P_{43}P_{44} \end{bmatrix} \cdot \begin{bmatrix} f(x_1) \\ f(x_2) \\ f(x_3) \\ f(x_4) \end{bmatrix}$$

(7.19)

7.2.2　校正结果及分析

1. 固定相位物导致畸变校正

为实现相对较明显的畸变效果,本节中的固定相位物采用大恒新纪元科技股份有限公司生产的双胶合消色差透镜(型号为 GCL‐010615)。为便于图像校正与分析,本节所有图像的坐标单位均为像素,采用 Imperx 公司生产的 B29M6 工业相机,图像分辨率为 6 576 pixel × 4 384 pixel,进行互相关计算及图像畸变校正所选取的图像区域如下: 水平方向为 2 990~3 630 pixel,垂直方向为 1 892~2 532 pixel,区域尺寸为 640 pixel × 640 pixel。

通过将透镜平放在背景随机点阵上,记录存在畸变时的背景随机点阵及测试图像,在此,选取了多种测试图像,分别为横条纹、棋盘。取下透镜,完成对无畸变时的背景随机点阵及测试图像的记录,获取的有无畸变时的背景随机点阵结果如图 7.11 所示。

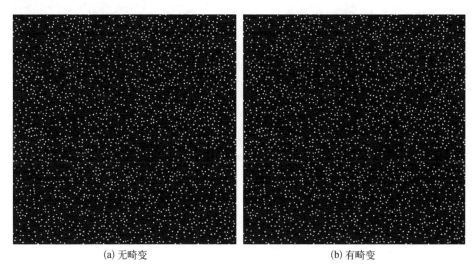

(a) 无畸变　　　　　　　　　　　　　　　(b) 有畸变

图 7.11　随机点阵背景畸变前后示意图

此时记录下无畸变背景随机点阵与有畸变随机背景点阵,通过利用互相关算法,可以定量获取透镜的畸变量,以随机点位移的形式表现出来,通过选取不同的查问区及步长,获得了图 7.12 和图 7.13 所示的双胶合透镜畸变位移分布示意图(框内为局部放大结果)。

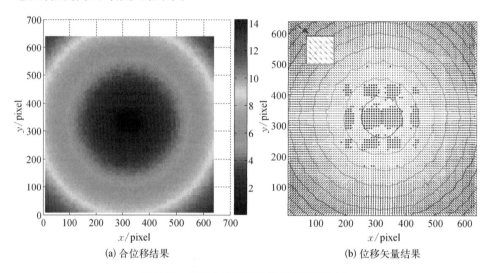

(a) 合位移结果   (b) 位移矢量结果

图 7.12　双胶合透镜畸变位移测量结果 1

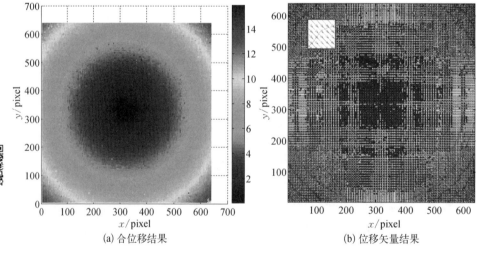

(a) 合位移结果   (b) 位移矢量结果

图 7.13　双胶合透镜畸变位移测量结果 2

图 7.12 中采用的互相关计算查问区为 16 pixel × 16 pixel,计算步长为 8 pixel,那么在 640 pixel × 640 pixel 的计算区域内可以获取 80 × 80 个查问区的

位移信息,通过将此位移信息赋值到查问区中心点,则理论上可以获得 80×80 个控制点用于图像畸变校正。图 7.13 中采用的互相关计算查问区为 8 pixel $\times$ 8 pixel,计算步长为 4 pixel,此时针对 640 pixel $\times$ 640 pixel 的计算区域可以获得 160×160 个控制点用于图像畸变校正,这也正体现了利用 BOS 技术进行畸变校正的优势:一方面,获取的控制点分布是均匀的,便于之后相关畸变校正算法的使用;另一方面,不需要对控制点的布置进行预估计,通过合适布置背景中随机点的尺寸和密度,以及改变不同的查问区及步长,便可以获取不同数量的控制点。就目前而言,互相关计算获取的位移精度基本在 0.1 pixel 左右,本节测试中,透镜导致的最大位移在 15 pixel 左右,如果校正方法得当,理论上测量误差应当小于 1%。

这里需要注意,从图像坐标的概念来讲,畸变校正的意义就是将畸变像点的图像坐标恢复到无畸变时的图像坐标,通过将计算区域固定,相当于保证了无畸变、有畸变及畸变校正后的像点都位于相同的图像坐标系内。如图 7.14 所示为相机拍摄到的横条纹背景有无畸变时的图像,从图中可以发现,有畸变图像受到透镜放大效果的影响,横条纹无法与无畸变时的横条纹对齐,并且越接近上、下图像边缘处,横条纹产生的位移越大,与无畸变横条纹之间的差异也越大,这都是本节所选取的双胶合透镜的畸变特点导致的。从图 7.12 和图 7.13 也可以看出,从计算区域边缘到计算区域中心,双胶合透镜导致的位移量逐渐减小。

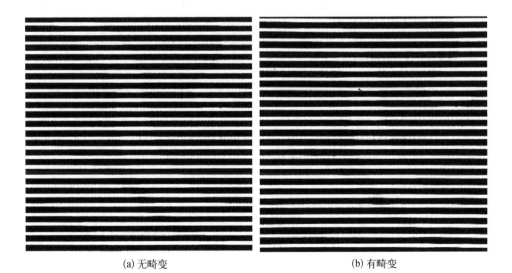

(a) 无畸变　　　　　　　　　　　　(b) 有畸变

图 7.14　横条纹图像畸变前后示意图

　　图 7.15~图 7.19 为通过多项式拟合方法获得的校正结果。图 7.15 采用二阶多项式拟合,所采用的校正依据为查问区为 16 pixel × 16 pixel,计算步长为 8 pixel,获取 80 × 80 个查问区的位移结果。利用二阶多项式拟合方法进行校正,起到了一定的效果,但是由于多项式方法是图像映射函数的低阶近似,并且获取的单一映射函数要作用在整个畸变图像上,存在较大的误差,但好在透镜的畸变具有一定的规律性,采用此种方法获得的结果差强人意。这里需要补充解释的是,校正后的图像向中心收缩,导致像点整体向图像中心移动,这就使得图像边缘处的像点信息丢失,所以采用灰度 0 进行填充,图像边缘呈现黑色,校正后的图像出现这样的现象也是因为这个原因。

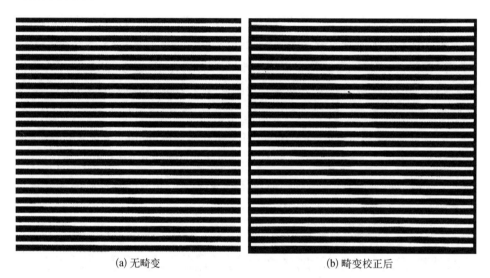

(a) 无畸变　　　　　　　　　　　　　　(b) 畸变校正后

图 7.15　无畸变与采用二阶多项式拟合方法进行畸变校正后的横条纹图像示意图(80×80)

　　如图 7.16 所示,通过减小计算步长,相应地减小查问区的窗口尺寸,将原有控制点数量扩大 4 倍,变为 160 × 160 个,校正的效果相比图 7.15 中的结果并没有较大的提升,主要由于二阶多项式对于控制的数量要求不高,不得少于 6 个,一般来说,虽然增加控制点数量对于二阶多项式的校正效果也有好处,只是在这里 80 × 80 个控制点已经可以满足需求,控制点的增加并不会改善校正质量,反而增加了计算量。

　　如图 7.17 所示,通过在图像水平方向中心作垂直灰度采样直线,这里的灰度值转化到 0~1 内,从图中可以更直观地发现在图像边缘处,无畸变图像结果

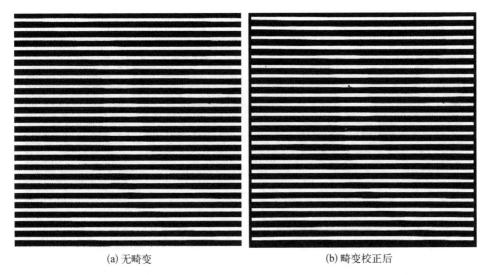

(a) 无畸变　　　　　　　　　　　　　　(b) 畸变校正后

图 7.16　无畸变与采用二阶多项式拟合方法进行畸变校正后的横条纹图像示意图(160×160)

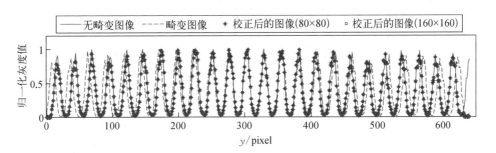

图 7.17　无畸变、畸变及校正后图像水平方向中心的垂直采样线灰度分布(结果 1)

与有畸变图像结果差别较大,并且越向中心靠拢,这种差异越小,这种变化是透镜的固有特性导致的。采用不同数量控制点得到的校正结果都符合得比较好。由于透镜导致的畸变具有对称性,水平方向上的灰度采样结果分析就不再赘述,与垂直方向结果类似。

通过将多项式的阶数增加到三阶,取如图 7.18 和图 7.19 所示的校正结果,三阶多项式拟合至少需要 10 个控制点,采用 80 × 80 个控制点的校正结果与采用 160 × 160 个控制点的校正结果相差不大,都对透镜导致的畸变实现了一定程度的复原。

下面,将对二阶多项式拟合结果与三阶多项式拟合结果进行比较,采用控制点数为 80 × 80 个的校正结果,通过在图像水平方向中心作垂直灰度采样直线,获得如图 7.20 所示的灰度分布结果。

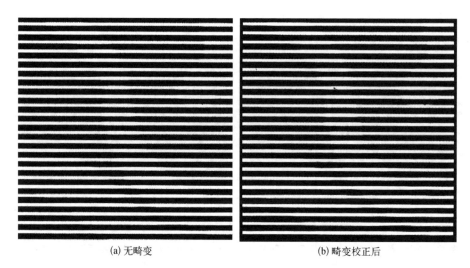

(a) 无畸变　　　　　　　　　　　(b) 畸变校正后

图 7.18　无畸变与采用三阶多项式拟合方法进行畸变校正后的横条纹图像示意图（80 × 80）

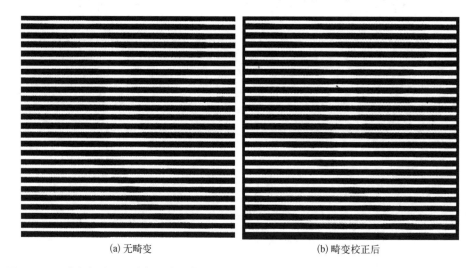

(a) 无畸变　　　　　　　　　　　(b) 畸变校正后

图 7.19　无畸变与采用三阶多项式拟合方法进行畸变校正后的横条纹图像示意图（160 × 160）

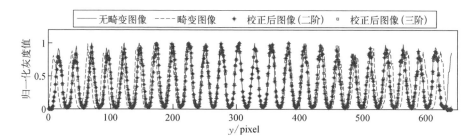

图 7.20　无畸变、畸变及校正后图像水平方向中心的垂直采样线灰度分布（结果 2）

图 7.21 和图 7.22 为采用局部加权平均表面拟合方法获取的校正结果,此种校正方法的精度比较高,诸多细节部分的校正效果要优于多项式拟合方法,主要是由于其实质上是一种局部校正方式,通过计算选定局部区域内控制点的映射函数,组合起来构建整个区域的映射函数,也正是这个原因,图 7.21(b)中的横条纹线出现局部细小波动,不如无畸变图像及多项式拟合校正结果中的横条纹

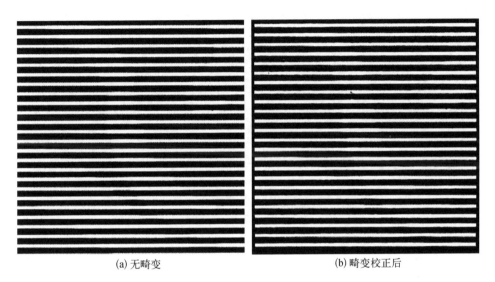

(a) 无畸变　　　　　　　　　　　　　　(b) 畸变校正后

图 7.21　无畸变与采用局部加权平均表面拟合方法进行畸变校正后的横条纹背景示意图(**80×80**)

(a) 无畸变　　　　　　　　　　　　　　(b) 畸变校正后

图 7.22　无畸变与采用局部加权平均表面拟合方法进行畸变校正后的横条纹背景示意图(**160×160**)

线光滑。只是这种校正方法更加考虑局部信息的影响,整体的校正精度更高,局部细小波动也可以通过增加控制点数量进行弥补。

从图7.23可以看出,通过减小互相关计算步长,即利用更多的控制点之后,局部的细小波动一致性较高,获得了比较好的校正效果。理论上,通过加密控制点,其也可以用于气动光学畸变这种畸变空间分布不均匀的情况。

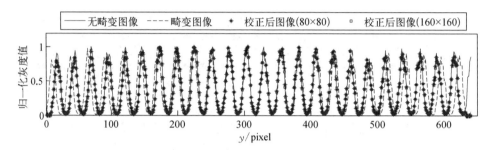

图7.23 无畸变、畸变及校正后图像水平方向中心的垂直采样线灰度分布(结果3)

为更清晰地呈现校正效果,将相同计算区域的棋盘计算结果进行了同区域回填操作,重新回填到畸变图像中。图7.24为棋盘畸变图像示意图,图中的圆圈为测试透镜的边缘,圆圈内部为透镜导致的畸变区域,圆圈外部为无畸变区域。从图中可以看出,在透镜边缘处出现明显的棋盘线间断,分别绘制水平和垂

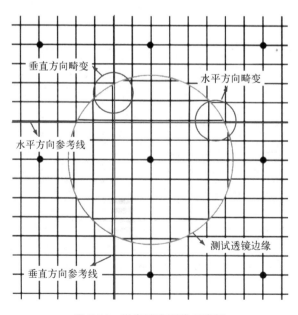

图7.24 棋盘畸变图像示意图

直方向的参考线,可以清楚看到畸变区域的线条偏离参考线。

在这里,利用局部加权平均表面拟合方法进行畸变校正,选用图 7.13 所示的位移数据作为校正依据,随校正后的图像进行同区域回填操作,获得了如图 7.25 所示的结果。图中黑色方框为图像边缘向内校正后灰度为 0 的填充区域,依然通过绘制水平和垂直方向的参考线,可以发现黑色方框区域内的棋盘线与参考线基本重合,得到校正,而圆圈和黑方方框之间区域内的棋盘线仍旧偏离参考线,再次说明了校正方法的有效性。

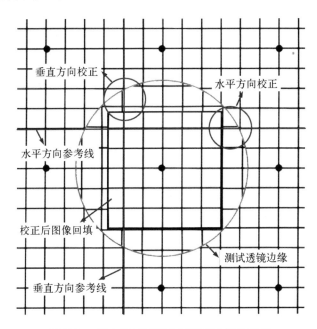

图 7.25　棋盘校正后图像回填畸变图像示意

2. 超声速气膜气动光学效应校正

针对超声速气膜流场,基于 BOS 技术获取的位移结果并不像固定折射率场(如透镜)那样在时间上恒定,而且变化的频率极高,对于超声速流场来说,其湍流脉动频率可达 MHz 量级,这也直接导致其波前畸变频率可达 MHz 量级,这就导致 BOS 技术获取的位移结果变化频率也很高。理论上来讲,如果可以获取每幅待校正图像对应时刻的背景随机点阵图像,两者之间的时间间隔至少应小于流场的冻结时间,这样才能保证背景随机点阵记录到的位移信息与畸变图像的畸变量相对应。正如前面所述,实际气动光学流场的畸变变化频率极高,这就导致流场的冻结时间往往在 ns 范围,就目前技术水平而言,几乎不可能在这么短的时间内实现背景随机点阵和待校正图像之间的切换,并且实现同步采集。这就要求我们退而求其次,如果可以实现对气动光学流场中的主要畸变效应,或者说对主体畸变进行校正,通过相关理论对高频脉动畸变分量进行后期叠加处理,那么最终可以实现对气动光学效应的全部校正。在这里仅就前一个部分气动光学流场主体畸变进行校正,所以目前实现的是部分校正。

那么,在对利用 BOS 技术获取的超声速气膜气动光学效应导致的位移结果进行校正之前,需要对位移数据进行相关处理,最好可以提取其中最主要的结构。在这里,提出两种处理思路:第一种为基于时间平均的方法,实际上是将流场脉动进行"抹平",获得类似于长曝光条件下获得的时间定常结果;第二种为基于 POD 方法对流动的相干结构进行提取,力图找到流场中主要结构造成的主体位移结果,将其作为校正依据。为方便保持试验状态的可重复性,测试环境压力设为 0.1 MPa,喷流总压设为 2.6 MPa,分别对随机点阵背景和飞机图像背景进行成像,具体的实现过程如下:首先,在无喷流状态下采集背景随机点阵图像,此时对应无畸变情况下的背景随机点阵;其次,开启喷流,在设定参数条件下,采集 200 幅随机点阵背景,这些点阵对应有畸变情况下的随机背景点阵;然后,将背景随机点阵更换为飞机图像背景,采集 100 幅结果,作为待校正畸变图像序列;最后,采集无喷流情况下的飞机图像背景,即无畸变飞机图像,作为衡量校正效果的参照。通过对获取的 200 幅有畸变的背景随机点阵与无畸变背景随机点阵之间进行两两互相关运算,便可以获取 200 组位移信息。之后,利用上述两种方法对 200 组位移信息进行处理,作为校正 100 幅畸变飞机图像的依据。

1)基于时间平均数据校正的结果及分析

如图 7.26 所示,为通过对获取的 200 组位移数据进行时间平均处理获取的结果,通过对非定常流场结果进行时间平均处理,力图获取流场的时间定常结果。选用这种思路的主要原因是畸变图像与随机点阵图像当前尚无法实现同时测量,无法采用完整、全面、实时的校正依据对畸变进行校正,故这种校正方法为部分校正,相当于实现了对流场气动光学效应中时间定常畸变量的校正。

如图 7.27 所示,在此,仅选取一幅畸变图像作为校正示范,其余畸变图像的校正进行循环操作即可。其中,具体的校正方法与固定相位物导致的畸变校正中采用的方法完全相同,只是气动光学效应导致的畸变空间分布不太均匀,局部畸变差异较大,这里采用局部加权平均表面拟合方法,不再采用针对整体畸变的基于多项式拟合方法,校正结果分别对应图 7.27(c)。由于超声速气膜流场的气动光学效应并不是十分强烈,其对飞机图像的变形作用并不是十分明显,为更

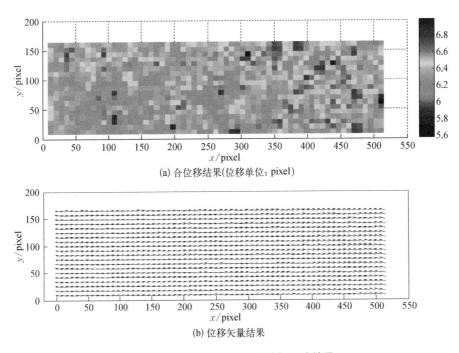

(a) 合位移结果(位移单位: pixel)

(b) 位移矢量结果

图 7.26　校正区域 200 组位移场平均结果

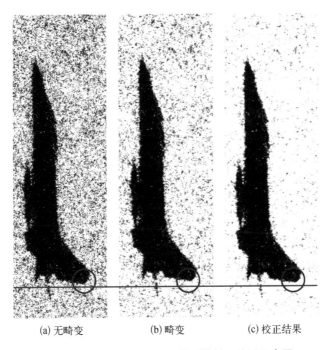

(a) 无畸变　　　　　(b) 畸变　　　　　(c) 校正结果

图 7.27　基于时间平均结果得到的校正结果示意图

直观地显示校正效果,绘制了如图 7.27 所示的参考线,并选取了圆圈区域作为畸变校正前后结果对比,图 7.27(b)中的飞机尾舵距离参考线的距离明显要大于无畸变情况及校正结果。

2) 基于 POD 方法得到的数据校正的结果及分析

POD 方法可为一组数据(通过试验或数值模拟得到)构造进行模式分解的函数基,其最吸引人的特点在于提供了一种提取数据主要特征的有效方法。在湍流研究中,POD 方法广泛用于提取流场的相干结构。由于 POD 方法在基选择上具有最优性,往往对少数几项展开即可较好地逼近原信号(如速度、涡量等),这就提供了一个低维子空间,将流场方程投影到该子空间上便得到一个低维常微分方程模型。动力系统理论的一个极其重要的研究领域便是通过对这类低维模型进行详尽分析来获得关于湍流机理的认识。由于畸变波前直接受到湍流结构的影响,畸变波前也具有与湍流相关联的结构特征,可以利用 POD 方法进行低模态近似重构。假设想要在某一感兴趣的区域内对某一函数 $z(x, t)$ 以变量分离形式的有限和作近似,并且当选取的模态阶数 k 趋于无穷时,其期望值接近精确值:

$$z(x, t) \approx \sum_{k=1}^{K} a_k(t) \phi_k(x) \tag{7.20}$$

式中,ϕ_k 表示正交基函数;a_k 表示正交基函数对应的系数函数;z 表示拟合函数。

然而式(7.20)的表示形式不是唯一的。例如,如果 x 的区域是在真实线上的有界间隔,那么 $\phi_k(x)$ 函数可以选为傅里叶级数或者是勒让德多项式,或是切比雪夫多项式。对于每一个这样的序列 $\phi_k(x)$,它都能够构成某一些合适的 $z(x, t)$ 函数的基,但其对应的时间序列函数 $a_k(t)$ 是不同的。例如,对于 $\sin x$ 和 $\cos x$ 函数,得到的时间序列函数与由勒让德多项式得到的结果存在差异。那么选取 $\phi_k(x)$ 函数的准则是什么呢? 正交性是很有用的,对于正交基函数 ϕ_k,其系数函数 $a_k(t)$ 仅取决于 $\phi_k(x)$,因此可以选择正交基函数:

$$\int_x \phi_{k_1}(x) \phi_{k_2}(x) \mathrm{d}x = \begin{cases} 1, & k_1 = k_2 \\ 0, & 其他 \end{cases} \tag{7.21}$$

则

$$a_k(t) = \int_x z(x, t) \phi_k(x) \mathrm{d}x \tag{7.22}$$

另外,如果 K 足够大,对式(7.20)的任意精度的近似总是可以得到,那么对

$\phi_k(x)$的选取则是按照如下原则:对于任意的 K,近似在任意有限阶数重构的情况下总是最好的。也就是说,总是在寻找这样的正交函数序列 $\phi_k(x)$,这些函数的前两项给出最佳的二阶近似(或二项近似),前七项给出最佳的七项近似,以此类推。这些特殊的、规则的、正交的函数称为函数 $z(x,t)$ 的最佳正交基,应用这些函数进行分解与重构,式(7.22)称为 $z(x,t)$ 的 POD,这是 POD 方法的基本概念,利用 POD 方法可以获得湍流流动的低维度近似,但是利用 POD 方法进行数据分析时,通常需要从高维度系统的试验数据或详细模拟中抽取出"形状模式"或者基函数,即需要研究区域的时间-空间数据,之后用于满足低维度动力学模型的 Galerkin 投影。POD 方法研究并不是本书的重点,在此,只对 POD 方法进行简要分析,更为具体的内容可以参考文献[4]和[5]。

本节基于 BOS 技术获取的 200 组位移场结果的 POD 一阶模态结果如图7.28 和图 7.29 所示,由于其一阶模态已经非常接近原始位移场结果,并且该模态的特征值占所有模态特征值总和的 99%,相比时间平均位移结果,POD 方法获取的位移结果包含更为丰富的信息,即将流场中最主要因素导致的位移结果保留下来,以此作为进行畸变校正的依据。如图 7.30 所示,采用相同的比较方

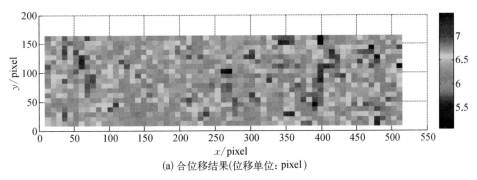

(a) 合位移结果(位移单位: pixel)

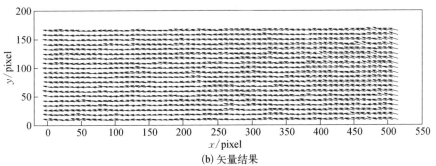

(b) 矢量结果

图 7.28　校正区域 200 组位移场 POD 一阶模态结果

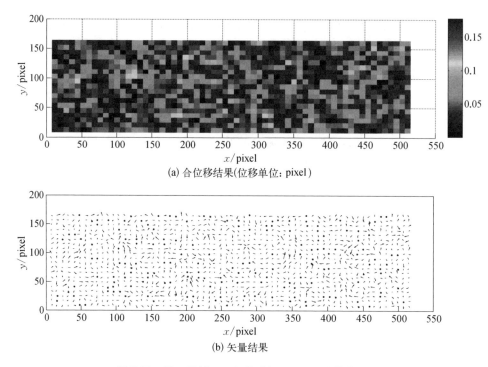

(a) 合位移结果(位移单位: pixel)

(b) 矢量结果

图 7.29　校正区域 200 组位移场 POD 二阶模态结果

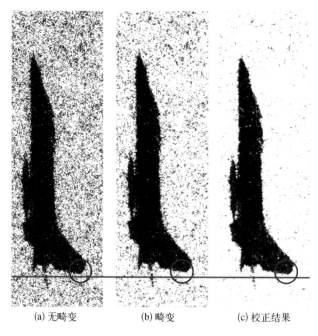

(a) 无畸变　　　　　(b) 畸变　　　　　(c) 校正结果

图 7.30　基于 POD 一阶模态结果进行校正的结果示意图

式,同样可以发现畸变校正后,飞机尾舵位置更为精确,在这里,更全面、精确的评估手段还有待进一步研究和使用。

　　本节通过将 BOS 技术与几何畸变校正方法进行融合,探索了气动光学畸变校正方法。利用 BOS 技术获取的位移数据可以方便地构建畸变点与无畸变点之间的映射关系,其优势主要在于:一方面,无须预先考虑畸变场情况,通常在几何畸变校正中,对于控制点布置有着严格的要求,在畸变较大的区域,应该布置比较密的控制点,而 BOS 技术通过对高密度随机点阵进行互相关计算,采用减小查问区的计算步长等方法,可以有效提高控制点的密度;另一方面,基于 BOS 技术获取的控制点具有很好的均匀性,方便下一步进行映射函数的构建。总体来讲,针对双胶合透镜的校正结果证明了此种校正方法的有效性,然后通过时间平均或者 POD 技术寻找最能代表超声速气膜位移的主要信息,通过采集同样流动条件下的成像信息,利用这些主要信息构建气动光学效应导致的畸变的映射函数,实现对超声速气膜气动光学效应的主要部分进行校正。

参考文献

[1] Fu J, Yi S H, Wang H, et al. Experimental study on supersonic film cooling on the surface of a blunt body in hypersonic flow [J]. Chinese Physics B, 2014, 23(10): 104702.

[2] 朱杨柱,易仕和,蔡亮亮,等.带控制的超声速二维后台阶流动显示[J].气体物理,2017, 2(2): 17 - 27.

[3] Gordeyev S, Hayden T E, Jumper E J. Aero-optical and flow measurements over a flat-windowed turret [J]. AIAA Journal, 2007, 45(2): 347 - 357.

[4] Chatterjee A. An introduction to the proper orthogonal decomposition [J]. Current Science, 2000, 78(7): 808 - 817.

[5] Yang Q, Fu S. Analysis of flow structures in supersonic plane mixing layers using the POD method [J]. Science in China Series G: Physics, Mechanics and Astronomy, 2008, 51(5): 541 - 558.